AF897440

Apuntes de FISIOLOGÍA

General para la Actividad Física

EDITORIAL STADIUM

Apuntes de fisiología general para la actividad física / Marcelo Milano ... [et al.]. - 1a ed ilustrada. - Ciudad Autónoma de Buenos Aires : Stadium, 2021.
316 p. ; 22 x 15 cm.

ISBN 978-950-531-297-9

1. Fisiología. I. Veigas, Gabriel / Krasnov, Fernando / Supital, Raúl / Milano, Marcelo / Tinganelli, Matías / Finkelstein, Fabiana / Rimauro, Viviana / Fornés, Diego César
CDD 612

Fecha de catalogación: 27/01/21

Diseño Gráfico: Lorena Blanco
Diseño de tapa: Lorena Blanco

San José 539, C1076AAK,
Buenos Aires, Argentina
e-mail: info@editorialstadium.com.ar

WhatsApp (+54) 9 11 2473-0330

http://www.editorialstadium.com.ar

/EditorialStadium

Queda hecho el depósito que previene la ley 11.723

Este libro se terminó de imprimir en LA IMPRENTA YA en el mes de febrero de 2021.

Impreso en Argentina – Printed en Argentina

Apuntes de FISIOLOGÍA

General para la Actividad Física

Finkelstein
Fornes
Krasnov
Milano
Rimauro
Supital
Tinganelli
Veigas

ISEF 1 - Dr. Enrique Romero Brest

ÍNDICE

PRÓLOGO

La gentil invitación de mis queridos colegas a prologar *"Apuntes de Fisiología General para la Actividad Física"* es una grata posibilidad de compartir los caminos transitados en la docencia.

Se me ocurre expresarles que una travesía en lancha permite conocer y apreciar de cerca los árboles, los pájaros, paisajes inolvidables, pero tomarse la vida para recorrer las distintas etapas de la enseñanza y sentarse con los amigos colegas a leer sus producciones es más que honrado.

Una de las cosas que tiene esta profesión es conocer gente que realmente vale la pena, y una de ellas es este grupo de docentes, que siempre están en la búsqueda de mejorar los puentes del aprendizaje con la misma sintonía.

Cabe destacar que en estos 'apuntes' está todo lo básico que requiere el aprendizaje de la fisiología general para la actividad física, como peldaño inicial de estudio. Y no me cabe duda de que este libro es el resultado de la experiencia de los autores y el deseo de adoptar esta forma con la pretensión de atenuar la desazón de quienes se enfrentan al tema. Desencanto que generalmente sobreviene en el alumno al percibir la complejidad que existe en la dinámica del conjunto, en relación con la actividad física.

El éxito de esta edición se verá plasmada en los futuros profesionales que sentirán que antes de conocer la tierra con un dron primero hay que caminarla.

Prof. Lic. C. Tognolini

PREFACIO

El nacimiento de este pequeño libro esta signado por la intención modesta de aportar a las soluciones que requieren las muchas problemáticas que aquejan a la formación de los futuros profesores de educación física.

Dichas problemáticas involucran cuestiones tales como recortes horarios y condensación de programas – por nombrar sólo algunas –, en un mundo en donde cada vez se necesitan más conocimientos, pero el volumen de información se torna tal que a menudo resulta inmanejable en los tiempos disponibles, tanto para los docentes como para los alumnos.

Es así que este libro es hijo de la rica discusión entre colegas y el deseo de colaborar con soluciones y conformar un esfuerzo totalmente desinteresado más allá del placer de sabernos útiles en la tarea educativa. Efectivamente, todo lo recaudado que correspondiese a los autores por su venta será donado a la Asociación Cooperadora del ISEF 1 en un doble esfuerzo de aporte, tanto docente cuanto económico, a nuestro queridísimo Instituto.

Las ciencias biológicas en general, y la fisiología en particular, conllevan un grado de dificultad notable durante la carrera y el futuro profesor de educación física encuentra a menudo difícil no sólo la comprensión, sino también la lectura de los temas de la currícula en textos destinados a otros fines educativos.

"Apuntes de Fisiología General para la Actividad Física" no pretende agotar los temas de la fisiología general, pero si ofrecer una compilación en un

manual, con la única intención y valor de "didactizar" y englobar el material que el alumno necesitará en su introducción al mundo del funcionamiento de los órganos y sistemas, y que constituye una piedra fundamental en los necesarios conocimientos biológicos. Conocimientos que necesariamente han de integrar a futuro con otras áreas de la biología y, por supuesto, con el entendimiento del ser humano como un todo indivisible.

También he de decir que el Departamento de Ciencias Biológicas del ISEF 1 - Dr. E. R. Brest, está compuesto por un grupo de profesionales formados en las diversas disciplinas que comprenden la biología y las ciencias de la salud y que abarcan, entre todos, conocimientos diversos. Pero, sin dudas, es la docencia y el amor a la enseñanza lo que actúa como factor homogeneizador de este rico grupo humano. Y es este amor a la tarea educativa que llevamos a cabo cada día en las aulas, lo que nos ha llevado a este intento de aportar desde el pensar, pero también desde el hacer.

Entendido así como equipo, nuestro propio accionar, esperamos entonces que este pequeño aporte en forma de libro encuentre en el alumno un receptor válido para nuestra intención y objetivo y que sepa perdonarnos los errores que segura pero involuntariamente hayamos cometido.

En lo personal, es sin duda mi obligación agradecer a este grupo su generosa entrega, su esfuerzo, sus conocimientos compartidos y su sacrificio personal de tiempo propio y familiar en pos de un objetivo.

Como estableció el inolvidable Paulo Freire, 'La educación no cambia el mundo, cambia a las personas que van a cambiar el mundo'. Hagámoslo realidad entre todos los que amamos la docencia.

Prof. Dr. M. Milano
(en representación de todos los autores)

CAPÍTULO [1]

NIVELES DE ORGANIZACIÓN Y CÉLULA

Prof. Gabriela Veigas

Con el objetivo de introducirnos al conocimiento del organismo humano, definiremos a la fisiología, como la ciencia encargada del estudio de los procesos y funciones del cuerpo humano (Beatriz Gal Iglesias y Otros 2007).

El concepto de proceso hace referencia al conjunto de operaciones que se suceden con uno o varios objetivos, y el de función será por definición el objetivo final del proceso.

El estudio de los organismos vivos implica el conocimiento de los diferentes niveles de organización y/o complejización creciente de los mismos. Desde el nivel atómico hasta el mundo biológico, *"cada nivel incorpora elementos del nivel previo"* (Beatriz Gal Iglesias y Otros 2007).

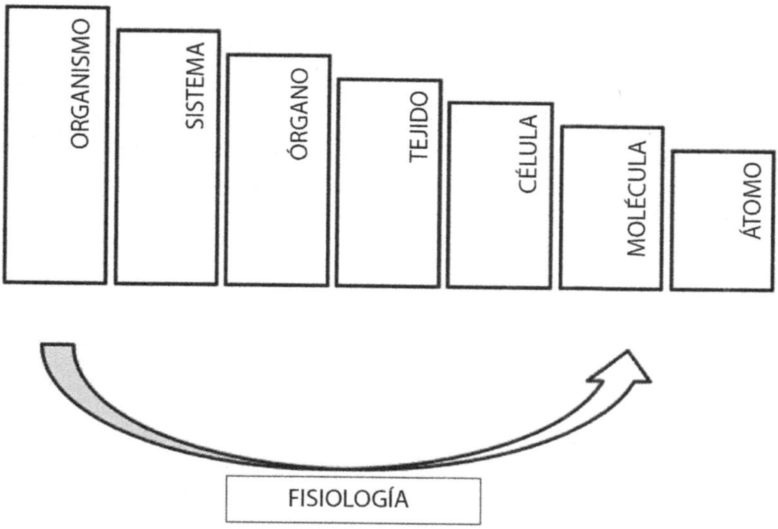

Figura Nro. 1: Niveles de organización

1.1 NIVELES DE ORGANIZACIÓN

NIVEL QUÍMICO

Es el nivel más básico de organización y comprende a los átomos, "las unidades de materia mas pequeñas" (Gerard Tortora y Brian Derrikson, 2009) que se combinan mediante enlaces químicos, formando moléculas. Las mismas constituyen la parte más pequeña de un compuesto que conserva sus propiedades. Aquellas que forman parte de los seres vivos se denominan biomoléculas y se clasifican en dos grandes grupos: moléculas inorgánicas, por lo general más simples, y moléculas orgánicas.

NIVEL CELULAR

La combinacion de moléculas rodeadas por una membrana se denomina célula, y es considerada la porción más pequeña de materia viva o unidad estructural y funcional del ser vivo.

NIVEL TEJIDOS

Es la agrupación de células similares que se especializan en una función determinada. Los cuatro tipos de tejidos fundamentales son:

- **Epitelial:** Barrera divisioria entre el organismo y el medio externo, tapiza tanto el interior como el exterior del organismo.
- **Conectivo:** Soporte y conexión del tejido epitelial y muscular.
- **Muscular:** Conjunto de células especializadas, base del movimiento dadas sus características específicas para tal fin.
- **Nervioso:** Transmisión y generación de impulsos electroquímicamente, con la finalidad de regular las diferentes funciones orgánicas (Beatriz Gal Iglesias y Otros 2007).

NIVEL ÓRGANOS

Este nivel está compuesto por la agrupación de tejidos especializados con una finalidad específica.

NIVEL SISTEMAS

Constituyen la integración de diferentes órganos con una función específica. Estos sistemas se relacionan armónicamente entre sí, *"de modo que las estructuras y las funciones biológicas no se alteren"* (Eduardo de Robertis y Jose Hib, 2004).

1.2 LA CÉLULA

Definiremos a la célula como la unidad estructural y funcional del organismo. La biología celular es la encargada de estudiar los diferentes componentes celulares y sus funciones.

Examinando las diferentes formas vivientes, es posible clasificar a las células en dos grandes grupos (Eduardo de Robertis y Jose Hib, 2004): procariotas y eucariotas.

La principal diferencia entre ambos tipos celulares es la presencia de una membrana interna nuclear, separando el material genético del resto de los componentes en las eucariotas. Las células procariotas carecen de envoltura nuclear.

COMPONENTES CELULARES

Los componentes principales de las células eucariotas son: la membrana celular, el citoplasma y el núcleo.

La membrana celular es una capa flexible cuya principal función es la separación del medio interno celular del medio externo circundante, *"es una barrera selectiva que regula el paso de materiales hacia el interior y el exterior celular"* (Jesús, A. F. Tresguerres, 2005). De esta manera, la membrana celular regula el medio interno celular propiciando las actividades fundamentales y la vida celular, así como la comunicación con otras células y con el medio externo.

Ese *medio interno* está constituido por el citoplasma, el cual abarca todos los elementos enmarcados dentro de la membrana plasmática, existiendo un medio liquido o citosol, compuesto por agua en la cual están disueltos solutos, partículas suspendidas y las organelas, con funciones específicas para garantizar la vida celular.

Además, inmerso en el medio interno y separado del mismo por una membrana, se encuentra el núcleo. Este contiene el material genético, que *"controla casi todos los aspectos relacionados con la estructura y la función de la célula"* (Gerard Tortora y Brian Derrikson, 2009).

MEMBRANA PLASMÁTICA

La misma se encuentra compuesta por una bicapa lipídica, encargada de regular el intercambio entre el interior y el exterior celular, dado por las características moleculares.

La composición es de 75% fosfolípidos que, molecularmente, están compuestos por un sector polar o cabeza que contiene al grupo fosfato y que es *hidrofílica*, y por un sector no polar, lipídico e *hidrofóbico*, que son dos cadenas de ácidos grasos largos. La disposición adyacente, está dada por las características químicas, enfrentándose las colas no polares en el interior y las cabezas polares hacia el medio interno y externo.

El otro 25% de la membrana lo constituyen glucoproteinas y colesterol.

En la membrana plasmática, también se encuentran presentes, proteínas de membrana, las cuales podemos clasificar, según su ubicación, en *integrales o periféricas*.

Las primeras comprenden a aquellas proteínas que, en su mayoría, atraviesan por completo la bicapa lipídica, sobresaliendo hacia el citosol. Las segundas, se encuentran unidas a otras proteínas integrales o a las cabezas polares de la membrana, pero sin atravesarla.

Los componentes de la membrana tienen movilidad tanto lateral como rotacional,*"a esa propiedad dinámica de las membranas biológicas, se le da el nombre de mosaico fluido"* (Eduardo de Robertis y Jose Hib, 2004).

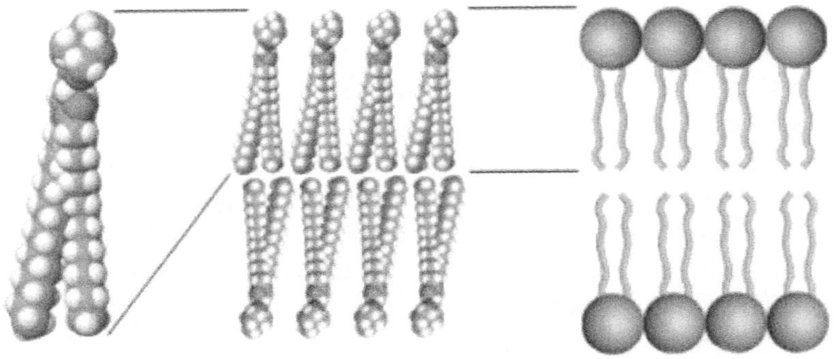

Figura Nro. 2 Membrana plasmática

En el interior celular, podemos encontrar el llamado *glucocaliz,* formado por las partes hidrocarbonadas de las glucoproteínas y de los glucolípidos, cuya composición varía de célula en célula, permitiendo de esta manera el reconocimiento celular.

Las proteínas de membrana, tiene varias funciones:

- Canales ionicos, que permiten el pasaje de iones en forma selectiva
- Transportadores selectivos de sustancias.
- Receptores o sitios de reconocimiento celular.
- Enzimas.
- Conectores de células vecinas.
- Glucoproteinas y glucolípidos actúan como marcadores de identidad celular.

TRANSPORTE A TRAVÉS DE LA MEMBRANA

La *homeostasis* es la capacidad de los seres vivos de mantener su medio interno en equilibrio, para lo cual es necesario generar un intercambio selectivo con el medio externo, permitiendo actividades celulares óptimas.

Un concepto necesario para comprender el intercambio a través de la membrana, es el de *gradiente,* que significa DIFERENCIA, e implica el movimiento de cualquier elemento, de donde hay mucho a donde hay poco, tendiente a mantener el equilibrio. Este concepto va a determinar el *tipo de transporte,* dependiendo de la concentración a uno y otro lado de la membrana.

El *transporte pasivo implica la difusión a favor del gradiente de concentración de ese elemento, por lo cual no implica gasto de energía.*

Los factores que influyen sobre este movimiento molecular son:

- **Temperatura:** A mayor temperatura, mayor velocidad de difusión.
- **Tamaño molecular:** El cual es inversamente proporcional a la velocidad de difusión.

La difusión será considerada *simple,* cuando la molécula atraviese la membrana celular a favor del gradiente y *facilitada* cuando en el mismo proceso intervenga una proteína de membrana como colaboradora.

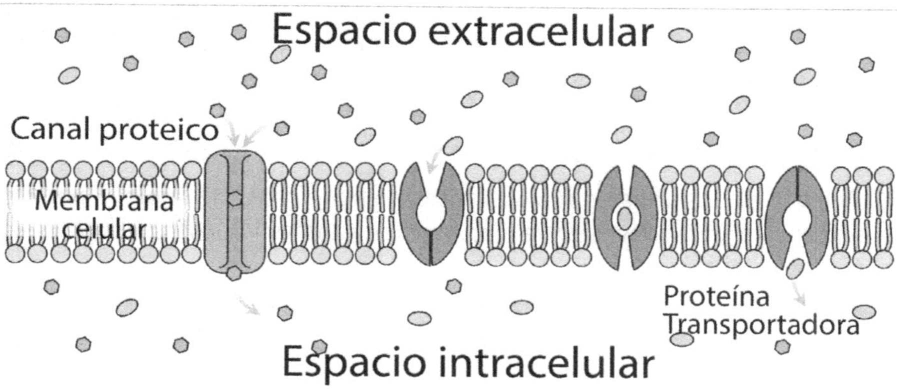

Figura Nro. 3 Transporte a través de la membrana celular

"La osmosis es la difusión de agua a través de una membrana semipermeable, desde una zona de mayor dilución a otra de menor dilución. El movimiento de agua continua hasta que la concentración de solutos a cada lado de la membrana se igualan." (Beatriz Gal Iglesias y Otros 2007).

El transporte a través de la membrana se considerara activo cuando el elemento va en contra del gradiente, por lo cual implicará un gasto energético para realizarlo.

En su mayoría, son transportados más de un elemento en el mismo proceso. Si el mismo es en la misma dirección se denominara co-transporte y si es en direcciones contrarias contra-transporte, con gasto de ATP.

POTENCIAL DE MEMBRANA EN REPOSO

Los transportes activo y pasivo a través de la membrana funcionan coordinadamente y como resultado los compartimientos intra y extracelulares están en equilibrio osmótico pero en desequilibrio electrolítico.

La bomba sodio-potasio ATPasa, es una proteína de membrana anti-porte, puesto que moviliza a los iones en contra de su gradiente de concentración. La misma funciona transportando 3 iones de sodio hacia afuera y al mismo tiempo ingresan dos iones de potasio al interior celular.

Esta distribución desigual de los iones determina una diferencia de carga neta que establece un desequilibrio eléctrico. A este gradiente se lo llama diferencia de potencial de membrana.

Otro factor determinante en el potencial de reposo es la permeabilidad selectiva de la membrana a los iones. En el caso del potasio, la misma es 50 a 100 veces superior a la del sodio. De esta manera, el valor está determinado fundamentalmente por el valor de equilibrio del potasio y favorecido indirectamente por la bomba sodio potasio que colabora en el mantenimiento de los gradientes iónicos.

POTENCIAL DE ACCIÓN

Además de los canales iónicos antes mencionados, de sodio y potasio que se encuentran activos en reposo, existen canales iónicos que se activan mediante el voltaje.

Dependiendo de los cambios de permeabilidad que sufra la membrana durante el potencial de acción podemos distinguir distintas fases:

1. **Fase de reposo**
   Es el periodo previo al potencial de acción, donde la distribución de las cargas es desigual, siendo el interior celular más negativo que el exterior.
2. **Fase de despolarización**
   Se activan los canales de sodio dependientes del voltaje, generando una entrada masiva del ion y, por lo tanto, cambiando la polaridad de la célula hasta un umbral, momento en el cual el interior celular se vuelve positivo.
3. **Fase de repolarización**
   Se comienza con la vuelta al potencial de reposo y se produce la apertura de los canales de potasio dependientes de voltaje que genera una salida del mismo a favor de gradiente, restableciéndose la negatividad en el interior celular.
4. **Fase de post-hiperpolarización**
   Los canales de potasio dependientes del voltaje tardan en cerrarse permitiendo que se escapen cargas positivas del interior celular, haciendo que el interior celular se vuelva más negativo que el potencial de reposo.

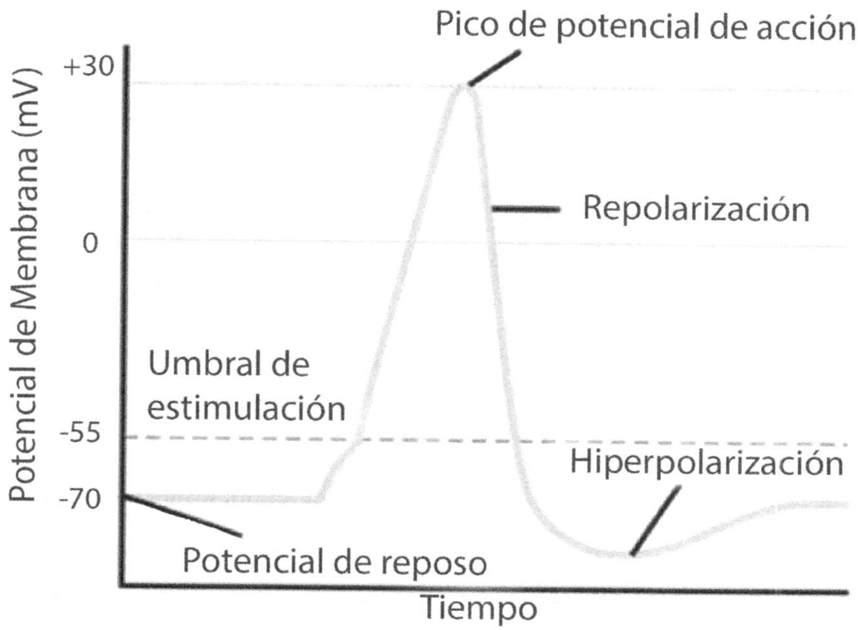

Figura Nro. 4 Potencial de acción

1.3 EL CITOPLASMA

El *citoplasma* incluye todos los componentes de la célula que se encuentran entre la membrana plasmática y el núcleo. Este compartimento tiene dos componentes: el citosol y las organelas.

El *citosol*es la porción líquida del citoplasma y contiene agua, solutos disueltos y partículas en suspensión. Dentro del citosol se encuentran varios tipos diferentes de *organelas* con funciones específicas necesarias para la vida celular.

El citoplasma está conformado entre un 75% y 90% por agua, a la que se suman diferentes compuestos, disueltos o en suspensión. En él se suceden muchas de las reacciones químicas celulares.

Presente en el citosol, se encuentra el *citoesqueleto*, responsable de la estructura celular y que de manera creciente son: microfilamentos, filamentos intermedios y microtúbulos.

Los *microtúbulos* son los componentes predominantes de los *cilios y flagelos*, que son proyecciones móviles de la superficie celular. Los cilios son apéndices numerosos, cortos, piliformes, que se extienden desde la superficie de la célula. Los movimientos coordinados de muchos cilios sobre la superficie de una célula producen un movimiento sostenido del líquido a lo largo de la superficie celular.

Los flagelos tienen una estructura similar a los cilios, pero suelen ser mucho más largos. En general, los flagelos mueven una célula entera.

Otro componente presente en el interior celular son los *ribosomas*, lugar donde se sintetizan las proteínas destinadas a organelas específicas. Los mismos pueden estar libres (sintetizan proteínas que serán utilizadas en el citosol), adheridos al retículo endoplásmico, o adheridos a la superficie externa de la membrana nuclear y dentro de la mitocondria.

El *retículo endoplásmico,* por su parte, es una red de membranas que se extiende desde la membrana nuclear, donde adquiere el nombre de **RER** (retículo endoplásmico rugoso) llamado así porque presenta pliegues y ribosomas adheridos. Estos últimos, sintetizan proteínas que ingresan al RER y allí son procesadas y distribuidas.

El tramo siguiente se denomina **REL** (retículo endoplásmico liso) que no presenta ribosomas asociados, pero en su interior tiene enzimas con variadas funciones según el tipo celular, por ejemplo síntesis de esteroides como progesterona, liberación del calcio necesario para la contracción muscular en la fibra, etc.

El *aparato de Golgi* recibe a la mayor parte de las proteínas sintetizas por los ribosomas, que al pasar por sus diferentes sectores, se van modificando.

La cara de entrada recibe y modifica las proteínas sintetizadas en el RER. Las cisternas mediales agregan hidratos de carbono a las proteínas para formar glucoproteínas y lípidos para formar lipoproteínas. La cara de salida modifica las moléculas en forma adicional y luego las selecciona y envuelve para transportarlas hacia su destino final.

Los *lisosomas* se forman en el aparato de Golgi y contienen en su interior enzimas digestivas que pueden digerir una gran cantidad de moléculas. También se encargan de reciclar estructuras celulares deterioradas.

Otro grupo similar a los lisosomas, son los *peroxisomas,* encargados de eliminar átomos de hidrógeno de determinadas sustancias gracias a las enzimas en su interior.

Las *mitocondrias* son las encargadas de generar la mayor cantidad de energía ATP para la célula a través de la respiración aeróbica. Se encuentran en grandes cantidades y suele localizarse en lugares donde el oxígeno ingresa a la célula. Su estructura interna y función se detallara en futuros capítulos.

El *núcleo* contiene el material genético, el que se organiza en los cromosomas, encargados de controlar la estructura celular y dirigir sus actividades. Se encuentra separado del citoplasma por una membrana similar a la citoplasmática, con trasporte selectivo. En algunos tipos celulares los núcleos pueden ser múltiples (células musculares) y en otros estar ausentes (eritrocitos).

El núcleo contiene uno o más cuerpos esféricos denominados nucléolos, que participan en la síntesis de los ribosomas y solo están compuestos por ADN y ARN. Son muy prominentes en las células con gran síntesis proteica como las musculares y en la división celular se dispersan, desaparecen y se reorganizan una vez que se formaron las nuevas células.

CAPÍTULO [2]

EL METABOLISMO

Prof. Gabriela Veigas

El alimento constituye el combustible para las actividades biológicas.

Un nutriente es cualquier sustancia química ingerida que se usa para crecimiento, reparación y mantenimiento del cuerpo. Hay seis clases principales de nutrientes: agua, carbohidratos, lípidos, proteínas, minerales y vitaminas. A los cuatro primeros se les conoce como *macro nutrientes*, porque deben consumirse en cantidades grandes. A los minerales y las vitaminas se les denomina *micronutrientes*, porque sólo se requieren pequeñas cantidades de ellos (Kennneth Saladin, 2012).

Estos nutrientes, constituyen los sustratos energéticos. Los mismos se oxidan para extraer energía de ellos y formar ATP que, efectivamente, va a poder ser utilizado por la célula.

Podemos definir al metabolismo como al conjunto de procesos físicos y químicos, de síntesis (anabolismo) o de degradación (catabolismo) que se suceden en una célula, según las necesidades de la misma.

El trifosfato de adenosina oadenosintrifosfato (ATP) es la molécula de transferencia de energía más importante del cuerpo. A partir de estos sustratos, la formación de ATP da a la célula los medios para almacenar y conservan energía en un compuesto altamente energético.

El ATP es un nucleótido compuesto por:

- La base nitrogenada adenina,
- el azúcar pentosa ribosa,
- tres radicales fosfato.

Los dos últimos radicales fosfatos están unidos al resto de la molécula mediante enlaces de alta energía, el cual es muy lábil, por lo que puede dividirse instantáneamente según la demanda que se requiera de energía.

Cuando esto sucede, un radical de ácido fosfórico se separa de la molécula y se libera energía. De esta manera, la molécula pasara a ser ADP, todo esto mediado por una enzima llamada ATPasa, encargada de romper la unión.

El 70% de la energía se disipa en forma de calor, mientras que el resto se utiliza para diferentes funciones celulares.

Esta reacción es reversible, entonces, mediante una enzima llamada ATP-sintasa. La energía derivada de los sustratos energéticos, ya sean hidratos de carbono, lípidos o proteínas, es utilizada para reconstituir moléculas de ATP.

La molécula de ATP es de vida corta, ya que suele consumirse a los 60 segundos de su formación. La cantidad completa que se encuentra en el cuerpo sostendría la vida por menos de un minuto, si no se restituyera de manera continua (6).

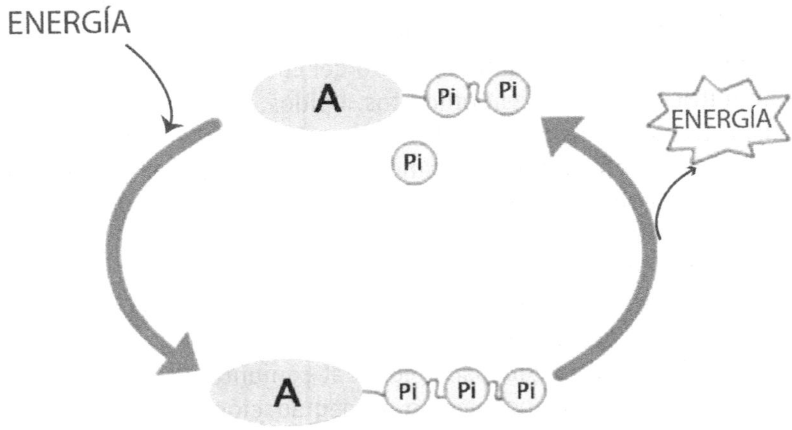

Figura Nro. 5: Anabolismo/Catabolismo ATP

2.1 OTROS NUCLEÓTIDOS

El trifosfato de guanosina (GTP) es otro nucleótido que se relaciona con la transferencia de energía. En algunas reacciones, dona grupos fosfato a otras moléculas.

El monofosfato de adenosina cíclico cAMP es un nucleótido formado por la eliminación del segundo y tercer grupo fosfato del ATP. En algunos casos, cuando una hormona u otro mensajero químico ("primer mensajero") se une a la superficie celular, activa una reacción interna que convierte al ATP en cAMP. Este último actúa entonces como un "segundo mensajero" para activar los efectos metabólicos dentro de la célula (Kennneth Saladin, 2012).

2.2 HIDRATOS DE CARBONO

Son moléculas orgánicas, más conocidos como azúcares o almidones.

Las moléculas más simples se denominan monosacáridos, siendo la glucosa, la fructosa y la galactosa los tres más importantes.

Los disacáridos, son moléculas compuestas por dos sacáridos, como la lactosa (leche de los mamíferos), la sacarosa (combinación de fructosa y glucosa) y la maltosa (azúcar de malta).

Se llama oligosacáridos a las cadenas cortas de tres o más monosacáridos, y polisacáridos a los de cadena larga (hasta miles de monosacáridos de longitud). No hay un criterio exacto para definir cuándo una cadena es lo bastante grande como para llamarla polisacárido, pero una cadena de 10 ó 20 monosacáridos por lo general sería considerada un oligosacárido, mientras que una de 50 ó más se consideraría polisacárido.

El glucógeno es un polisacárido que almacena energía y es elaborado por las células del hígado, los músculos, el cerebro, el útero y la vagina. Se trata de un polímero de glucosa ramificado y largo. El hígado produce glucógeno después de una comida, cuando el nivel de glucosa sanguínea es elevado, y luego lo desdobla entre comidas para mantener los niveles de glucosa sanguínea cuando no hay ingesta de alimentos. Los músculos almacenan el glucógeno para sus propias necesidades energéticas, y el útero lo usa durante el embarazo para nutrir al embrión (Kennneth Saladin, 2012).

En el momento de la ingesta, el sistema digestivo procesa los alimentos. Cuando la glucosa llega al intestino delgado, es absorbida y pasa a la sangre. La cantidad de glucosa en sangre se denomina, glucemia.

La glucosa viaja por la sangre hasta las células donde necesita la ayuda de la insulina para ingresar al interior de las células por difusión facilitada, la cual activa a la proteína de membrana por la cual ingresa. Luego de ingresar, la glucosa puede seguir dos caminos: degradarse, y que la célula utilice su energía, o almacenarse como glucógeno en el músculo, donde se utiliza para las actividades propias de la célula o en el hígado, para regular la cantidad de glucosa en sangre o glucemia.

Los hidratos de carbono son los que más rápido producen energía y la adrenalina, la hormona de crecimiento, aumentan la glucemia al romper el glucógeno hepático.

2.3 LÍPIDOS

Un lípido es una molécula orgánica hidrófoba, por lo general compuesta sólo de carbono, hidrógeno y oxígeno. Tienen como característica principal el ser hidrófobos (insolubles en agua) y solubles en disolventes orgánicos.

Los lípidos no se pueden clasificar por grupos funcionales, ya que estos no poseen un grupo funcional característico. El criterio de agrupación más común se basa en algunas de sus propiedades físicas: son insolubles en agua y solventes polares, y solubles en solventes apolares como el benceno y otros solventes orgánicos.

Los lípidos son de suma importancia en funciones biológicas, ya que constituyen las principales reservas energéticas en los seres vivos, forman parte de la estructura de las membranas celulares (fosfolípidos), regulan la actividad de las células y los tejidos y actúan como moléculas señalizadoras.

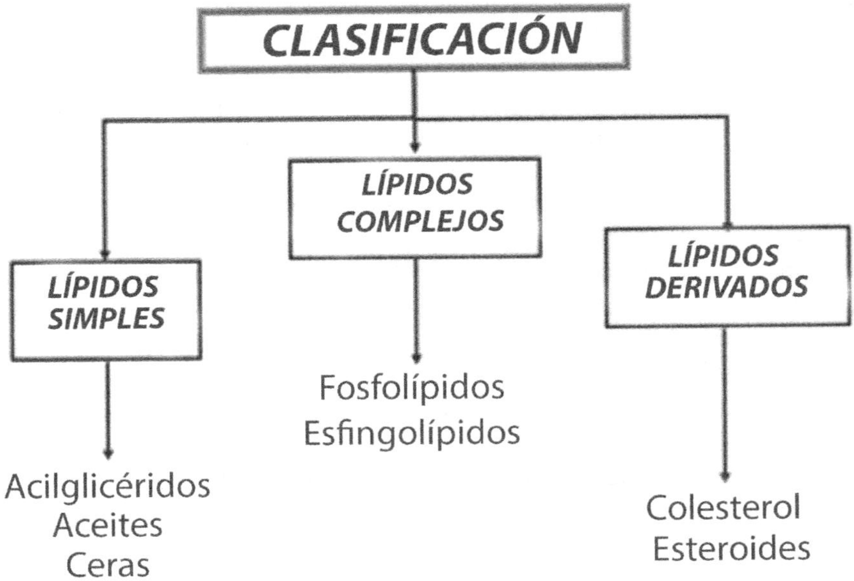

Figura Nro. 6: Clasificación de los lípidos

Un ácido graso es una cadena de 4 a 24 átomos de carbono. A los ácidos grasos y las grasas que se hacen con ellos se les clasifica como saturados o insaturados.

Un ácido graso saturado, tiene la mayor cantidad de hidrógeno posible, por tanto, está "saturado" con hidrógeno. Sin embargo, en los ácidos grasos insaturados, algunos átomos de carbono están unidos por dobles enlaces covalentes. Cada uno de ellos puede compartir un par de electrones con otro átomo de hidrógeno, en lugar del carbono adyacente, de modo que puede agregarse hidrógeno a esta molécula (Kennneth Saladin, 2012).

Los triglicéridos (grasas simples) en el tejido celular subcutáneo y grasa corporal, son los únicos que se utilizan para formar ATP, es decir, que tiene como función ser sustratos energéticos. Están formados por un glicerol y tres ácidos grasos libres, y constituyen una forma almacenamiento de grasas y de energía.

Los esteroides son lípidos con 17 de sus átomos de carbono organizados en cuatro anillos. El colesterol es el esteroide "padre" del que se sintetizan otros esteroides, como el cortisol, la progesterona, los estrógenos, la testosterona y los ácidos biliares.

El llamado vulgarmente "colesterol malo" se refiere a las lipoproteínas de baja densidad (LDL), que tienen una elevada relación de lípidos a proteínas y contribuye a la enfermedad cardiovascular. El llamado "colesterol bueno" se refiere a las lipoproteínas de alta densidad (HDL) que tienen baja relación de lípidos a proteínas y que puede ayudar a prevenir enfermedades cardiovasculares.

Las células grasas y los lípidos del hígado sintetizan TGC (triglicéridos) a partir de hidratos de carbono. Esto explica porque es necesario incorporar a la dieta del deportista altos porcentajes de hidratos de carbono y no grasas. De esta manera se logran dos propósitos, primero completar las reservas de glucógeno y segundo, el excedente se acumula en el tejido graso también como reserva energética.

La función primaria de la grasa es almacenar energía, pero cuando se concentra en el tejido adiposo, también proporciona aislamiento térmico y actúa como un colchón de absorción de golpes para órganos vitales (Kenneth Saladin, 2012).

2.4 PROTEÍNAS

Las proteínas son moléculas formadas por aminoácidos que están unidos por un tipo de enlaces conocidos como enlaces peptídicos. El orden y la disposición de los aminoácidos dependen del código genético de cada persona. Todas las proteínas están compuestas por:

- Carbono,
- hidrógeno,
- oxígeno,
- nitrógeno,

y la mayoría contiene además azufre y fósforo.

Las proteínas suponen aproximadamente la mitad del peso de los tejidos del organismo, y están presentes en todas las células del cuerpo, además de participar en prácticamente todos los procesos biológicos que se producen.

La proteína es un polímero de aminoácidos. Un aminoácido tiene un átomo central de carbono con un grupo amino (-NH2) y uno carboxilo (-COOH) unido a él." (Kennneth Saladin, 2012).

Existen 20 aminoácidos diferentes que se combinan entre ellos de múltiples maneras para formar cada tipo de proteínas. Los aminoácidos pueden dividirse en 2 tipos: aminoácidos *esenciales*, que son 9 y que se obtienen de alimentos, y aminoácidos *no esenciales,* que son 11 y se producen en nuestro cuerpo.

Según su composición, las proteínas se pueden clasificar en dos tipos, proteínas simples o proteínas conjugadas:

- Las **proteínas simples** son aquellas que, por hidrolisis, producen solamente aminoácidos.
- Las **proteínas conjugadas** contienen, además de su cadena polipeptídica, un componente que no es un aminoácido denominado grupo prostético. Este componente puede ser un ácido nucleico, un lípido, un azúcar o simplemente un ión inorgánico. Ejemplos de proteínas que son proteínas conjugadas son la mioglobina, la hemoglobina y los citocromos.

Las proteínas tienen estructuras complejas, enroscadas y plegadas que son de máxima importancia para las funciones que llevan a cabo. Aún ligeros cambios en su configuración (forma tridimensional) pueden anular su funcionamiento.

Las moléculas de proteína tienen de tres a cuatro niveles de complejidad, de la estructura primaria a la cuaternaria:

1. La **estructura primaria** es la secuencia de aminoácidos de la proteína, que está codificada en los genes.
2. La **estructura secundaria** es una forma enroscada o plegada, que se mantiene unida mediante enlaces químicos.
3. La **estructura terciaria** está formada por la curvatura o el plegado de las proteínas en diversas formas globulares y fibrosas. Es resultado del agrupamiento de los radicales hidrófobos para evitar el agua, mientras que los radicales hidrófilos son atraídos por el agua de alrededor.
4. La **estructura cuaternaria** es la asociación de dos o más cadenas de polipéptidos mediante fuerzas no covalentes, como enlaces iónicos e interacciones hidrófilas e hidrófobas.

Una de las propiedades más importantes de las proteínas es su capacidad para cambiar de configuración, sobre todo en la estructura terciaria. Estos cambios pueden ser activados por influencias como cambios de voltaje en la membrana celular durante la acción de células nerviosas, la unión de una hormona a una proteína, o la disociación de una molécula proteínica. Los cambios sutiles o reversibles en la configuración son importantes para procesos como la función enzimática, la contracción muscular, y abertura y cierre de poros en la membrana celular. La desnaturalización es un cambio de configuración más drástico como respuesta a condiciones como calor o pH extremo. (Kennneth Saladin, 2012)

Las proteínas solo se utilizan como fuente de energía en situaciones de inanición (ayuno prolongado) y cumplen variadas funciones de vital importancia para el organismo:

- Transporte a través de la membrana, bomba sodio potasio, carrier de glucosa.
- Estructural, formando membranas celulares
- Enzimática, las enzimas están formadas por proteínas.
- Hormonal, insulina, adrenalina, hormona de crecimiento.
- Contráctil, actina, miosina, troponina, tropomiosina.

2.5 COMPOSICIÓN DE LA DIETA

Una alimentación equilibrada implica un aporte de nutrientes adecuado a las necesidades individuales debiendo cubrir las demandas energéticas del organismo.

Las bases de una dieta equilibrada se fundamentan en el aporte de los nutrientes necesarios, en función de la edad, el sexo, la etapa de desarrollo y la situación del organismo.

Idealmente, la dieta debería estar compuesta por:

- **Sustancias energéticas:** Por ejemplo 60% de hidratos de carbono, 30% grasas y 10% de proteínas. En general en deportista eleva el consumo de hidratos de carbono y disminuye el de grasas, ya que, como se mencionó anteriormente, el exceso de hidratos es convertido en grasas, una vez cubiertas las reservas de glucógeno muscular y hepático. Se debe tener en cuenta el tipo de deporte y con esto, el tipo de exigencia que este demande, además de la carga, la frecuencia y el momento del año en el que se encuentre el deportista.
- **Agua:** Es importante estar hidratado y se aconseja tomar al menos 2 litros de agua por día, cantidad que se eleva de acuerdo a la actividad física, horario, duración y condiciones ambientales (humedad, temperatura, altura).
- **Minerales:** Tales como cloro y sodio, calcio (constituyen los huesos e intervienen en la contracción muscular y transmisión de impulsos nerviosos), yodo (forma parte de la hormona tiroidea), hierro (función en el transporte de gases), magnesio y manganeso (intervienen en procesos metabólicos).
- **Vitaminas:** Vitaminas **A** (piel huesos, reproducción), **B** (sistema nervioso formación de células sanguíneas), **C** (anti infecciosa, formación de colágeno y desarrollo óseo), **D** (fijación de calcio en los huesos), **E** (anti oxidante, previene enfermedades cardíacas, alivia la fatiga), **K** (coagulación sanguínea).

2.6 CONSIDERACIONES GENERALES SOBRE EL METABOLISMO

Las enzimas son proteínas que funcionan como catalizadores biológicos. Posibilitan que las reacciones bioquímicas se realicen con rapidez a temperaturas corporales normales (Kennneth Saladin, 2012).

La molécula sobre la que actúa una enzima y cuya transformación está condicionada por ella, se denomina sustrato.

La parte de la enzima donde se une el sustrato se llama el sitio activo (ya que ahí es donde sucede la "acción" catalítica).

La molécula resultante de la acción de la enzima sobre el o los sustratos, se denomina producto.

Las enzimas pueden catalizar tanto reacciones anabólicas como catabólicas pero, en ambos casos, la misma tiene una especificidad por el sustrato y un sitio activo -o de contacto- con el mismo que es especifico.

Casi dos terceras partes de las enzimas humanas requieren un socio no proteínico al que se le llama cofactor. Las coenzimas son cofactores orgánicos, aceptan electrones de una enzima en una ruta metabólica y los transfieren a una enzima en otra.

Una ruta metabólica es una cadena de reacciones en que una enzima diferente sirve como catalizador en cada paso (Kennneth Saladin, 2012).

El proceso de almacenaje de energía formando ATP a partir de otras fuentes químicas recibe el nombre de **fosforilación**. Cuando estas reacciones se producen sin oxígeno, el proceso recibe el nombre de metabolismo anaeróbico. Cuando estas reacciones tienen lugar con la ayuda de oxígeno, el proceso global se denomina metabolismo aeróbico, y la conversión aeróbica de ADP a ATP es la **fosforilación oxidativa** (Jack Wilmore, David Costill, 2014).

Las células generan ATP mediante tres métodos:

1. El sistema ATP-PC.
2. El sistema glucolítico.
3. El sistema oxidativo

Según el tipo de actividad, el tiempo de duración de la misma, y la energía requerida, podremos determinar el predominio de uno u otro metabolismo.

2.7 TIPOS DE METABOLISMO

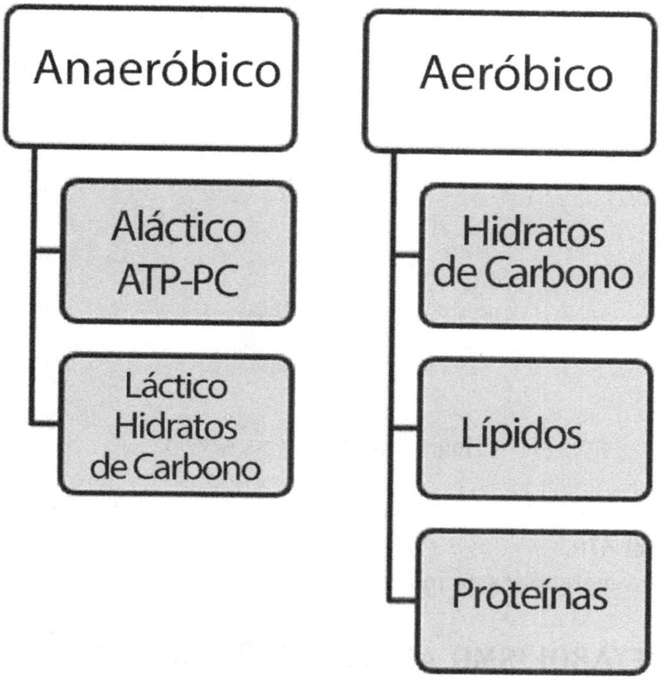

Figura Nro.7: Tipos de metabolismo

2.7.1 METABOLISMO ANAERÓBICO ALÁCTICO

A través del metabolismo anaeróbico aláctico se activa al inicio de cualquier actividad y ejercicio, ya que la fuente primaria de energía será el ATP celular. La enzima ATPasa, libera un P y la energía almacenada al enlace químico, y la acopla a la contracción muscular.

Esta reacción se produce en el citoplasma celular y su acción dura pocos segundos, ya que la reserva de ATP celular es pequeña.

Parte del ATP utilizado se re-sintetiza gracias a la energía proporcionada por otro compuesto presente en el citoplasma, la fosfocreatina o PC, la cual tiene una concentración de 3 a 5 veces mayor a la del ATP. Esta reacción es catalizada por una enzima denominada creatinkinasa que es estimulada por la disminución de ATP en el citoplasma celular.

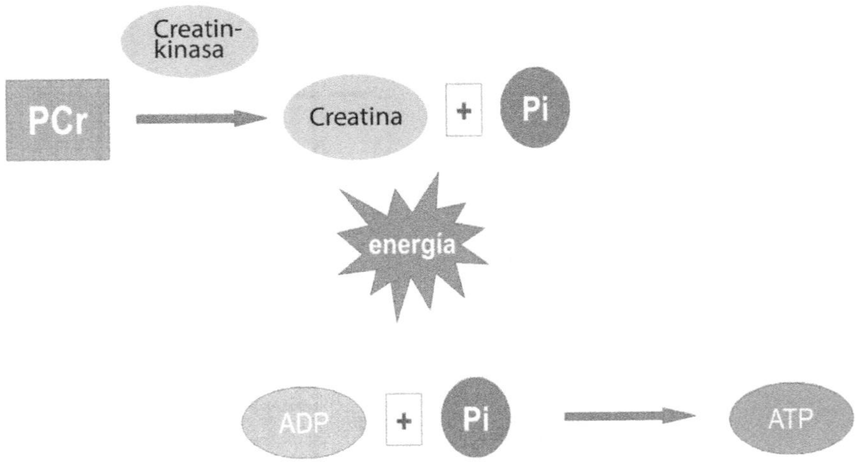

Figura Nro. 8: Sistema ATP/PC

En realidad la PC es una fuente de energía indirecta que sirve para reconstituir el ATP.

Esta ruta metabólica se realiza sin presencia de oxígeno.

2.7.2 METABOLISMO ANAERÓBICO LÁCTICO

Si, luego de agotarse la energía aportada por el metabolismo anaeróbico láctico la actividad continúa, se iniciará la obtención de energía de otra ruta metabólica cuya fuente de energía son los hidratos de carbono, la glucosa y el glucógeno.

Recordemos que el único sustrato energético que puede utilizar el organismo en ausencia de 02 son los hidratos de carbono. Tanto lípidos como proteínas, solo pueden utilizarse en presencia de 02.

El proceso metabólico a través del cual se obtiene la energía es la glucolisis, o ruptura de glucosa, que se da en el citoplasma celular. La misma puede estar presente en el interior celular o proceder de las reservas de glucógeno. Recordemos que este último se almacena en el propio musculo y en el hígado.

El glucógeno hepático es el encargado de mantener el nivel de glucemia. Cuando se realiza actividad física, las células del organismo requieren energía, por lo cual este glucógeno hepático se rompe, liberando glucosa a la sangre y la energía almacenada en la unión química. A este proceso se lo denomina Glucogenólisis.

GLUCOLISIS

La glucosa es una molécula de 6 carbonos que, durante el proceso, termina dividiéndose en dos moléculas de 3 carbonos.

Este proceso brinda 2 moléculas ó 3 de ATP (en el caso que la glucosa provenga de las reservas) y dos cofactores NAD reducidos que luego, en situación aeróbica, entregarán los protones y generará energía como resultado final.

Durante el ejercicio, las necesidades energéticas son satisfechas, inicialmente, por el glucógeno muscular y, luego, por el aumento de la glucemia que se obtiene del glucógeno hepático.

El ácido pirúvico es el producto final de la glucolisis. En ausencia de oxígeno, continúa la degradación del ácido pirúvico, dando como resultado ácido láctico.

El ácido láctico se irá acumulando en la medida en que se prolongue el ejercicio intenso.

FERMENTACIÓN LÁCTICA

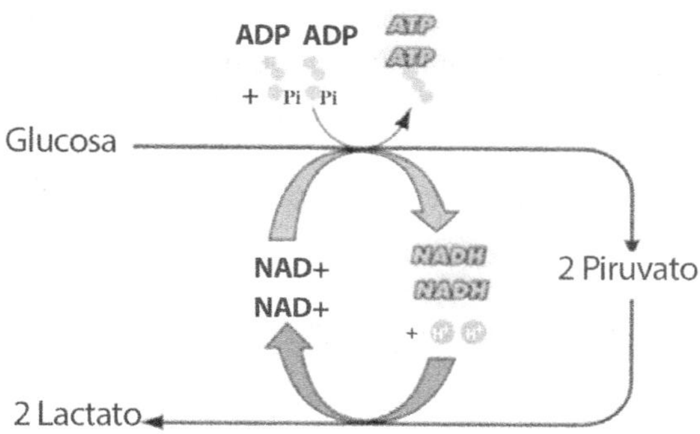

Figura Nro. 9: Fermentación láctica

El organismo es capaz de metabolizar el ácido láctico, y reconvertirlo a través de:

- Trabajo regenerativo, en presencia de 02, puede re convertirse en Ácido pirúvico y re-utilizarse en el metabolismo aeróbico.
- Ácido láctico + 02 ⟶ Ácido pirúvico + 02 ⟶ Acetil Coa
- En el Ciclo de Cori en el hígado, donde se realiza la gluconeogénesis, es decir, la formación de glucosa a partir de un elemento no glúcido. Con esta glucosa se puede formar glucógeno y almacenarla, ser utilizada por las células hepáticas o liberarse a la sangre y aumentar la glucemia.

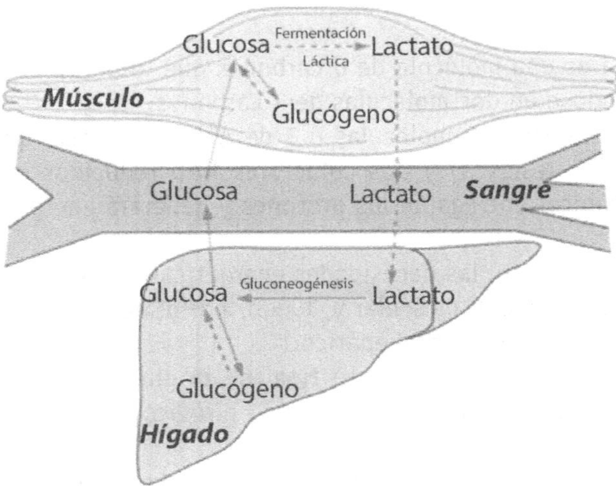

Figura Nro.10: Ciclo de Cori

- Una fracción se elimina por orina.

Si el ácido láctico se acumula puede producir irritación de las terminaciones nerviosas y como consecuencia dolor. Debido a estas reconversiones o a la eliminación por orina no se puede decir que el dolor que aparece a las 24 horas de realizar una actividad intensa sea producto de la acumulación de ácido láctico.

2.7.3 METABOLISMO AERÓBICO

El proceso mediante el cual el cuerpo descompone combustibles con la ayuda de oxígeno para generar energía se llama respiración celular. Dado que se emplea oxígeno, éste es un proceso aeróbico (Jack Wilmore, David Costill, 2014).

En presencia de O2 pueden utilizarse los tres sustratos energéticos: Hidratos de carbono, lípidos y proteínas.

En el caso de los hidratos de carbono, el proceso de glucolisis es el mismo, tanto en presencia como ausencia de O2. En situación aeróbica, el producto de la glucolisis, el ácido pirúvico, se transforma en Acetil Coa (una por cada ácido pirúvico) y continúa su proceso metabólico dentro de la mitocondria.

La Acetil Coa ingresa al ciclo de Krebs, en la matriz mitocondrial, donde sufre una serie compleja de reacciones químicas que permiten la oxidación completa del grupo acetilo de la molécula. Durante este proceso, se reducen

3 coenzimas NAD, una coenzima FAD y forma un GTP (compuesto similar al ATP). Por cada molécula de glucosa, se completan dos vueltas a este ciclo, ya que se obtienen dos moléculas de Acetil Coa.

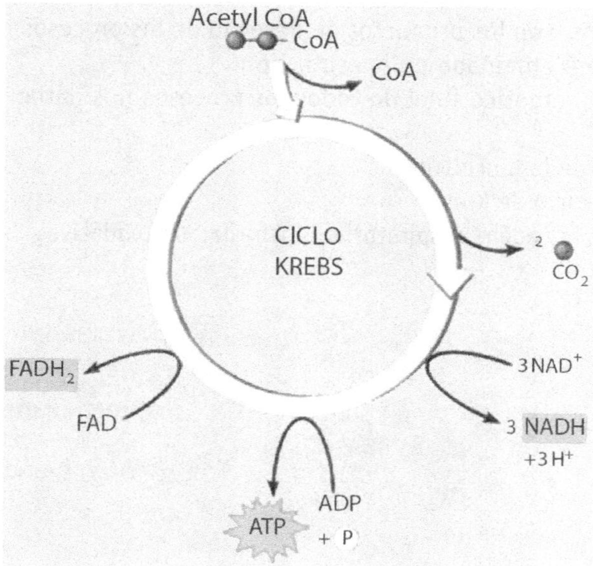

Figura Nro. 11: El ciclo de Krebs

Por cada vuelta al ciclo: 3NAD + H ➡ NADH
1 FAD + H ➡ FADH
1 GTP
2 CO2

La función principal del ciclo de Krebs es generar electrones que luego pasaran a la llamada cadena respiratoria. La misma se ubica en las crestas mitocondriales.

Las coenzimas NADH y FADH, provenientes tanto de la glucolisis como del ciclo de Krebs, liberan los H, cediendo sus electrones, que irán pasando de un eslabón a otro de la cadena.

Conforme se mueven los electrones en la cadena, se desplazan de un nivel de energía más alto a uno más bajo, lo que libera energía. Parte de la misma, se utiliza para bombear iones de H, fuera desde la matriz hacia el espacio inter membrana de la mitocondria. Este bombeo establece un gradiente electroquímico.

Cuando los iones H fluyen por el gradiente de regreso hacia la matriz, pasan a través de una enzima llamada ATP sintasa, la cual aprovecha el flujo de protones para sintetizar ATP. Es una fosforilación -ya que se agrega un P a una molécula de ADP- y es oxidativa -ya que se produce en presencia de O2-.

Al final de la cadena, los electrones se transfieren a una molécula de oxígeno, para formar agua junto con el H y que, junto con el CO2 formado en el ciclo de Krebs, son los productos de desecho de los procesos metabólicos. Este último, será eliminado en la espiración.

El balance energético final de todos los procesos nos daría:

- 2 ó 3 ATP de la glucolisis,
- 2 ATP del ciclo de Krebs,
- 34 ATP de la cadena respiratoria y fosforilación oxidativa.

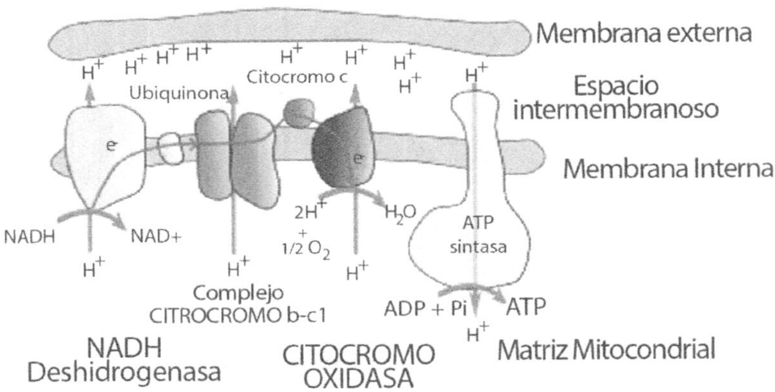

Figura Nro. 12: Cadena respiratoria/ fosforilación oxidativa

2.7.4 METABOLISMO DE LOS LÍPIDOS

Los triglicéridos se almacenan en las células grasas y en las fibras musculares esqueléticas. Para usar su energía, los triglicéridos deben descomponerse en sus unidades básicas: una molécula de glicerol y tres moléculas de ácidos grasos libres. Este proceso se llama lipólisis, y lo llevan a cabo unas enzimas conocidas como lipasas.

Una vez liberados del glicerol, los ácidos grasos libres pueden entrar en la sangre y ser transportados por el cuerpo, entrando en las fibras musculares por difusión. Su ritmo de entrada en las fibras musculares depende del grado de concentración. El aumento de la concentración de ácidos grasos libres en sangre los impulsa hacia las fibras musculares.

Al entrar en las fibras musculares, los ácidos grasos libres son activados enzimáticamente con energía del ATP, preparándolos para el catabolismo (descomposición) dentro de las mitocondrias. Este catabolismo enzimático de las grasas por las mitocondrias recibe la denominación de beta oxidación (oxidación 8)." (Jack Wilmore, David Costill, 2014).

En este proceso se liberan H, que pasan a la cadena respiratoria, y se forma Acetil Coa que luego -al igual que los hidratos de carbono- ingresará al ciclo de Krebs, continuándose los mismos procesos.

La oxidación de las grasas requiere más 02, ya que son moléculas que tienen más carbonos en su estructura. Esto también implica que se formaran más moléculas de Acetil Coa y se darán más vueltas al ciclo de Krebs, obteniéndose más energía, todo esto multiplicado por 3, ya que por cada TGL obtendré 3 cadenas de ácidos grasos.

2.7.5 METABOLISMO DE LAS PROTEÍNAS

Tal como se indicó previamente, los hidratos de carbono y los ácidos grasos son los combustibles preferidos por nuestros cuerpos. Pero las proteínas, o más bien los aminoácidos, que las forman también son utilizadas.

Algunos aminoácidos pueden convertirse en glucosa (mediante la gluconeogénesis). Alternativamente, algunos pueden convertirse en varios productos intermedios del metabolismo oxidativo (tales como el piruvato o el acetil CoA) para entrar en el proceso oxidativo. (Jack Wilmore, David Costill, 2014).

Para poder ser utilizados, los aminoácidos sufren el proceso de desaminación en el hígado, separando el nitrógeno del esqueleto de carbono. El nitrógeno aislado puede seguir dos caminos: usarse para formar nuevos aminoácidos o eliminarse en forma de urea en la orina.

CAPÍTULO [3]

FISIOLOGÍA DEL MÚSCULO ESQUELÉTICO

Prof. Fernando Krasnov

3.1 CONCEPTO DE MÚSCULO: TIPOS DE TEJIDO MUSCULAR

Las funciones de movimiento de los seres vivos son ejecutadas por órganos llamados músculos, que representan hasta un 40-50% del peso corporal. La función primaria del músculo consiste en transformar energía química en mecánica para generar fuerza, realizar trabajo y producir movimiento ante estímulos nerviosos u hormonales. Además, los músculos estabilizan la postura, regulan el volumen de los órganos, generan calor e impulsan líquidos y materia alimenticia a través de los sistemas corporales.

Existen dos tipos generales de tejido muscular: el tejido muscular estriado y el tejido muscular liso. A su vez el primero se clasifica en esquelético y cardiaco. Aunque los diferentes tipos de tejido muscular comparten algunas propiedades, difieren entre sí en cuanto a su anatomía, localización y control por parte del sistema nervioso y hormonal.

El *tejido muscular estriado esquelético* se denomina así porque los músculos esqueléticos son órganos equiparables a motores flexibles y elásticos, insertados en los huesos del esqueleto. De manera que, al contraerse, pueden sostener una posición o producir el giro de las palancas óseas a través de las articulaciones. Se denomina estriado porque al observarse con un microscopio presenta bandas proteicas claras y oscuras alternantes (estriaciones transversales). Su actividad puede ser controlada principalmente de manera voluntaria por el sistema nervioso somático.

El *tejido muscular estriado cardíaco* lo encontramos formando parte de la pared del corazón. Presenta estriaciones transversales similares a las del músculo esquelético y unas uniones comunicantes llamadas discos intercalares que conectan entre sí las fibras estriadas cardíacas. Es involuntario: se contrae y relaja de manera automática controlado por su propio marcapaso (nódulo sinusal). Varias hormonas y el sistema nervioso autónomo pueden modificar el ritmo de actividad cardíaca.

El *tejido muscular liso* se encuentra en las paredes de los órganos huecos del organismo, que, para cumplir su función, requieren ejecutar una contracción lenta y sostenida. Las capas que forman este tipo de tejido muscular permiten la modificación continua del volumen del órgano y de esta manera, por ejemplo, ajustan el flujo sanguíneo en los vasos o la conductancia de las vías áreas, o efectúan el vaciado de la vejiga y la propulsión de comida. Carece de estriaciones, por ello se denomina liso, y es involuntario, controlado por el sistema nervioso autónomo y hormonas.

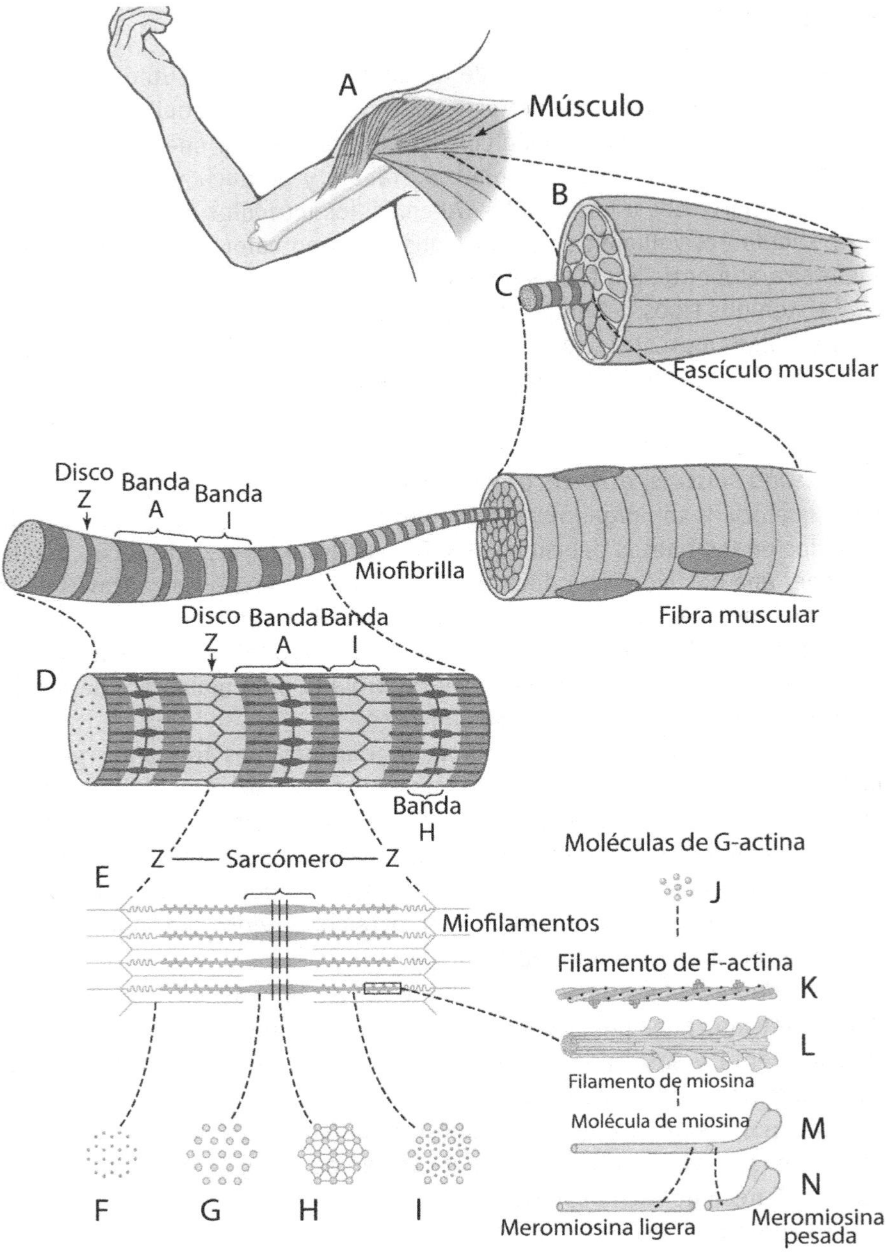

Figura Nro. 13: Músculo estriado esquelético

3.2 MORFOLOGÍA DEL MÚSCULO ESTRIADO ESQUELÉTICO

Los músculos esqueléticos son órganos compuestos por miles de células alargadas llamadas fibras musculares, rodeadas y protegidas por diferentes capas de tejido conectivo, además de vasos sanguíneos y nervios. Las fibras musculares se ubican paralelas al eje longitudinal y se agrupan en "paquetes" llamados fascículos, que en su conjunto conforman el vientre muscular. En los extremos del vientre muscular, el tejido conectivo se reúne para formar los tendones que se insertan o fijan al hueso.

La fascia es una lámina densa de tejido conectivo irregular que reviste las paredes del cuerpo, sosteniendo y rodeando músculos y órganos. Esta fascia mantiene conectados músculos con funciones similares, permite el libre movimiento de músculos y transporta nervios, vasos sanguíneos y linfáticos.

Tres capas de tejido conectivo se extienden desde la fascia para proteger al músculo esquelético: la capa más externa, que forma la cubierta de todo el músculo, se denomina *epimisio*, la capa que rodea de 10 a 100 fibras musculares formando los fascículos se denomina *perimisio* y la capa que penetra en cada fascículo y rodea cada fibra muscular individual se denomina *endomisio*.

Aunque el tejido conectivo sirve para unir las diferentes subunidades del músculo, permite también cierto grado de movimiento longitudinal entre los fascículos y de cada fibra muscular respecto de las fibras adyacentes. Los vasos sanguíneos que irrigan el músculo esquelético se ramifican en el epimisio y se introducen siguiendo los tabiques del perimisio hasta formar en el endomisio una rica trama capilar que rodea a cada fibra de forma individual. Estudios recientes demuestran que las fibras musculares muestran una estrecha asociación con esta matriz de tejido conectivo y que no se extienden de un tendón a otro, sino que se conectan en el vientre a través de dicha matriz, que parecería desempeñar una función esencial en la transmisión de la tensión desde las fibras hacia el tendón.

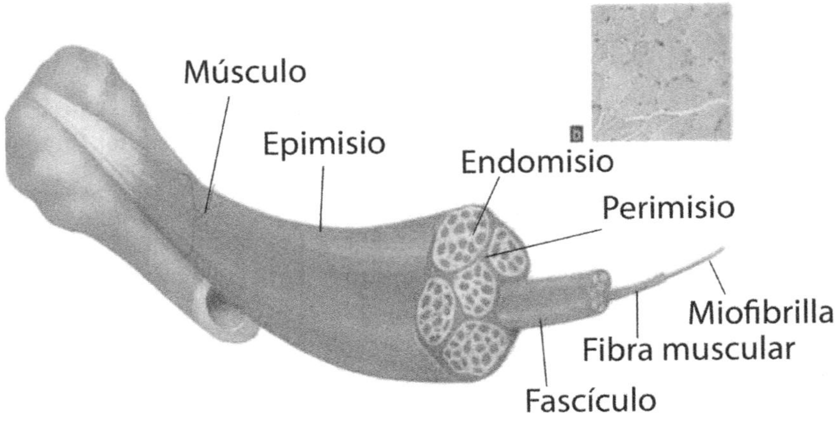

Figura Nro. 14: Morfología del Musculo Esquelético

3.3 ARQUITECTURA MUSCULAR. ORGANIZACIÓN DE LAS FIBRAS MUSCULARES

La arquitectura del músculo esquelético puede definirse como la disposición de las fibras musculares en relación al eje de generación de la fuerza. Su conocimiento es necesario para interpretar las propiedades funcionales de los diferentes músculos. Se han establecido tres tipos generales de distribución de las fibras musculares dentro de la estructura del músculo:

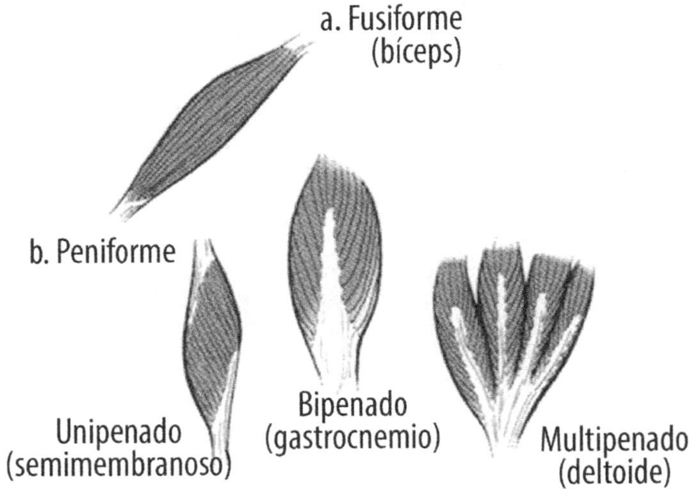

Figura Nro. 15: Arquitectura de los músculos esqueléticos

- **Longitudinales (Fusiformes):** Las fibras se distribuyen de manera paralela al eje de generación de fuerza, aunque nunca alcanzan la longitud muscular completa. Ejemplo: Tibial Anterior, Sartorio.
- **Peniformes:** Las fibras se orientan con un ángulo, denominado ángulo de penneación (en general entre 0° y 30°) en relación al eje de generación de la fuerza. Ejemplo: Semimembranoso (unipeniforme), Gemelos (bipeniforme).
- **Multipeniformes:** *Las* fibras están orientadas en varios ángulos de penneación en relación al eje de generación de fuerza. Ejemplo: Glúteo Medio, Deltoides.

Para realizar un análisis completo de la arquitectura muscular se deben realizar mediciones experimentales para determinar la longitud de las fibras musculares, la medida de la masa muscular y del ángulo de "pennación". A partir de estos datos se pueden calcular parámetros que permiten resumir la arquitectura muscular. La longitud de la fibra muscular corresponde a la distancia que hay desde el origen de las fibras más proximales hasta la inserción de las fibras más distales, y nunca es la misma que la del músculo completo. Tanto la relación entre longitud de la fibra y longitud muscular, como el área fisiológica de sección transversal (AFST), guarda una relación directa con las propiedades del músculo.

El AFST permite comparar la capacidad para el desarrollo de tensión de distintos músculos, es directamente proporcional a la máxima contracción tetánica que puede ser generada por el músculo y representa la suma de las áreas de sección transversal del total de las fibras musculares del interior del músculo. Se calcula con la ecuación de Gans verificada por Roy y Edgerton:

$$\textbf{AFST (cm2):} \quad \frac{\text{Masa muscular (g)} \times \text{Coseno del Ángulo de Pennación}}{\text{Densidad Muscular (1.056g/cm3)} \times \text{Longitud de la Fibra (cm)}}$$

Las consecuencias funcionales de la arquitectura muscular serían que en los músculos fusiformes la velocidad de acortamiento es mayor que en los peniformes debido al hecho de poseer longitudes de fibras musculares mayores. En cambio, los músculos pennados son capaces de producir mayor fuerza en comparación con los fusiformes al poseer mayor número de fibras musculares en paralelo con la consecuente mayor AFST.

3.4 ESTRUCTURA MICROSCÓPICA DEL MÚSCULO ESQUELÉTICO

La unidad estructural de organización de los músculos esqueléticos está representada por las células musculares llamadas miocitos o *fibras muscu-*

lares, altamente especializadas en producir fuerza y movimiento. Las *fibras musculares* se caracterizan por ser largas y cilíndricas. Tienen un diámetro entre 10 y 100 micrones y la mayoría de ellas tienen la misma longitud que el músculo al que pertenecen. El diámetro de una fibra muscular determina su fuerza y la longitud tiene influencia sobre la velocidad del movimiento.

Está rodeada de una membrana plasmática denominada *sarcolema*, dentro de la cual encontramos el *sarcoplasma*, parte fluida de las fibras musculares que contiene proteínas como la mioglobina (transporta 02 dentro de la célula), glucógeno y lípidos, ATP y fosfocreatina, minerales (calcio, fósforo, potasio, magnesio), los componentes filamentosos del citoesqueleto y las organelas.

Dentro de las organelas destacamos el gran número de *mitocondrias*, que se agrupan en hileras longitudinales entre las miofibrillas proporcionando la energía aeróbica necesaria para la contracción muscular. La cantidad y distribución de las mitocondrias depende del tipo de fibra muscular y la densidad mitocondrial es extremadamente plástica en la célula, respondiendo adecuadamente al ejercicio de resistencia aeróbica. Existen cientos de *núcleos* situados a lo largo de toda la célula, existiendo una comunicación internuclear que garantiza que las propiedades celulares sean compatibles a lo largo de toda la célula. Se cree que cada núcleo controla un volumen o región del citoplasma (dominio nuclear) y que a medida que la célula crece en longitud o tamaño, nuevos núcleos son reclutados a partir de las células satélites situadas en la periferia de la célula.

Además, en el sarcoplasma se encuentran los elementos fundamentales responsables de la contracción muscular: las *miofibrillas*, estructuras similares a las cuerdas, que abarcan toda la longitud de las fibras musculares y que aparecen como largas agrupaciones de filamentos con subunidades más pequeñas denominadas sarcómeros.

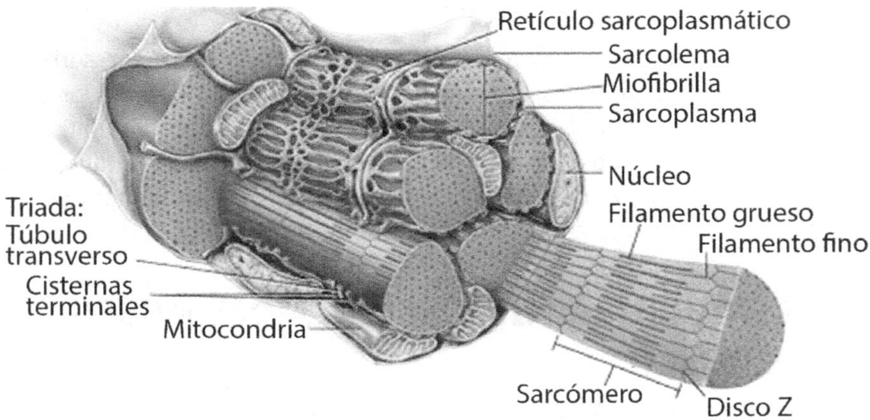

Figura Nro. 16: Fibra muscular

3.4.1 SISTEMA TUBULAR TRANSVERSO Y RETÍCULO SARCOPLASMÁTICO (TRÍADA)

El *sarcolema* presenta, cada cierto trecho y de forma transversal al eje longitudinal de la fibra, unas invaginaciones que se extienden hacia el sarcoplasma llamadas *túbulos transversales o túbulos T.* Estos túbulos T forman túneles desde la periferia hacia el centro de cada fibra muscular y, de esta forma, permiten la transmisión del potencial de acción recibido por el sarcolema, hacia las miofibrillas del sarcoplasma para que se produzca la contracción muscular. Los túbulos T proporcionan también caminos hacia el interior de la fibra muscular, para las sustancias transportadas desde los líquidos extracelulares, como la glucosa, los iones o el 02.

El *retículo sarcoplasmático*, forma una red de canales, cisternas y bombas de calcio, implicados en la liberación, recuperación y almacenamiento del calcio durante la contracción y relajación muscular. Los sacos terminales o cisternas del retículo sarcoplasmático se encuentran próximas a los túbulos T del sarcolema, de tal forma que al conjunto formado por dos cisternas del retículo y un túbulo T se lo denomina *tríada*, verdadera superficie de comunicación entre el extra y el intracelular. El túbulo T coincide con la línea Z del sarcómero, y el retículo sarcoplasmático envuelve cada miofibrilla para permitir el íntimo contacto entre el sistema de activación y el de generación de fuerza. La morfología longitudinal de esta red de túbulos hace que, cuando el calcio es liberado hacia el sarcoplasma debido a la llegada del estímulo nervioso, este se propague a lo largo de toda la fibra.

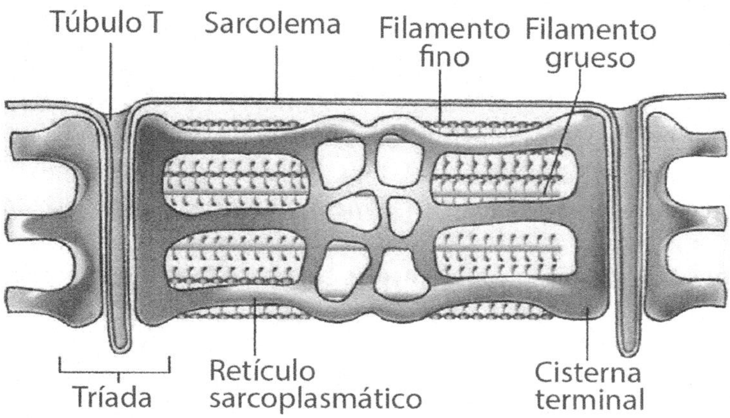

Figura Nro. 17: Túbulos T y Retículo Sarcoplasmático (Tríadas)

3.4.2 MIOFIBRILLAS Y SARCÓMERO

Cada fibra muscular, contiene en su sarcoplasma varios miles de *miofibrillas, que son* consideradas los elementos contráctiles de los músculos esqueléticos. En una única fibra muscular pueden empaquetarse miles de miofibrillas y ocupan la mayor parte del interior de la fibra.

Las miofibrillas se disponen en paralelo para conformar la fibra muscular, aunque están interconectadas unas a otras mediante un conjunto de proteínas no contráctiles denominadas filamentos intermedios. Dentro de las miofibrillas hay estructuras proteicas más pequeñas denominadas *miofilamentos*, que pueden ser de 2 tipos: los *miofilamentos finos*, de aproximadamente 8 nm de diámetro y compuestos principalmente por la proteína actina, y los *miofilamentos gruesos*, de 16 nm de diámetro y formados principalmente por la proteína miosina.

Los contenidos de cada miofibrilla se encuentran divididos en compartimientos o subunidades denominados *sarcómeros* (segmento muscular), verdadera unidad funcional de la contracción.

Los sarcómeros están delimitados entre sí por un material proteico denso dispuesto en forma de zigzag, compuesto por proteínas no contráctiles, y que son denominados discos o líneas Z. Así los investigadores cuantificaron las dimensiones del sarcómero a partir de la medición de la distancia entre 2 líneas o discos zeta.

Una miofibrilla es un conjunto de sarcómeros dispuestos en serie. Durante la contracción muscular, la distancia total del acortamiento miofibrilar es igual a la suma de los acortamientos de los sarcómeros individuales. Es de destacar que el número de sarcómeros puede cambiar ante un estímulo de entrenamiento apropiado.

Al observar en un microscopio electrónico cortes longitudinales de las fibras musculares, la disposición de los miofilamentos finos y gruesos en el sarcómero, determinan las estriaciones transversales que le dan el nombre de tejido muscular estriado esquelético, donde se alternan bandas claras o pálidas, denominadas *bandas I* o *isótropas*, con otras bandas oscuras denominadas *bandas A* o *anisótropas*.

Las *bandas I* o *claras* están formadas solo por filamentos finos, y presentan en su centro las *líneas* o *discos Z*, que sirven de anclaje para los filamentos finos y los unen a lo ancho de toda la fibra muscular.

Las *bandas A* u oscuras están formadas por la totalidad de los filamentos gruesos y por los extremos de los filamentos finos. En el centro de la *banda A* existe una región más clara llamada zona H, donde hay solo filamentos gruesos y en su centro la *línea M* (formada por la proteína no contráctil M-creatinquinasa), que sirve de inserción a los filamentos gruesos.

Si observáramos las miofibrillas en un corte transversal de la fibra, los miofilamentos finos y gruesos aparecerían como una red de diminutos puntos distribuidos de forma uniforme en áreas hexagonales

Se observó que las *bandas I* son más largas durante la relajación que durante la contracción muscular, mientras que las *bandas A* mantienen la longitud constante en ambos estadios, aunque la *zona H*, visible cuando el sarcómero está relajado, desaparece durante la contracción. Esto hizo que los investigadores elaboraran la teoría que durante la contracción muscular los filamentos finos se deslizarían sobre los gruesos haciendo que desaparezca la zona H.

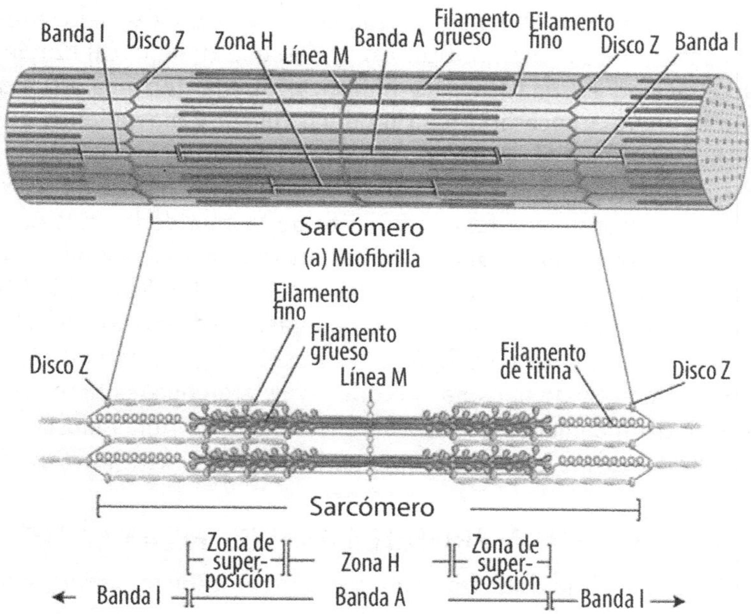

Figura Nro. 18: Sarcómero

3.4.3 ESTRUCTURA PROTEICA DE LOS FILAMENTOS GRUESOS

El filamento grueso está formado por una proteína compleja llamada *miosina*, que es un *hexámero* enrollado en forma de doble hélice. Alrededor de 400 moléculas de miosina forman un filamento grueso. Cada molécula de miosina tiene la forma de dos palos de golf enrollados, con una región globular de doble cabeza unida a una larga cadena o cola de la miosina que apunta hacia la línea M del sarcómero, y forman el eje del filamento grueso.

La miosina está constituida por seis polipéptidos distintos: un par de cadenas pesadas grandes (meromiosina pesada) y dos pares de cadenas ligeras (meromiosina liviana).

Las cadenas pesadas se unen entre ellas para formar un segmento largo a modo de bastón, en el que cada región terminal de la cadena pesada forma una gran cabeza globular que es la parte motora que impulsa la contracción. Esta porción globular está formada por el cuello de la miosina (subunidad 2), con capacidad para girar como una bisagra durante la contracción, y por la cabeza de la miosina (Subunidad 1) que constituye el motor real de la molécula.

Cada miofilamento grueso contiene varias estructuras S2 y S1 que sobresalen para formar "puentes cruzados", con capacidad para unirse a los "sitios activos" de la actina. Otra capacidad que tiene la cabeza de miosina es la capacidad enzimática para hidrolizar el ATP (enzima ATPasa), obteniendo la energía necesaria para producir fuerza y movimiento a través de la contracción.

Por otra parte, los dos pares de cadenas ligeras forman la meromiosina liviana, las encontramos formando parte de la cola de la miosina y se asocian a la cabeza globular. Uno de estos pares de cadenas ligeras, las cadenas ligeras esenciales, es fundamental para la actividad ATPasa de la miosina. El otro par, llamado cadenas ligeras reguladoras, puede influir sobre la cinética de la unión de la miosina y la actina. Se sabe de la existencia de diversas formas (isoformas) de miosina con diferentes propiedades funcionales y que estas son el fundamento de los diferentes tipos de fibras musculares. Cada isoforma de miosina tiene su propia actividad ATPásica característica.

3.4.4 ESTRUCTURA PROTEICA DE LOS FILAMENTOS FINOS

El filamento fino está formado por tres proteínas: *actina, troponina* y *tropomiosina*. La actina constituye el armazón estructural principal, insertado por uno de sus extremos en la línea Z, con el extremo contrario dirigido hacia el centro del sarcómero. Está constituida por dos largas cadenas de la proteína filamentosa actina F (formada cada una por monómeros globulares de actina G), enrolladas entre sí en forma de doble hélice, dejando una ranura central o surco entre ambas cadenas donde se ubica la *tropomiosina*.

La Actina posee sitios "activos" de actina G que tienen capacidad de combinarse con las cabezas de la miosina. En reposo, la tropomiosina se dispone alrededor de la actina bloqueando sus sitios activos e impidiendo la interacción actina-miosina.

La *troponina* se dispone en el filamento fino a intervalos regulares (aproximadamente cada 7 monómeros de actina), y es la proteína responsable de dar inicio a la contracción muscular. Está formada por tres subunidades o fracciones proteicas: la *troponina T*, unida a la tropomiosina, la *troponina C*, con capacidad para fijar iones de calcio, y la *troponina I*, que ejerce una acción inhibidora impidiendo la interacción actina-miosina cuando no está presente el Calcio.

La tropomiosina y la troponina tienen la función de regular la unión entre la actina y la miosina, impidiendo que en reposo se formen los puentes cruzados, y permitiendo su interacción al liberarse calcio al sarcoplasma, ayudando a iniciar y detener el proceso de contracción.

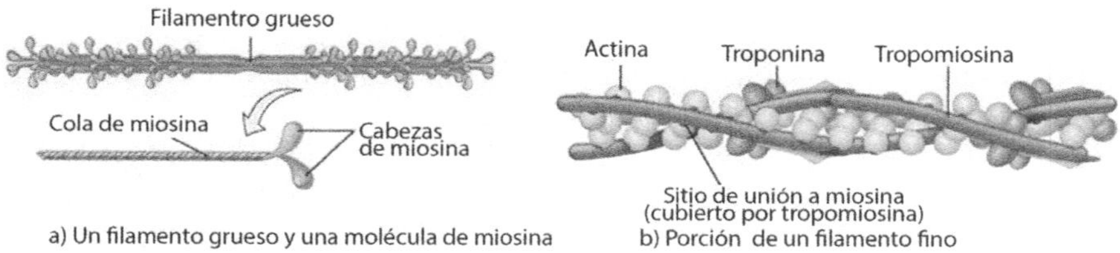

Figura Nro. 19: Miofilamentos Gruesos y Finos

3.4.5 FILAMENTOS INTERMEDIOS O PROTEÍNAS ESTRUCTURALES DEL SARCÓMERO

Además de las proteínas contráctiles (actina y miosina) y de las proteínas reguladoras (tropomiosina y troponina), actualmente se conocen una serie de proteínas no contráctiles presentes en los sarcómeros, que conectan a las miofibrillas con el sarcolema, y cumplen funciones relacionadas con mantener la alineación correcta de los filamentos finos y gruesos, dar elasticidad (tensión pasiva) y extensibilidad a las miofibrillas, proveer de estabilidad al sarcómero y generar cohesión en la acción de cada músculo.

El filamento intermedio llamado *desmina* proporciona un sistema de soporte citoesquelético que se dispone en forma de "red" o "malla", uniendo miofibrillas hacia arriba y abajo, proporcionando un anclaje para una correcta transmisión de fuerzas entre las mismas, y permitiendo una transmisión mecánica eficaz de la fuerza generada por una miofibrilla a la miofibrilla adyacente. Este filamento intermedio puede remodelarse en respuesta al estrés ejercicio, siendo muy importante para la capacidad del músculo de crecer en respuesta al estrés mecánico.

La *titina* es la tercera proteína más abundante en el tejido muscular. Es una proteína elástica gigante que se extiende desde la línea Z hasta la línea M, y que mantiene o estabiliza la posición de los filamentos gruesos del sarcómero. Presenta un sector, mayormente elástico en la banda I y un sector más rígido, asociado a las miosinas en la banda A. Se cree que la titina soporta la mayoría de la carga pasiva en el músculo y que, gracias a su elasticidad, tiene una función importante en las adaptaciones del músculo al estiramiento y a las acciones excéntricas.

La *nebulina* es una proteína que se inserta en la línea Z, y transcurre junto al filamento fino contribuyendo a la estabilidad del mismo. Se dice que regula la longitud de los filamentos delgados y permite la alineación de una miofibrilla con otra cuando se produce una contracción, permitiendo la interacción entre la actina y miosina durante movimiento contráctil.

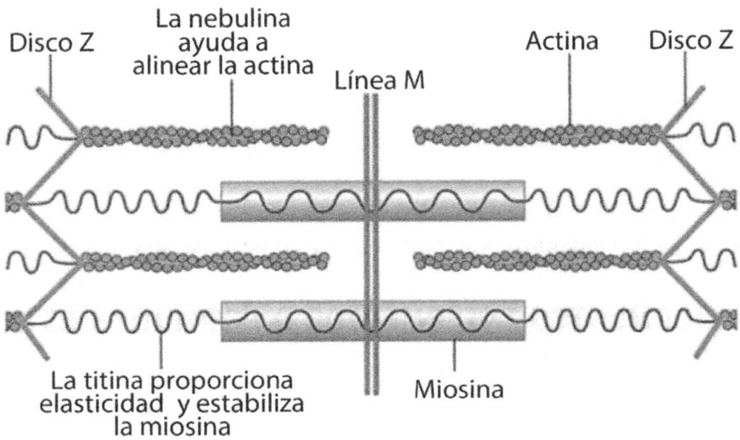

Figura Nro. 20: Proteínas estructurales del sarcómero

3.5 MECANISMO DE LA CONTRACCIÓN MUSCULAR. TEORÍA DEL FILAMENTO DESLIZANTE

La contracción de la fibra muscular se explica a través de la *"Teoría del deslizamiento"*, según la cual durante la contracción muscular se produce el deslizamiento de los filamentos finos de la *banda I* sobre los filamentos gruesos de la *banda A*, en dirección hacia el centro del sarcómero, acercando los discos Z y disminuyendo la longitud de dichos sarcómeros.

El acortamiento de los sarcómeros causa el acortamiento de la fibra muscular que a su vez induce el acortamiento del músculo. La contracción de los músculos esqueléticos se produce a consecuencia de la llegada de un estímulo nervioso proveniente de las motoneuronas alfa de la médula espinal, conducido a través de los nervios periféricos.

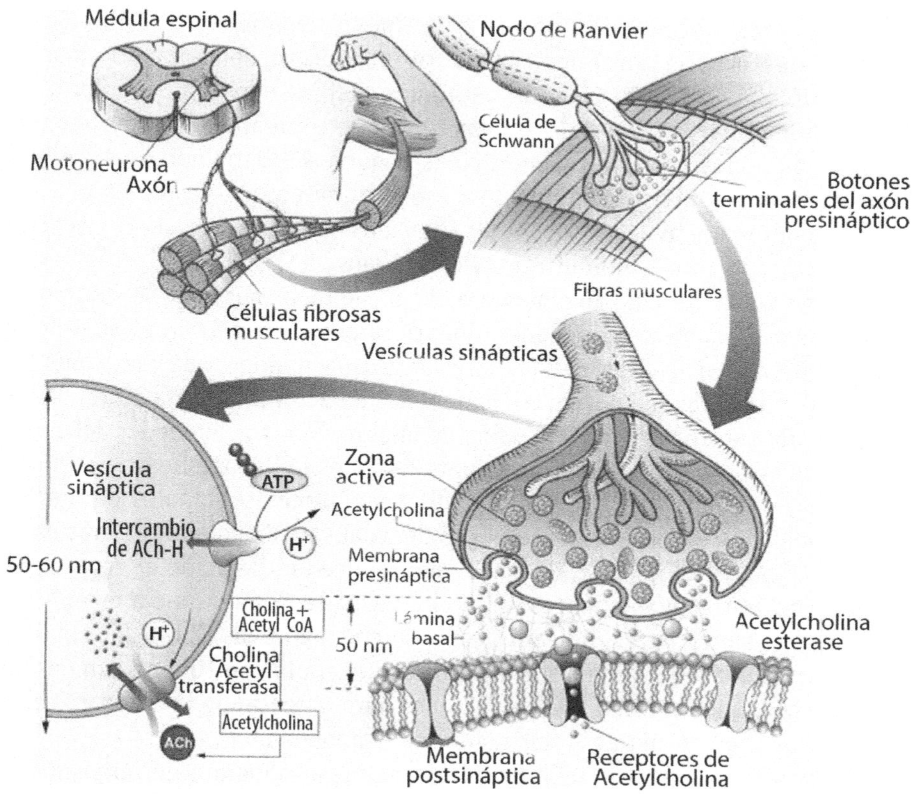

Figura Nro. 21: Placa Motora

3.5.1 PLACA MOTORA O NEUROMUSCULAR: ACTIVACIÓN MUSCULAR

Las fibras musculares se contraen gracias a la llegada del estímulo motor. Las alfa motoneuronas, o neuronas motoras somáticas, se localizan en el asta anterior de la médula espinal y se extienden hacia la periferia mediante sus axones mielinizados, agrupados en los nervios periféricos, dirigiéndose hacia los músculos esqueléticos. El nervio entra en los músculos y se ramifica en el perimisio, se introducirse en el endomisio y se conecta con cada fibra muscular.

Cada una de las motoneuronas estimula a un número determinado de fibras musculares. La motoneurona, el nervio motor y todas las fibras musculares a las que inerva, constituyen la Unidad Motora, mientras que la unión entre cada ramificación del nervio y cada fibra muscular se denomina Placa Motora Terminal o Neuromuscular.

En la placa motora se transmite el estímulo nervioso a la fibra muscular para que esta se contraiga, mediante un proceso denominado sinapsis neuromuscular. Cerca de la unión neuromuscular, el nervio motor pierde su vaina de mielina y se divide en ramas finas que se denominan botones terminales que contienen muchas vesículas pequeñas albergando acetilcolina, neurotransmisor de estas uniones. La acetilcolina es sintetizada en el citoplasma neuronal y almacenado en las vesículas sinápticas donde se utilizará para la transmisión del impulso nervioso al músculo.

Debajo de la terminación nerviosa, la membrana muscular se engrosa y se resuelve en numerosos pliegues sinápticos que incrementan el área en la que puede actuar la acetilcolina. Esta estructura denominada placa motora terminal, está revestida por una o más células de Schwann que la aíslan de los líquidos del entorno debido a la vaina de mielina formada alrededor del axón.

El primer paso en la excitación-contracción es la llegada de un potencial de acción o impulso nervioso a los bulbos sinápticos terminales del nervio motor ubicados en la placa motora, próximos al sarcolema de las fibras musculares. Al llegar el impulso nervioso, se produce la liberación al espacio sináptico de *aceltilcolina* almacenado en las vesículas, que se une a receptores denominados *nicotínicos*, ubicados en el sarcolema de las fibras musculares. La unión de la acetilcolina a sus receptores genera la apertura de canales de sodio (Na+), que ingresan a la célula muscular aumentando la carga positiva y desencadenando una despolarización del sarcolema.

De esta forma, el potencial de acción nervioso generará un *potencial de acción* muscular en la fibra muscular. El potencial de acción muscular se propaga por todo el sarcolema de la fibra, ingresando a ella a través de las invaginaciones o túbulos transverso (Túbulos T), hasta alcanzar a las cisternas del retículo sarcoplasmático, produciendo la liberación de calcio al sarcoplasma. El efecto de la acetilcolina existente en la hendidura sináptica dura un período breve, ya que es degradada por la enzima acetilcolinoesterasa, a menos que el impulso nervioso libere más acetilcolina.

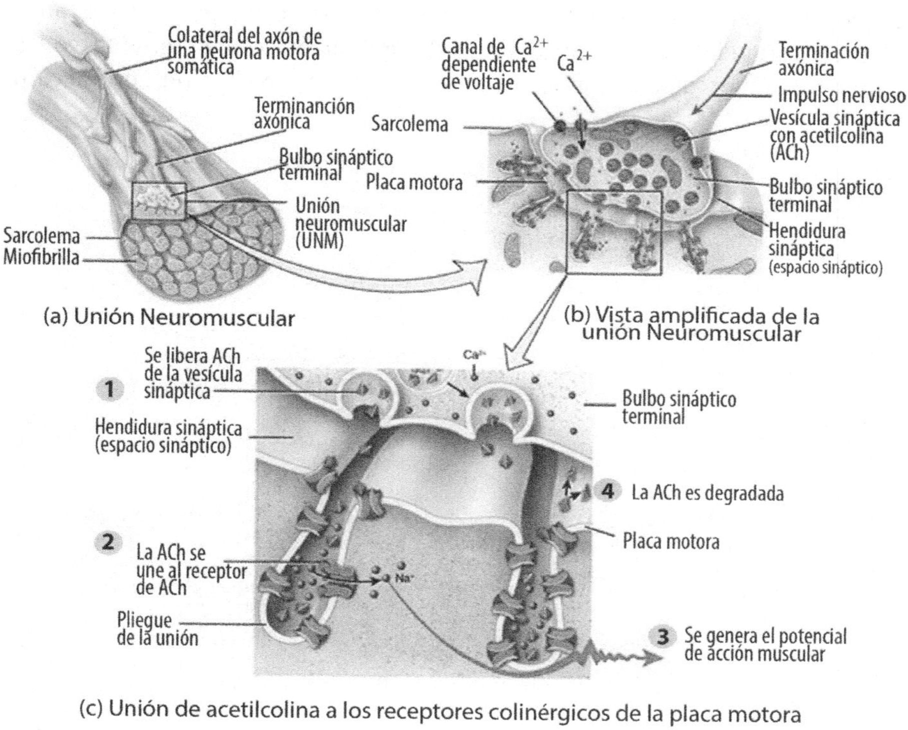

Figura Nro. 22: Sinapsis Neuromuscular y despolarización del Sarcolema

3.5.2 FUNCIÓN DEL CALCIO: ACOPLAMIENTO EXCITACIÓN-CONTRACCIÓN

La llegada del estímulo eléctrico hasta las cisternas del retículo sarcoplasmático, que están en contacto con los túbulos T (Tríadas), produce la liberación de grandes cantidades de calcio, almacenado en ellas hacia el sarcoplasma de la fibra muscular.

Cuando el músculo se encuentra en reposo los "sitios activos" de la actina y la miosina quedan bloqueados por el complejo troponina-tropomiosina, impidiéndose la unión entre las cabezas de la miosina y la actina. Una vez que los iones de calcio son liberados al sarcoplasma, estos son captados por las subunidades de troponina C, uniéndose a ella y produciendo un cambio conformacional en la troponina T, que desencadena el desplazamiento de la posición de la Tropomiosina, dejando libres los "sitios activos" de la actina.

Una vez que el complejo troponina-tropomiosina ha sido separado de los "sitios activos" de la actina, la cabeza de miosina ya puede unirse con la actina, iniciando el ciclo de contracción y formando los puentes cruzados. El proceso mediante el cual la señal de activación neural termina con la contracción muscular se conoce como acoplamiento excitación-contracción.

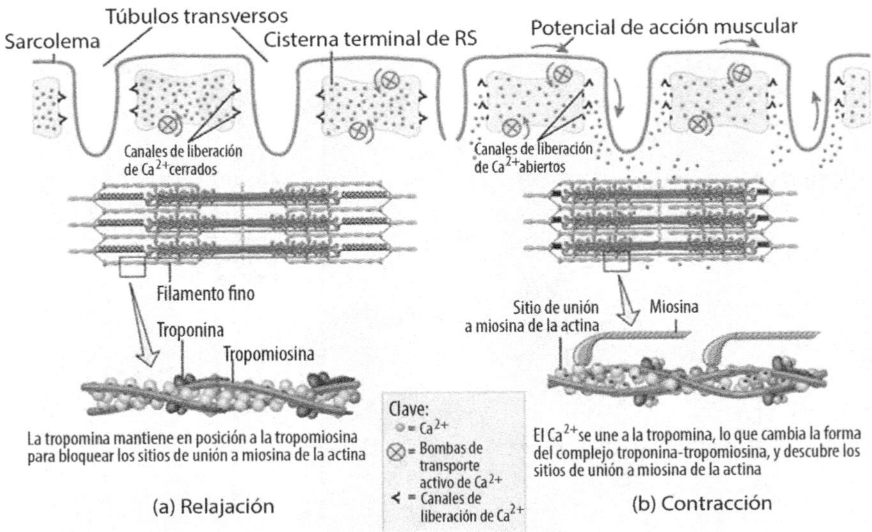

Figura Nro. 23: Calcio y Puentes cruzados Actina-Miosina

3.5.3 CICLO DE CONTRACCIÓN

Es la secuencia de eventos que causará el deslizamiento de los filamentos. Para que se produzca el deslizamiento, se requiere de energía y para ello la cabeza de la miosina posee, además del lugar para el enlace con la actina, un punto de unión para una molécula de ATP.

Al producirse el enlace del ATP a la cabeza de miosina, la enzima ATPasa producirá la hidrólisis o degradación del ATP, quedando ADP y fosfato inorgánico (Pi) en la cabeza de la miosina. La cabeza de miosina, cargada de energía, se une al sitio activo de la actina formando el puente cruzado y liberándose el fosfato inorgánico.

Al formarse el puente cruzado, se libera el ADP y el cuello de la miosina produce un movimiento de tipo "pívot" o "golpe de movimiento" que hace que los filamentos finos se deslicen sobre los filamentos gruesos, acercándose hacia la línea M y disminuyendo la distancia entre las líneas Zetas.

Durante el "golpe de movimiento" las cabezas de miosina empujan a los filamentos de actina hacia el centro del sarcómero. Inmediatamente después de que la cabeza de la miosina desliza a la actina, se desprende de ella, gira y retrocede hacia su posición original, para volver a unirse a otro sitio activo y volver a producir el deslizamiento. Para poder desligarse de la actina se requiere que la miosina se una a otra molécula de ATP.

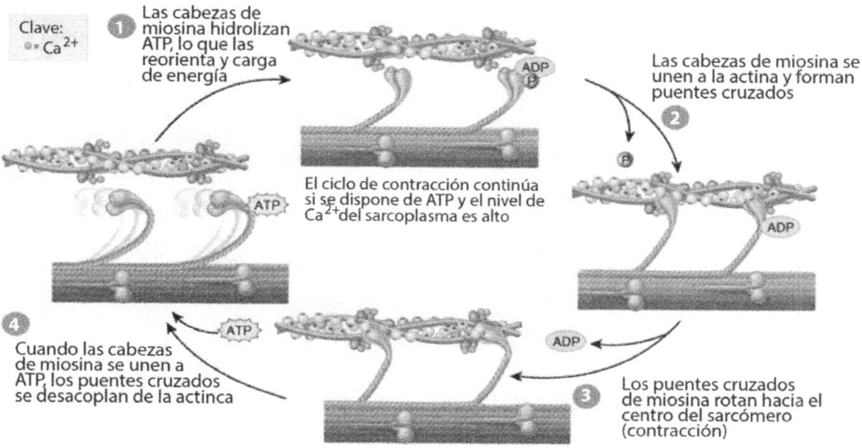

Figura Nro. 24: El ciclo de Contracción

Este proceso se repite múltiples veces -siempre que se disponga de ATP y haya niveles elevados de calcio en el sarcoplasma- con el progresivo traslado de filamentos finos de actina hacia la zona H, que deja de ser visible, acortando los sarcómeros de las miofibrillas y, por lo tanto, acortando las fibras musculares y el músculo.

Para que se produzca la contracción, han de tener lugar centenares de ciclos de contracción que transmitirán la tensión generada en los filamentos proteicos a los elementos elásticos del músculo que a su vez, a través de los tendones, transmitirán la tensión a los huesos donde están insertados.

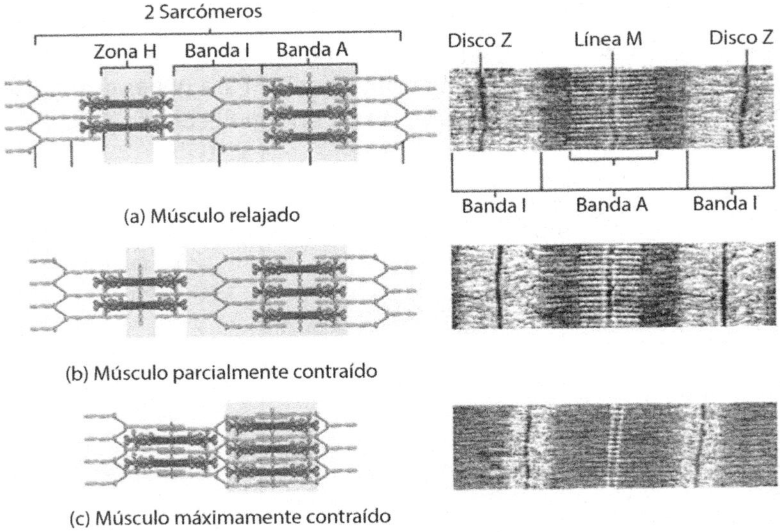

Figura 25: Teoría del deslizamiento

3.5.4 RELAJACIÓN

La contracción muscular continúa mientras haya disponible calcio en el sarcoplasma. Por lo tanto, para que cese la actividad de la fibra muscular, el calcio debe ser enviado nuevamente hacia las cisternas del retículo sarcoplasmático (RS). Mientras los potenciales de acción musculares siguen propagándose a través de los túbulos T, los canales de liberación de calcio del RS permanecen abiertos.

Cuando cesa la llegada del estímulo nervioso de las motoneuronas al sarcolema de la fibra muscular, la acetilcolinoesterasa degrada toda la acetilcolina presente en el espacio sináptico, terminando con la producción de potenciales de acción musculares. Se cierran los canales de calcio y se pone en marcha un sistema de transporte activo o "bomba" que introduce nuevamente el calcio en las cisternas del RS (Proceso que requiere de ATP).

Dentro del RS, moléculas de una proteína llamada calsecuestrina se unen al calcio y lo almacenan. A medida que se vuelve a almacenar el calcio en el RS, la troponina y tropomiosina vuelven a bloquear el enlace de los puentes cruzados de actina y miosina, se interrumpe la utilización del ATP y el sarcómero recupera su longitud de reposo volviendo al estado relajado.

3.5.5 RESUMEN DE SUCESOS

- Generación del potencial de acción o impulso nervioso en el nervio periférico, llegada a la placa motora, liberación de acetilcolina y despolarización del sarcolema de la fibra muscular.
- El potencial de acción ingresa a los túbulos T del sarcolema y produce la liberación del calcio almacenado en las cisternas del retículo sarcoplasmático hacia el sarcoplasma.
- El calcio es captado por la troponina C, cambia la forma de la troponina T y se desplaza a la tropomiosina de los "sitios activos" de la actina.
- La cabeza de la miosina enlaza una molécula de ATP a la cabeza de la miosina que es hidrolizada gracias a la acción de la enzima ATPasa y la miosina produce un movimiento de pívot que desliza a los filamentos de actina hacia el centro del sarcómero, provocando la contracción (generación de fuerza).
- Cesa la llegada del estímulo nervioso, el calcio es bombeado nuevamente hacia las cisternas del RS, lo que da como resultado la inhibición de la interacción actina-miosina por el complejo troponina-tropomiosina y se relajan el músculo.

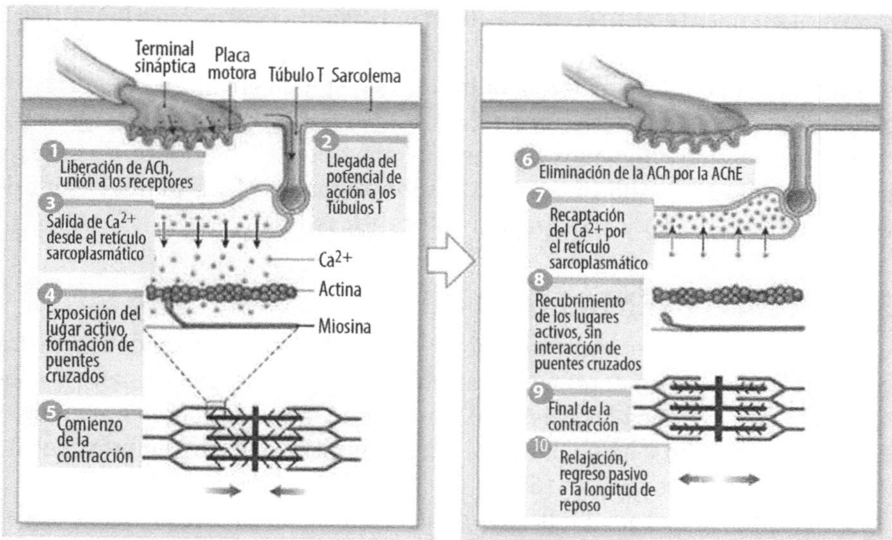

Figura Nro. 26: Resumen de sucesos de la contracción muscular

3.6 TIPOS DE FIBRAS MUSCULARES

El músculo esquelético es capaz de hacer frente a una amplia gama de demandas funcionales. Mientras hay músculos que deben mantener una actividad de baja intensidad durante períodos prolongados de tiempo (músculos posturales), algunos realizan movimientos de gran precisión y existen otros que deben realizar altos niveles de tensión en períodos cortos de tiempo. Esta versatilidad se debe a la existencia de diferentes tipos de fibras musculares formando parte de cada músculo esquelético con distintas características estructurales, metabólicas y contráctiles.

Los diferentes tipos de fibras se encuentran en proporciones variables dentro de cada músculo, proporcionando un "mosaico" con diversas proporciones de los diferentes tipos de fibras musculares, lo que confiere propiedades especiales y una perfecta adaptación a la tarea para la que está destinado. Estas diferentes características morfológicas y funcionales entre los músculos esqueléticos tienen su fundamento en la mencionada variedad de tipos de fibras estriadas esqueléticas que los conforman y los capacitan, ya sea para una tarea de tipo postural, de resistencia, de fuerza, velocidad, etc.

Actualmente la clasificación de las fibras musculares se realiza en base a las isoformas o tipos de miosina presentes en cada fibra y a su velocidad de acortamiento, ambos parámetros íntimamente relacionados. De esta forma, las fibras que poseen miosina con la enzima ATPasa con capacidad para hidrolizar lentamente al ATP, se clasificarán como de contracción lenta *tipo I* u *oxidativas lentas* (OL). En cambio, las fibras que posean una miosina con enzima ATPasa con capacidad para hidrolizar rápidamente al ATP, se clasificarán como fibras rápidas o *Tipo II*.

En los músculos humanos existen un solo tipo de fibra lenta o Tipo I, y las fibras Tipo II se sub-dividen en 2 subcategorías: IIA o rápidas oxidativo-glucolíticas (ROG) y IIX o rápidas glucolíticas (RG).

3.6.1 FIBRAS LENTAS O TIPO I

Las fibras Tipo I presentan una isoforma de miosina con actividad ATPasica con baja velocidad de contracción máxima y por ello se denominan de contracción lenta (ST). Son las más pequeñas y están inervadas por motoneuronas de pequeño tamaño y bajo umbral de excitación. La velocidad de propagación del impulso nervioso es baja (60-70 m/s) con axones de pequeño calibre.

En la unidad motora ST la neurona inerva unas 10 a 180 fibras lentas que necesitan mayor tiempo (110 ms) para alcanzar su máxima tensión, siendo dicha tensión de baja intensidad y duración prolongada. Presentan un menor desarrollo de los componentes que intervienen en el acoplamiento excitación-contracción: túbulos T con menor superficie de membrana y retículo sarcoplasmático con menor capacidad de almacenamiento y menor velocidad de liberación de calcio al sarcoplasma. Presentan escasas miofibrillas, con menor cantidad de filamentos de actina y miosina por sección transversal. Esto determina un menor desarrollo de tensión muscular específica (Fuerza / Sección transversal de la fibra) en relación a las rápidas, con menor manifestación de fuerza.

El metabolismo aeróbico u oxidativo está muy desarrollado, contienen mitocondrias grandes y abundantes, con elevado contenido de enzimas del ciclo de Krebs y de la cadena respiratoria, lo que las hace muy resistentes a la fatiga. El color rojizo característico de estas fibras se debe al mayor contenido de mioglobina (proteína que transporta 02 del sarcolema a la mitocondria) y a la mayor cantidad de capilares que presentan. Además, podemos encontrar abundantes reservas de glucógeno y triglicéridos. Este tipo de fibras son especialmente eficaces para el mantenimiento de la postura y trabajos de baja intensidad y larga duración como los ejercicios aeróbicos prolongados (carrera de fondo).

3.6.2 FIBRAS RÁPIDAS O TIPO II

Las fibras tipo II (FT) tienen una velocidad de contracción 3 a 5 veces más rápida que las tipo I. Están inervadas por motoneuronas grandes, con alto umbral de excitación y que solo se activan cuando hay que realizar una fuerza o velocidad considerable.

En la unidad motora FT la neurona inerva una agrupación de entre 300 y 800 fibras de contracción rápida, que alcanzan rápidamente su máxima tensión cuando son estimuladas. Presentan un mayor desarrollo de los componentes del sistema acoplamiento excitación-contracción: los túbulos T representan un mayor volumen respecto del volumen celular total, y el retículo sarcoplasmático tiene mayor capacidad de almacenamiento y mayor velocidad de liberación del calcio al sarcoplasma, lo que contribuye a la elevada velocidad de acción. Además, tienen la capacidad de introducir el calcio nuevamente al retículo sarcoplasmático a mayor velocidad cuando cesa el estímulo nervioso, con lo que la relajación de este tipo de fibra se produce de forma más rápida.

Dentro de este grupo encontramos diferentes subgrupos que se diferencian fundamentalmente por el tipo de miosina que expresan. Los últimos descubrimientos permitieron clasificar de diferente forma los subtipos de fibras rápidas en animales y humanos. Las fibras IIX son asignadas al hombre mientras las fibras tipo IIB sólo existen en músculos de animales, siendo ambas la forma más rápida con mayor velocidad de la enzima ATPásica y con mayor capacidad glucolítica (FG). Por otro lado, las fibras IIA son las de menor velocidad de contracción, menor actividad ATPásica y un metabolismo más oxidativo (FOG), mientras que las IIAX, IIXA o IIC son de características intermedias.

Las *fibras IIX o glucolíticas rápidas (GR)* son dependientes de la glucólisis anaeróbica como fuente energética con alta actividad de enzimas glucolíticas y del CPK, con menor importancia del metabolismo oxidativo, escasas y pequeñas mitocondrias y baja resistencia a la fatiga. Su color blanco característico se debe a la escasa Mioglobina y a la poca cantidad de capilares que presentan. Son las de mayor diámetro y contienen la mayor cantidad de miofibrillas y por consiguiente pueden generar mayor tensión específica y las contracciones más potentes. Al tener gran capacidad de hidrolizar rápidamente ATP se contraen con fuerza y rapidez presentado la mayor velocidad máxima de contracción. Están adaptadas para movimientos anaeróbicos intensos de breve duración, como levantar pesas, la carrera de 100 ms, saltos y lanzamientos.

Las fibras *oxidativas-glucolíticas rápidas (OGR) o Tipo IIA* presentan características bioquímicas, metabólicas y funcionales que se sitúan entre las Tipo IIX y Tipo I. Son de diámetro intermedio, contienen grandes cantidades de mioglobina y numerosos capilares sanguíneos y pueden generar una cantidad considerable ATP por respiración celular aeróbica, lo que le confiere una resistencia a la fatiga moderada. Como su nivel intracelular de glucógeno es alto, también generan ATP por glucólisis anaeróbica. Las fibras OGR son "rápidas" porque la ATPasa de sus cabezas de miosina hidroliza el ATP de 3 a 5 veces más rápido que la ATPasa de la miosina de las fibras OL, lo que acelera su velocidad de contracción. Las contracciones de fibras OGR alcanzan la tensión máxima con mayor rapidez que las de las fibras OL, pero son de duración más breve: menos de 100 mseg. Contribuyen al desarrollo de actividades como en carrera de 1500 ms o 3000 metros o natación en 100, 200 o 400mts.

CARACTERÍSTICAS	TIPO I	TIPO IIA	TIPO IIX
Velocidad Contracción	Lentas	Intermedias	Rápidas
Metabolismo	Oxidativo	Oxidativo - Glucolítico	Glucolítico
Actividad ATPásica	Baja	Media	Alta
Mioglobina	+++	++	+
Vascularización	+++	++	+
Mitocondrias	+++	++	+
Nª de miofibrillas por fibra (Diámetro)	+	++	+++
Resistencia a la fatiga (Eficiencia)	Alta	Media	Baja
Tensión específica (Fuerza)	Baja	Media	Alta
Motoneurona	Pequeña	Intermedia	Grande
Tiempo de contracción	99-140 ms	40 - 88 ms	40 - 88 ms
Velocidad de conducción del nervio	60 - 80 m/seg	80 - 100 m/seg	100 - 130 m/seg

Cuadro Nro. 1: Comparativo de Tipos de Fibras musculares

3.6.3 DISTRIBUCIÓN DE LOS TIPOS DE FIBRAS

La cantidad y variedad de los tipos de fibras musculares vienen determinadas por una serie de factores complejos, entre los que encontramos la genética, los niveles hormonales, el patrón de uso de ese músculo y los estímulos mecánicos del ejercicio. La dotación genética es un factor fundamental a la hora de definir el patrón de distribución de las fibras musculares de un individuo. Es importante tener en cuenta que la distribución de los distintos tipos de fibras no es igual en todos los tipos de individuos.

A pesar de ello se informan valores promedios de la mayoría de los músculos de un 50% de fibras Tipo I, 25% de Tipo IIA y el 25% restante son principalmente Tipo IIX quedando un porcentaje aproximado entre 3 al 7% de fibras indiferenciadas (IIC). No obstante, el porcentaje de estos tipos de fibras en los diversos músculos esqueléticos varía enormemente en relación a la función que cumplen, siendo las cifras mencionadas solo promedios. Por ejemplo, los músculos posturales de la espalda contienen una gran proporción de fibras OL. En cambio, los músculos de los brazos que se usan durante períodos breves, tienen una alta proporción de fibras GR. Los músculos de los miembros inferiores, que no sólo sostienen el cuerpo sino que también se usan para caminar y correr, contienen fibras tanto OL como OGR.

Se ha observado que la cantidad de fibras lentas es mayor en los músculos ubicados en regiones profundas, capacitándolos para desarrollar de mejor forma su función estabilizadora.

Dentro de una unidad motora particular, todas las fibras de músculo esquelético son del mismo tipo. Las diferentes unidades motoras de un músculo se reclutan en un orden específico, según la necesidad. Por ejemplo, si para realizar una tarea son suficientes las contracciones débiles, sólo se activan unidades motoras OL. Si se requiere más fuerza, también se reclutan las unidades motoras de fibras OGR. Si se precisa fuerza máxima, también entran en acción unidades motoras de fibras GR.

MÚSCULO	FIBRAS II (FTF) %	FIBRAS I (STF) %
Sóleo	13	87
Aductor	19	81
Tibial anterior	27	73
Bíceps Femoral	33	67
Peróneo Lateral Largo	38	62
Deltoides	48	52
Bíceps Braquial	57	43
Vasto Externo	62	38
Tríceps Braquial	68	32
Recto Femoral	71	29

Cuadro Nro. 2: Distribución de los tipos de fibras

3.6.4 TIPOS DE FIBRAS Y EJERCICIO

El músculo esquelético es capaz de adaptarse a las demandas funcionales que se le imponen. Las modificaciones que se producen en el tipo de fibras son específicas del tipo de entrenamiento realizado y de los músculos ejercitados. En biopsias realizadas a deportistas de diferentes especialidades y a personas sedentarias, se han observado diferencias significativas en cuanto al porcentaje de los tipos de fibras, teniendo relación esto con la actividad física que desarrollaban.

Los deportistas con mayor número de fibras Tipo IIB presentan mayor rendimiento en especialidades de Velocidad, Saltos, Halterofilia, etc. Los deportistas con mayor porcentaje de fibras Tipo I se destacan en especialidades de resistencia como Maratón, Triatlón, Esquí de fondo, etc. Los estudios realizados parecen indicar que los porcentajes entre fibras Tipo I y II son muy poco modificables (especialmente las Tipo I), encontrándose si modificaciones entre las sub-variedades de fibras tipo II (IIA y IIX) y en las diferentes formas de transición (IIXA, IIAX, IIC).

Los estudios realizados parecen indicar que los porcentajes entre fibras Tipo I y II son muy poco modificables (especialmente las Tipo I), encontrándose si modificaciones entre las sub-variedades de fibras tipo II (IIA y IIX) y entre las diferentes formas de transición (IIXA, IIAX, IIC). Aunque no se generen cambios en el porcentual de los tipos de fibras, el entrenamiento induce modificaciones funcionales relevantes en las fibras musculares, que pueden incrementar tanto el desarrollo tanto de la fuerza como de la resistencia.

3.7 TIPOS DE ACCIÓN MUSCULAR

El régimen de trabajo del músculo puede adoptar diversas formas que se pueden clasificar, en función de la longitud del músculo, en acciones que determinan la fijación (acción estática) o el desplazamiento de uno o varios segmentos óseos (acciones dinámicas):

- Cuando la tensión o fuerza muscular desarrollada es igual a la resistencia no hay movimiento, pero a pesar de haber una misma longitud del músculo este, al ser excitado, tendrá mayor tensión que en reposo, desarrollando una **acción estática o contracción isométrica** ("Iso" igual y "métrica" medida). En este tipo de contracción, el músculo desarrolla tensión sin modificar su longitud, es decir, no provoca movimiento en las articulaciones. Las tensiones isométricas pueden aparecer cuando tratamos de oponernos a una resistencia imposible de vencer (como empujar una pared), sostenemos un objeto, o en el mantenimiento o estabilización de una articulación.
- Cuando la tensión o fuerza muscular desarrollada es mayor que la resistencia, surge la aceleración en el sentido en que está dirigida la fuerza y el músculo se contraerá acercando sus puntos de inserción, desarrollando una **acción o contracción dinámica concéntrica**. Un movimiento concéntrico está produciendo un trabajo de aceleración o la superación de una resistencia, es decir, un trabajo positivo (levantar un peso, empujar algo, etc.).
- Cuando la magnitud de la resistencia es mayor a la tensión o fuerza desarrollada, entonces el músculo se contraerá alejando sus puntos de inserción, desarrollando una **acción o contracción dinámica excéntrica.** La contracción excéntrica es aquella en la que el músculo se alarga mientras está activado, provocando una separación de sus extremos. Las acciones excéntricas se producen con bastante frecuencia en nuestra actividad cotidiana (AVD), sin que se trate de movimientos en que se esté cediendo ante resistencias superiores (Ejemplo: bajar una escalera). El trabajo excéntrico también se produce cuando un músculo antagonista de un movimiento se contrae en alargamiento para controlar la velocidad y frenar la acción concéntrica del agonista de ese movimiento. Por lo tanto, un movimiento excéntrico puede estar relacionado con una acción de control de otra fuerza, o para recuperar una posición frente a la fuerza de la gravedad, etc. En general, son trabajos de frenado o amortiguación de movimientos y por ello se lo cataloga como trabajo negativo (caída de un salto o la bajada de un peso).
- Si combinamos una acción concéntrica de un músculo precedida por una acción excéntrica del mismo músculo produciendo un pretensado, la contracción concéntrica será mucho más fuerte y se desarrollará un **Ciclo**

Estiramiento-Acortamiento (CEA), también denominado **contracción pliométrica.** Los músculos se contraen con más fuerza y rapidez ya que durante la acción excéntrica (toma de impulso para saltar) el músculo distendido se tensará y acumulará energía cinética que se transformará en energía potencial que se sumará cuando el músculo comience la acción dinámica concéntrica y la fuerza desarrollada será de mayor valor.

3.8 BIOELECTRICIDAD

3.8.1 POTENCIAL DE MEMBRANA

Es la diferencia de potencial que existe entre el interior y el exterior de todas las células del organismo. Una diferencia de potencial se establece cuando existe una diferencia de carga eléctrica entre dos puntos. Por ejemplo, entre los puntos A y B existe una diferencia de potencial, ya que hay cargas positivas en A y cargas negativas en B (similar a lo que ocurre entre los polos de una pila).

+++	- - -
A	**B**

También puede generarse una diferencia de potencial relativa, cuando hay diferencia en la cantidad de cargas del mismo signo entre dos puntos. Si un punto tiene mayor cantidad de cargas positivas que otro, existirá una diferencia de potencial entre ambos.

Por ejemplo, el punto B es relativamente más negativo que el A:

+ + + +	+ +
A	**B**

La génesis del **potencial de membrana en reposo** (PMR) de las células se produce por la existencia de un potencial de difusión de salida del K+ (potasio) contrabalanceado por un potencial de difusión de entrada del Na+ (Sodio) a la célula.

Los líquidos intra y extracelular forman dos compartimientos separados entre sí por la membrana plasmática. Los iones no pueden atravesar la bicapa lipídica que constituye la membrana. Para difundir de un compartimiento a otro necesitan estructuras especiales de las membranas llamadas canales iónicos, que son en realidad proteínas de la membrana celular. Los canales iónicos se caracterizan por poseer selectividad, dejan pasar sólo a un determinado ión, por lo que existen canales para K+ y Na+.

Estos canales pueden ser de 2 tipos:

- PASIVOS: están siempre abiertos
- ACTIVOS: pueden abrirse o cerrarse gracias a que poseen una compuerta de activación.

Los iones se mueven entre compartimientos siguiendo un gradiente de concentración, y lo hacen pasando a través de canales iónicos en la membrana celular. Los canales que tienen relación con la generación del Potencial de Membrana en reposo son los *pasivos*.

Las condiciones para que se produzca movimiento iónico son:

- La existencia de gradiente de concentración.
- La presencia de canales pasivos en la membrana.
- Diferencias de concentración de iones (Na+, K+) entre el espacio intra y extracelular.

En el caso del K+, el interior celular tiene cargas positivas del K+ que son neutralizadas por cargas negativas de otros iones (Cl-). Al moverse el K+ a través de su canal, deja sólo un ión de Cl-, ya que el canal es selectivo para el K+. El canal queda cargado como una pila, con un polo positivo en el líquido extracelular (K+) y el negativo en el intracelular (Cl-). Como las células poseen una gran cantidad de canales pasivos de K+, el borde intracelular de la membrana queda cargado negativamente y el extracelular en forma positiva, estableciéndose así una *Diferencia de Potencial*.

Sucede lo opuesto con el NA+, ya que este ión abunda en el extracelular y tiende a moverse hacia el interior. En cada canal de Na+ van quedando iones negativos en el exterior de la célula, y el canal queda cargado al revés, positivo en el líquido intracelular y negativo en el extracelular. A diferencia de lo que pasaba con el K+, los canales de Na+ son pocos, dando como resultado que en la membrana celular hay una mayor cantidad de canales de K+ cargados con polo positivo extracelular y negativo intracelular, y una menor cantidad de canales de Na+ cargados con polo positivo intracelular y negativo extracelular.

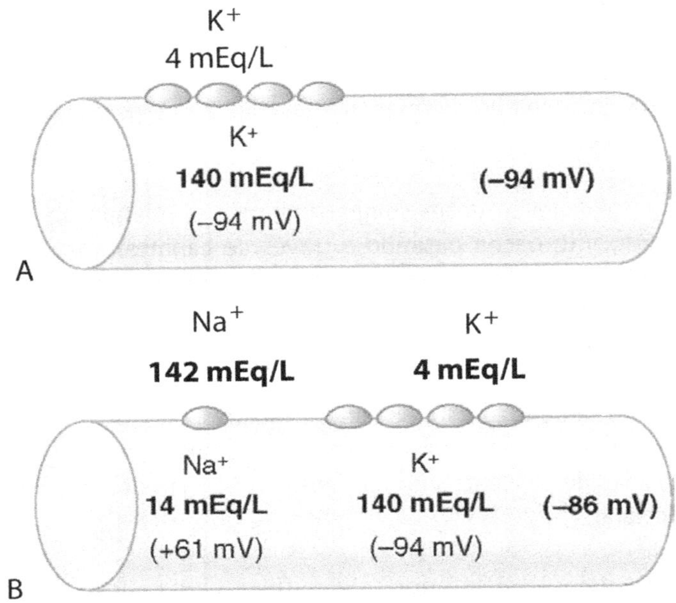

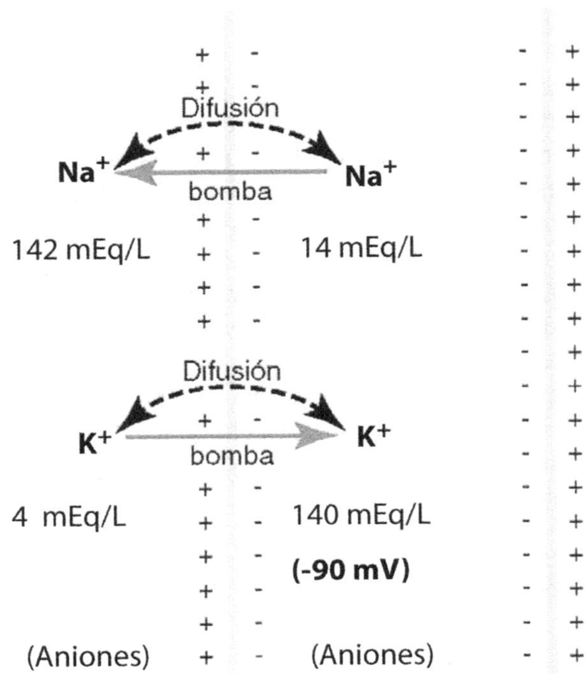

Figura Nro. 27: Gradientes de difusión del Sodio y Potasio

Debido a que en la membrana hay más canales pasivos de K+ que de Na+, (la membrana es más permeable al potasio que al sodio), resulta un Potencial de Membrana negativo (-) en el interior celular.

En resumen, el Potencial de Membrana en Reposo (PMR) es generado por un Potencial de Difusión creado por la Salida de K+, parcialmente contrabalanceado por un Potencial de entrada de Na+.

Dicho PMR es el resultado de la combinación de 2 potenciales de difusión de dirección opuesta y de diferente magnitud, siendo el potencial del K+ mayor, debido a la existencia en la membrana de mayor número de canales pasivos para este ión que para él Na+, o más permeable al mismo.

Por lo tanto, los factores determinantes del potencial de membrana son:

- Los gradientes químicos para el K+ y el Na+.
- La permeabilidad selectiva de la membrana para distintos iones.

3.8.2 MANTENIMIENTO DEL POTENCIAL DE MEMBRANA. BOMBA DE NA+ Y K+

El K+ está saliendo continuamente de la célula, y el Na+ entrando a ella. Esta tendencia llevaría a que se equilibren las concentraciones intra y extracelular de los iones, y por lo tanto a la desaparición de los gradientes químicos, que son el motor generador del potencial de membrana. Para evitar que dichos gradientes desaparezcan, existe un proceso de transporte activo (consume ATP y funciona en contra del gradiente de concentración) que bombea el *Potasio extracelular* hacia el interior celular y, simultáneamente, saca Sodio de la célula hacia el líquido extracelular.

De esta manera, mantiene constantes las concentraciones intracelular y extracelular de estos iones, impidiendo la desaparición de los gradientes químicos. Esta bomba desplaza 3 iones de Na+ hacia el exterior por cada 2 iones de K+ hacia el interior celular, siendo importante destacar que la bomba de Na+-K+ no genera el potencial de membrana, sino que contribuye a su mantenimiento a través del tiempo.

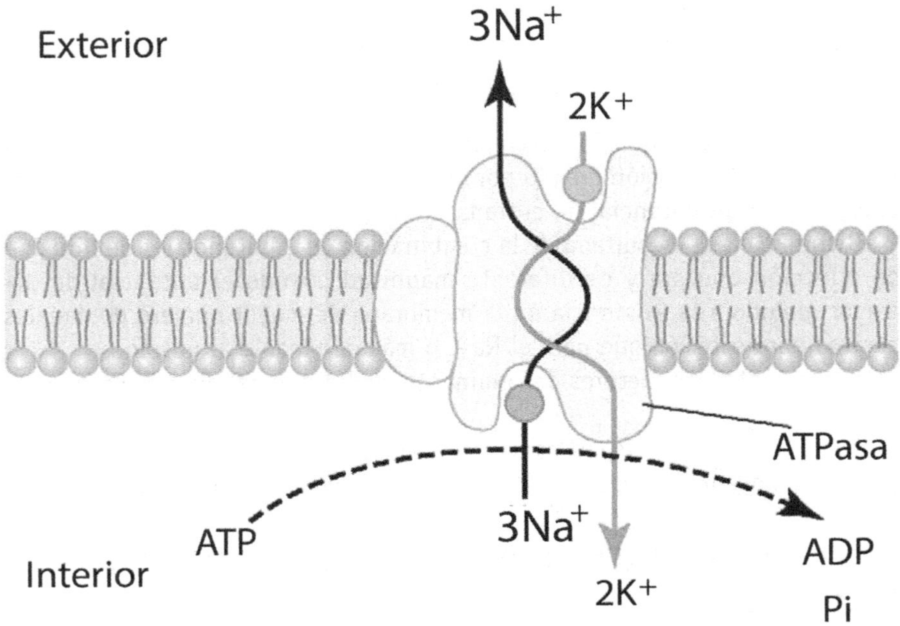

Figura Nro. 28: Bomba de Sodio y Potasio

3.8.3 SEÑALES BIOELÉCTRICAS

Todas las células del cuerpo humano poseen Potencial de Membrana en Reposo (PMR) pero solo algunas poseen la capacidad de modificarlo generando señales bioeléctricas. A estas células se las denomina células excitables. Las fibras musculares y nerviosas son células excitables, capaces de modificar el PMR. La diferencia entre las células excitables y no excitables radica en que mientras que todas las células poseen canales pasivos y poseen PMR, sólo las células excitables tienen canales *activos,* que, al abrirse y cerrarse gracias a la existencia de una compuerta en su interior, se puede modificar la permeabilidad de la membrana, y modificar por lo tanto el PMR. Las modificaciones del PMR por la apertura o cierre de canales activos se conocen como Señales Bioeléctricas.

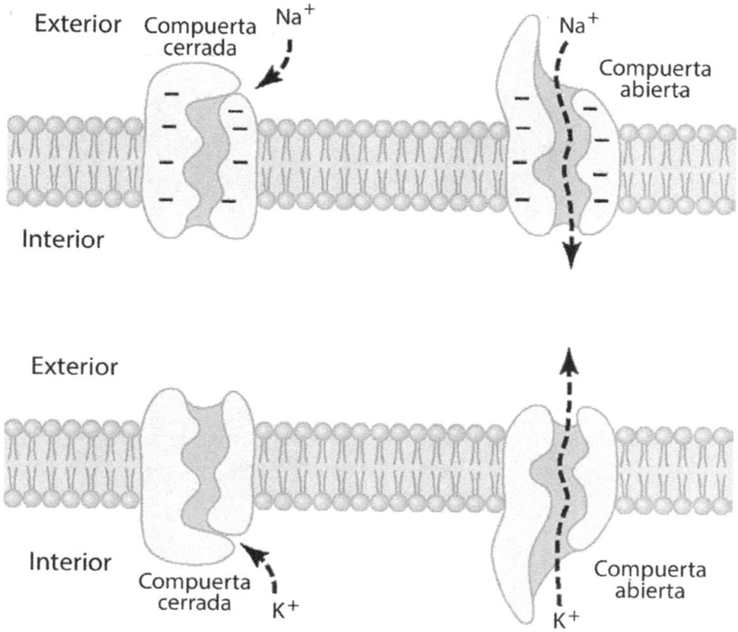

Figura Nro. 29 Canales Activos de Sodio y Potasio

Las neuronas están especializadas en recibir, procesar y transmitir información del mundo exterior y del cuerpo (sonido, tacto, visión, etc.). Toda esta información debe ser interpretada por el sistema nervioso y controlar también los movimientos. Para ello requiere de un alfabeto o codificación de dicha información representado por las señales bioeléctricas, que, modificando el potencial de membrana, crean un código de comunicación. Existen dos tipos de señales bioeléctricas: Potenciales Locales (PL) y Potenciales de Acción (PA).

3.8.4 POTENCIALES LOCALES (PL)

Los potenciales locales, o también llamados electrotónicos, son pequeñas variaciones del PMR, que pueden ser despolarizantes (el potencial se acerca a cero o se hace menos negativo) o hiperpolarizantes (el potencial se hace más negativo). Sus características son:

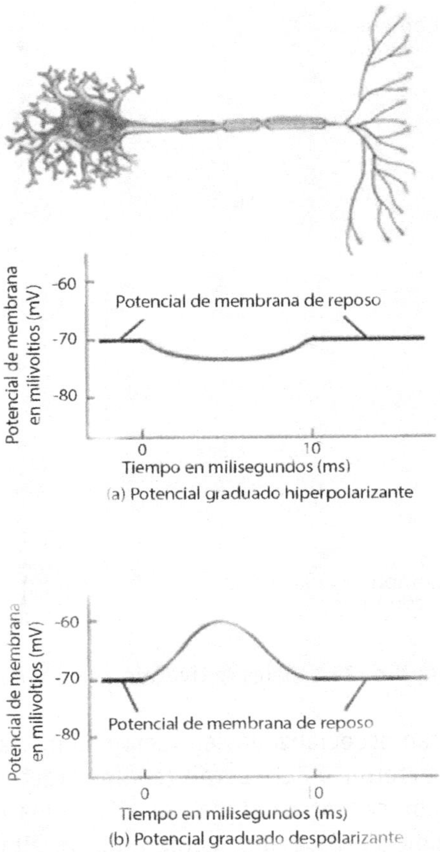

Figura Nro. 30: Potencial Local

- Son graduados. Su amplitud puede variar (a mayor estímulo, mayor amplitud).
- Se propagan por la membrana perdiendo amplitud (decrecen de amplitud).
- Pueden sumarse con otros potenciales locales cuando coinciden en el tiempo. Un potencial local despolarizante con otro hiperpolarizante tienden a anularse. Dos potenciales locales despolarizantes pueden sumarse y generar un potencial de mayor amplitud.
- Los encontramos en receptores sensoriales, dendritas y potenciales post-sinápticos neuronales (comunicación local e integración de información).

3.8.5 POTENCIALES DE ACCIÓN (PA)

El potencial de acción es una brusca variación del PMR, de gran amplitud y siempre despolarizante.

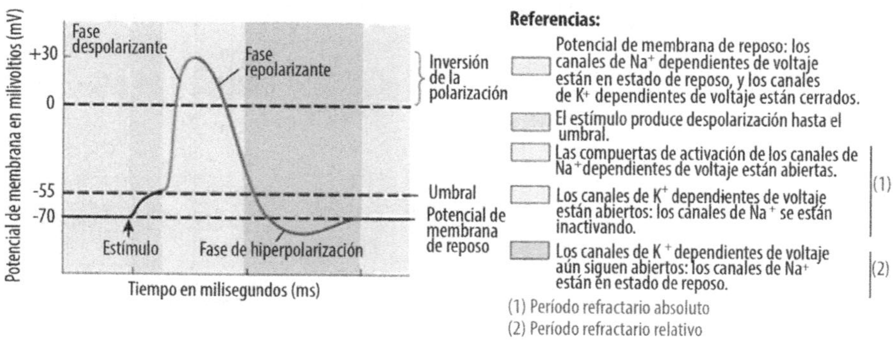

Figura Nro. 31: Potencial de Acción

Sus características son:

- Se propaga por la membrana sin perder amplitud.
- No puede sumarse, porque la membrana se hace refractaria durante el Potencial de Acción.
- Su amplitud NO es variable, sino que es fija y responde a la LEY del TODO o NADA. El estímulo viaja si se dan condiciones apropiadas y, si no fueran apropiadas, no llega el estímulo.
- Viaja en ambas direcciones, alejándose del estímulo hasta que toda la membrana queda despolarizada. En una fibra nerviosa mielínica, los potenciales de acción se dan en los Nódulos de Ranvier, donde los iones pueden fluir libremente, por eso la conducción o propagación del estímulo se da en forma saltatoria. Esto hace que la velocidad de conducción sea mayor que en las fibras no recubiertas de mielina.

Los encontramos en el axón de las neuronas (comunicación a distancia o a través de señales nerviosas) y en las células musculares (potenciales de acción musculares).

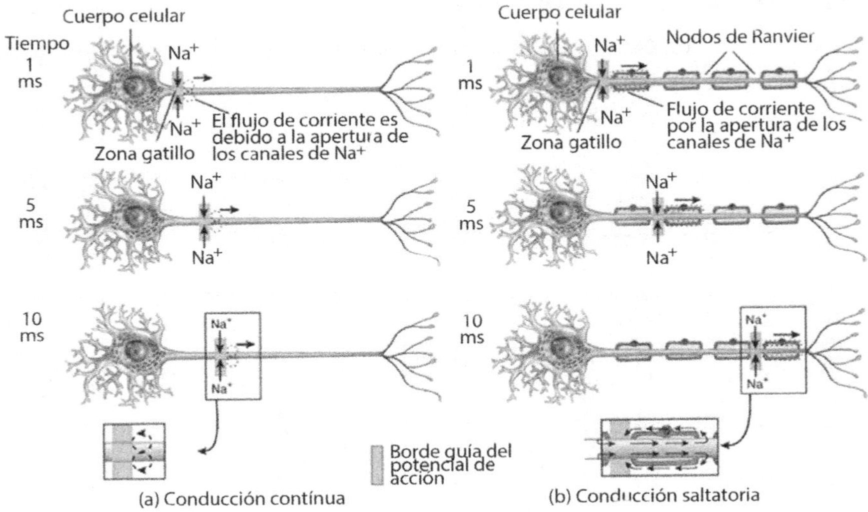

Figura Nro. 32: Propagación de un potencial de acción

FASES DEL POTENCIAL DE ACCIÓN

Podemos destacar tres fases en la generación de un potencial de acción:

a. *Fase de Reposo*: La célula está polarizada con su PMR.
b. *Iniciación del Potencial de Acción* (*Despolarización*): El potencial de acción se genera a través de un estímulo local despolarizante que llega a un valor aproximado de 25 mV. En una fibra nerviosa de -90 mili voltios un potencial que llega hasta -65 mV suele causar la aparición del Potencial de Acción Esta intensidad "umbral" representa el valor del potencial de membrana a partir del cual se abrirán suficientes canales activos voltaje dependientes de Na+ que superan a los de K+, alcanzando valores positivos. Si no se alcanza dicho umbral, no habrá potencial de acción.
c. *Repolarización:* Después que se hayan activado (abierto) todos los canales de Na+, en otra fracción de milisegundos, se inactivan (se hacen refractarios a otro estímulo) y luego se cierran los canales de Na+, mientras se abren los canales de K+, que permiten la salida de cargas positivas (recordamos que el gradiente químico del K+ impulsa a ese ión hacia el líquido extracelular). El potencial de acción termina rápidamente. Esto permite la repolarización de la fibra (No nos olvidemos de la acción de la Bomba de Na+-K+).

PERÍODOS REFRACTARIOS

Cuando el potencial de acción está en su fase ascendente todos los canales activos de Na+ están abiertos. Luego pasan a inactivarse. Si en ese momento (canales abiertos o inactivos) se aplica otro estímulo despolarizante, al no haber canales en condiciones de responder, no se produce entrada adicional de sodio y la célula no responde al segundo estímulo. A este periodo, donde los canales de Na+ están cerrados o inactivos, se lo conoce como período refractario absoluto. Posteriormente, algunos canales comienzan a recobrar el estadío cerrado y entonces la llegada de un estímulo despolarizante supraumbral podrá abrirlos. A este período se lo llama período refractario relativo.

3.8.6 POTENCIAL DE ACCIÓN MUSCULAR

En lo referente al potencial de acción de las fibras musculares esqueléticas, tiene similares características al de las neuronas a excepción de ciertas diferencias a mencionar:

1. PMR de la célula muscular: -75 a -90 mili voltios.
2. Duración del Potencial de acción de 1 a 5 milisegundos en el músculo esquelético, unas 5 veces mayor que en fibras mielínicas grandes.
3. Velocidad de conducción, 3 a 5 milisegundos, aproximadamente 1/8 de la velocidad de conducción de las grandes fibras mielinicas que excitan al músculo.
4. El resultado de la generación de un potencial de acción muscular es la transmisión del estímulo desde el sarcolema al sarcoplasma, la liberación de calcio y la consecuente excitación- acoplamiento que generará como resultado la contracción de la fibra muscular.

CAPÍTULO [4]

PRIMERA PARTE: SISTEMA CARDIOVASCULAR, HEMODINAMIA Y REGULACIÓN

Prof. Dr. Marcelo Milano

4.1 INTRODUCCIÓN

4.1.1 ¿POR QUÉ EXISTE UN SISTEMA CARDIOVASCULAR?

Los organismos vivos requieren un intercambio constante de materia y energía con el medio que los rodea (medio externo). Dicho intercambio, en organismos simples unicelulares, puede producirse por difusión. Sin embargo, en organismos multicelulares complejos como el ser humano (formado por miles de millones de células), la difusión a través de múltiples capas de células tiene lugar de forma muy lenta, porque la velocidad de difusión depende inversamente del cuadrado de la distancia (a mayor distancia, menor velocidad de difusión).

Es por esto que, evolutivamente, los organismos multicelulares han desarrollado un sistema de transporte especializado para cumplir con las funciones vitales de intercambio de materia y energía con el medio externo. Este sistema especializado es el sistema cardiovascular que por medio de la circulación de un fluido (sangre) pone en contacto los diferentes tejidos entre sí y también con los órganos específicos (por ejemplo, aparato respiratorio y digestivo) encargados de intercambiar materia y energía con el medio externo (Figura Nro. 33).

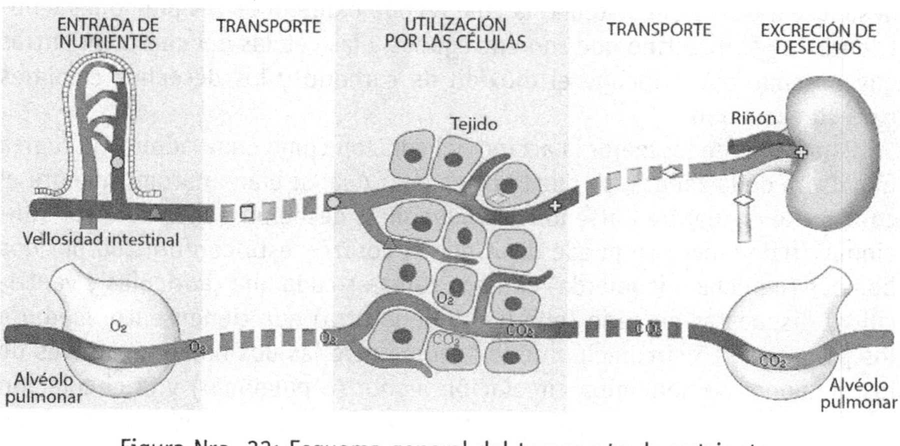

Figura Nro. 33: Esquema general del transporte de nutrientes y de O_2 por el sistema cardiovascular

4.1.2 FUNCIONES DEL SISTEMA CARDIOVASCULAR

Las principales funciones del sistema cardiovascular son, entre otras:

- Transporte de nutrientes (oxígeno, aminoácidos, glucosa, ácidos grasos, agua, etc.).

- Eliminación de productos de desecho del metabolismo (dióxido de carbono, urea, creatinina, etc.).
- Transporte de hormonas y sustancias que permiten la comunicación entre células, tejidos y órganos. Además, secreción de sus propias hormonas (p. ej., péptido natriurético auricular).
- Colaboración con la regulación de la temperatura, controlando la distribución de calor entre el centro del organismo y la piel.
- Defensa del huésped, transportando células inmunitarias, antígenos y otros mediadores (p. ej., anticuerpos).
- Participación en ajustes homeostáticos en respuesta a estados fisiológicos alterados (por ejemplo, hemorragias, ejercicio o cambios posturales).

4.1.3 CONFORMACIÓN DEL SISTEMA CARDIOVASCULAR Y CIRCULACIÓN DE LA SANGRE

En términos simples podemos decir que el sistema cardiovascular está formado por un continente y un contenido. El continente (sistema cerrado de conductos) está dado por una serie de 'tubos' (vasos sanguíneos) y una 'bomba impulsora' (el corazón) y el contenido corresponde a un líquido fluido (la sangre). La presión generada por el corazón impulsa constantemente la sangre a través del sistema, la cual recoge oxígeno en los pulmones y nutrientes en el intestino que son entregados a las células del cuerpo mientras que en simultáneo recoge el dióxido de carbono y los desechos celulares para su excreción.

Para comprender mejor la acción del corazón como generador de la fuerza impulsora de la sangre, se puede considerar que, si bien anatómicamente el corazón se encuentra entre los dos pulmones, desde un punto de vista 'funcional' (fisiológico) se puede decir que el corazón está conformado por dos bombas (derecha e izquierda) con dos cámaras cada una (aurículas y ventrículos) dispuestas en serie (una luego de la otra) que tienen entre medio a los pulmones. La circulación de la sangre entre las dos bombas a través de los pulmones se denomina circulación menor (o pulmonar) y la circulación de la sangre entre las dos bombas a través de los vasos de todo el organismo se denomina circulación mayor (o sistémica) (Figura Nro. 34).

4.2 CIRCUITO DE LA CIRCULACIÓN

Así, los pasos que tienen lugar en un circuito completo a través del sistema cardiovascular (partiendo desde el ventrículo izquierdo) son:

1. La sangre oxigenada llena el ventrículo izquierdo.

2. La sangre es impulsada por la contracción del ventrículo izquierdo hacia la aorta (la cantidad de sangre expulsada desde el ventrículo izquierdo en cada latido se denomina volumen sistólico).
3. El volumen sistólico se distribuye entre los diferentes órganos (circulación sistémica).
4. El flujo sanguíneo procedente de los órganos pasa a las venas sistémicas.
5. La sangre venosa llega a la aurícula derecha (retorno venoso).
6. La sangre venosa pasa al ventrículo derecho.
7. La sangre es impulsada por la contracción del ventrículo derecho hacia la arteria pulmonar y pasa por los capilares pulmonares (circulación pulmonar).
8. La sangre procedente de los pulmones regresa al corazón (aurícula izquierda) a través de las venas pulmonares.

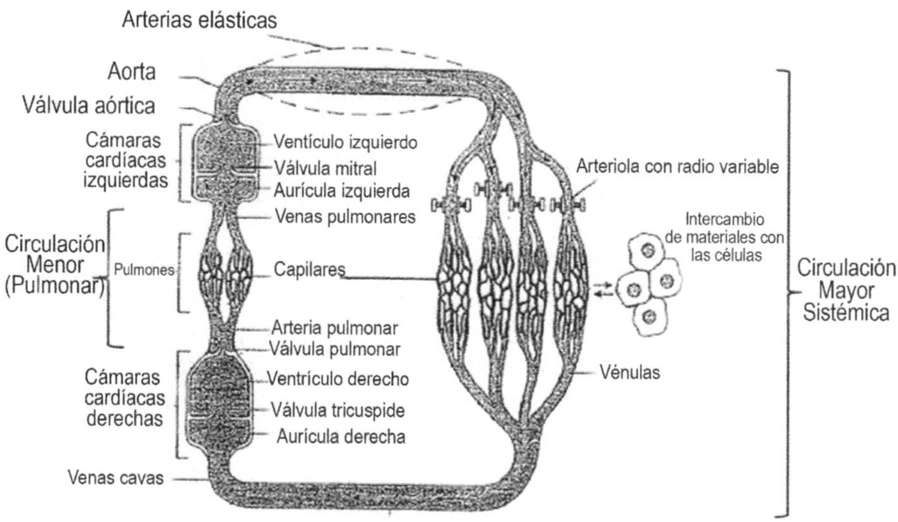

Figura Nro. 34: Sistema cardiovascular: circulación menor y mayor

4.2.1 VASOS SANGUÍNEOS – A) CONFORMACIÓN DEL SISTEMA VASCULAR

Los vasos sanguíneos forman una red tubular en el que las arterias transportan sangre desde el corazón a los tejidos, mientras que las venas devuelven la sangre al corazón. Las arterias y las venas se continúan entre sí a través de vasos sanguíneos de calibre más pequeño. Así, las arterias se ramifican extensamente para formar un "árbol" de vasos ('árbol vascular') de diámetro progresivamente menor (veremos luego que esto tiene importancia desde el punto de vista de la velocidad y presión de la sangre en el árbol vascular).

Las arterias de menor calibre se llaman arteriolas en algunos casos existen también metaarteriolas, que son vasos más pequeños que las arteriolas y que abastecen a entre 10 a 100 capilares. En la unión entre capilar y metarteriola, las aberturas de los capilares están rodeadas por diminutos músculos lisos, los esfínteres precapilares, que regulan el flujo sanguíneo hacia adentro de los capilares (como canillas que pueden abrirse o cerrarse); las células musculares en las arteriolas regulan la resistencia (oposición) al flujo sanguíneo.

La sangre pasa entonces desde el sistema arterial hacia el sistema venoso a través de capilares microscópicos (conforman la llamada microcirculación), que son los vasos sanguíneos de menor calibre y los más numerosos del organismo (el conjunto de capilares forma el llamado 'lecho capilar'). Todos los intercambios de líquido, nutrientes y desechos entre la sangre y los tejidos ocurren a través de las paredes de los capilares. A su vez, la sangre fluye por los capilares hacia venas microscópicas llamadas vénulas (o vénulas poscapilares) que llevan la sangre hacia venas de calibre progresivamente mayor, que finalmente devuelven la sangre al corazón (aurícula derecha).

A medida que el plasma sanguíneo (porción liquida de la sangre) pasa a través de los capilares, la presión hidrostática (ver luego) de la sangre fuerza parte de este líquido hacia afuera de los capilares, al llamado espacio intersticial (espacio entre las células y por fuera de los vasos). El líquido derivado del plasma que sale de los capilares hacia los tejidos circundantes se llama líquido tisular, o líquido intersticial. Parte de este líquido regresa de manera directa a los capilares, y parte entra a los vasos linfáticos ubicados alrededor de los vasos sanguíneos (ver Figura 35).

El líquido en los vasos linfáticos se llama linfa. Este líquido regresa a la sangre venosa en sitios específicos. Los ganglios linfáticos, ubicados a lo largo del camino, filtran la linfa antes dese regreso a la sangre venosa. Así, el sistema linfático (vasos, ganglios linfáticos y órganos linfáticos como bazo y timo) no se considera estrictamente parte del sistema circulatorio, sino que lo complementa y tiene, entre otras funciones, un papel importante en la inmunidad.

En relación a los capilares sanguíneos, es entonces sustancial entender su importancia, ya que son el lugar de intercambio de los nutrientes y de los productos de desecho en los tejidos (función capilar). Y son, además, como se mencionó, el lugar donde reproduce el intercambio de líquido entre los compartimentos vascular e intersticial.

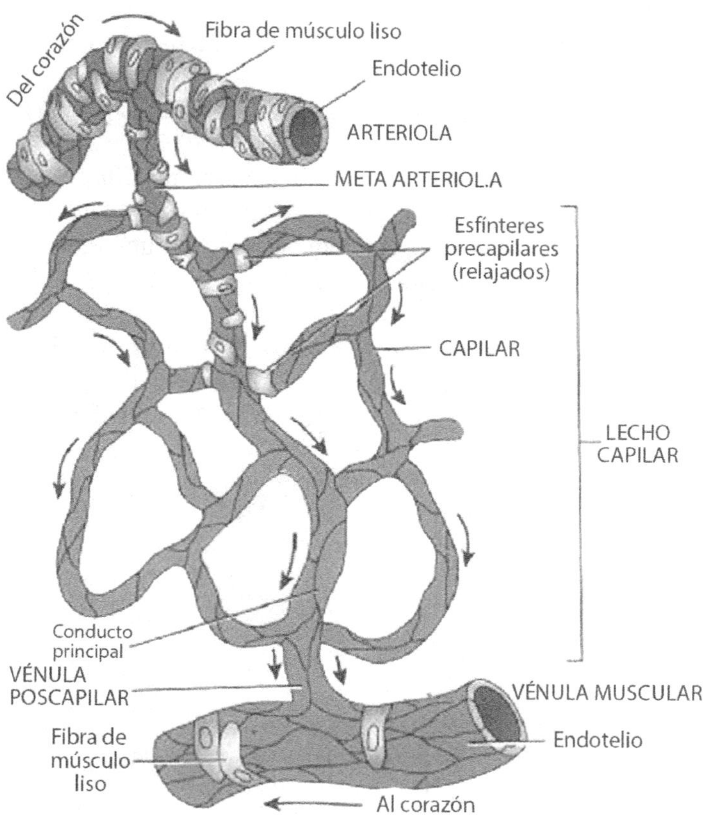

Figura Nro. 35 Vasos sanguíneos: conformación del sistema vascular.

4.2.2 VASOS SANGUÍNEOS – B) ESTRUCTURAS QUE LOS FORMAN Y CLASIFICACIÓN FUNCIONAL

Las paredes de los vasos están formadas por tres capas o túnicas:

1. íntima (la más interna);
2. media y
3. adventicia (la más externa).

A excepción de los capilares (que solo presentan la túnica íntima), todos los vasos poseen las tres capas, pero con mayor o menor desarrollo de cada una de ellas según el tipo de vaso.

1. **Túnica intima** (la más interna): Monocapa de células endoteliales y, en los vasos de mayor calibre, una capa subendotelial. En las venas existen válvulas, en las arterias no.
2. **Túnica media**: Principalmente células musculares lisas y fibras elásticas y de colágeno.
3. **Túnica adventicia** (la más externa): Compuesta por fibras colágenas que protegen el vaso y lo fijan al tejido subyacente, fibroblastos y fibras nerviosas ('vasa nervorum') y, en grandes vasos, por una red de minúsculos vasos, los 'vasa vasorum', que la nutren.

Las diferencias estructurales entre los distintos tipos vasculares se basan en la presencia o ausencia y en la distinta proporción de fibras extracelulares y de células musculares lisas (ver Figura Nro. 36 y Cuadro 3).

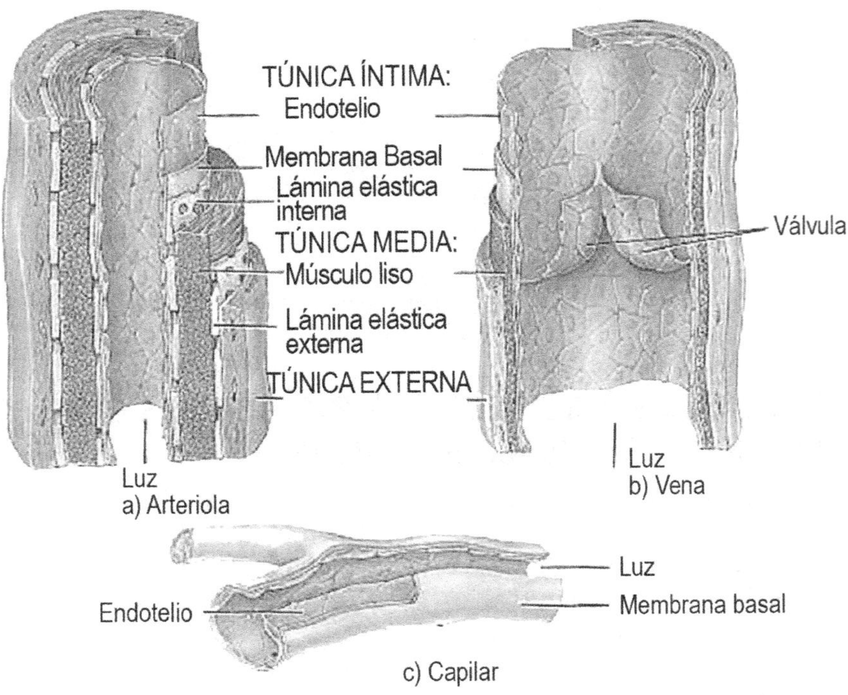

Figura Nro. 36 Estructura de los vasos sanguíneos

	ENDOTELIO	MÚSCULO LISO	ELASTINA	COLÁGENO	ESPESOR PARED (MM)
Aorta	+	+	++++	++	2
Grandes art.	+	++	+++	++	1
Pequeñas art.	+	+++	+++	++	0,3
Arteriolas	+	++++	++	+	0,02
Capilares	+	-	-	-	0,001
Vénulas	+	-	-	+	0,002
Venas	+	+	++	++	0,5
Vena Cava	+	++	++	+++	1,5

Cuadro Nro. 3: Características estructurales de los diferentes tipos de vasos sanguíneos

Así, teniendo en cuenta las características de la pared y sus funciones, los vasos sanguíneos se pueden clasificar como vemos en el Cuadro 4:

FUNCIÓN: VASOS DE	CORRESPONDEN A	CARACTERÍSTICAS
Conductancia (o elásticos)	Arterias elásticas (grandes arterias próximas al corazón).	• Las de mayor calibre: p. ej. aorta y carótidas comunes. • Ricas en fibras elásticas y colágeno en su capa media. • Resistentes al estiramiento, almacenan energía, contribuyen al mantenimiento de la presión y amortiguan la onda pulsátil.
Distribución	Arterias musculares (grandes)	• Por ejemplo, arterias femoral, renal y esplénica. • Alto número de fibras musculares lisas y también de tejido elástico. • Transportan y distribuyen la sangre a los vasos más distales.
Resistencia	Arterias musculares (medianas y pequeñas) y arteriolas	• Gran número de fibras musculares lisas. • Pueden modificar la resistencia al flujo sanguíneo (las arteriolas son los principales vasos de resistencia) • Se encargan de la regulación local de la circulación y de ellas dependen las llamadas resistencias periféricas.
Intercambio	Capilares (arteriales y venosos)	• En ellos se produce el intercambio de sustancias y gases entre la sangre y los tejidos.
Capacitancia (o retorno o volumen)	Vénulas y venas	• Son de pared fina y resistencia baja. • Actúan como reservorio variable de sangre (contienen casi 2/3 del volumen sanguíneo). • Inervadas por fibras nerviosas simpáticas venoconstrictoras que, al estimularse, contraen las venas, desplazando la sangre de vuelta al corazón. • Las válvulas en las venas más grandes ayudan al retorno de la sangre al corazón.

Cuadro Nro. 4: Vasos sanguíneos según características de la pared y funciones

4.3 ASPECTOS BIOFÍSICOS Y HEMODINÁMICOS – APLICACIÓN AL SISTEMA CARDIOVASCULAR

Como se ha establecido, la misión del aparato cardiovascular consiste en transportar oxígeno, elementos nutritivos y moléculas esenciales a los tejidos, y retirar de ellos los productos de desecho. Para ello existe una circulación pulmonar, con un lecho vascular de baja resistencia y alta capacitancia especializado en el intercambio de gases, y una circulación sistémica, con múltiples lechos vasculares, de alta resistencia, especializado en el aporte de oxígeno y nutrientes, y retirada del anhídrido carbónico y productos metabólicos de desecho. Es decir, el aparato cardiovascular (trabajando con otros sistemas, como por ejemplo los pulmones o el aparato digestivo) es el 'vehiculizador' de estos elementos (gases y sustancias).

Hemos dicho también que, en términos simples, podemos decir que el sistema cardiovascular está conformado por un continente y un contenido. El continente (sistema cerrado de conductos) está dado por una serie de 'tubos' (vasos sanguíneos) y una 'bomba impulsora' (el corazón) y el contenido corresponde a un líquido fluido (la sangre).

Así, la bomba impulsora (corazón) genera presión (energía) para que el fluido (sangre) que contiene los elementos a transportar (gases y sustancias) se desplacen por las 'tuberías' (vasos sanguíneos). Pero... ¿Cuándo hablamos de resistencia, capacitancia, presión, fluido, etc....de qué estamos hablando realmente? ¿Y qué significan estos términos aplicados al corazón y a la circulación?

Para entender mejor la mecánica que rige al sistema cardiovascular necesitamos de la física, en este caso, aplicada a la biología (biofísica), y de la hemodinamia (que estudia los principios que gobiernan el flujo sanguíneo en el sistema cardiovascular y que, en general, son los principios básicos que se aplican al movimiento de los fluidos).

Es por esto que se necesita comprender términos como flujo, presión, tensión, resistencia, capacitancia, elasticidad y otros que aplican al sistema cardiocirculatorio y permiten entender no solo qué factores lo influencian sino también como se controla y regula el mismo.

En los siguientes apartados explicaremos entonces algunos aspectos fisiológicos del sistema cardiovascular y la aplicación de los conceptos biofísicos y hemodinámicos correspondientes (básicamente en su relación con el corazón). Lo propio haremos cuando analicemos los vasos sanguíneos y la sangre.

4.4 EL CORAZÓN (LA 'BOMBA')

4.4.1 GASTO CARDÍACO (VOLUMEN MINUTO) Y PARÁMETROS GENERALES

Como ya se ha visto, el corazón presenta fenómenos eléctricos que no hacen más que servir a los propósitos mecánicos del mismo: contracción y relajación rítmica (sístole y diástole) de sus cavidades de forma sincronizada (primero las aurículas, después los ventrículos) para lograr impulsar la sangre al árbol vascular y cumplir su cometido.

Así, en cada sístole, el corazón realiza un trabajo venciendo a la presión (resistencia) que existe en las arterias aorta y pulmonar, para eyectar (expulsar) la sangre a los vasos. Es decir, provee una energía, en forma de presión, que impulsará la sangre (energía externa) aunque parte de esa energía generada también se perderá en forma de calor (energía interna). Y al ser el corazón básicamente un músculo, necesitará de los elementos comunes a todos ellos para lograr la contracción en cada ciclo: ATP, Ca++, O2, etc.

Luego de llenarse y justo antes de contraerse el ventrículo izquierdo contendrá un volumen de sangre llamado volumen de fin de diástole o telediastólico (VFD) y en cada latido (sístole) el ventrículo expulsará un volumen de sangre llamado volumen sistólico (VS). El volumen que queda en el corazón luego de la sístole es el volumen de fin de sístole o telesistólico (VFS) que se conoce también como volumen residual (VSR). Si se considera la fracción de sangre que se eyecta en cada sístole en relación al total existente justo antes de la misma, se obtiene la llamada fracción de eyección (FE). Es decir, la FE es el porcentaje de sangre expulsada por el ventrículo en cada latido.

Ahora bien, lo expresado arriba consiste en la cantidad de sangre expulsada en cada latido (VS). Si consideramos la cantidad de veces que late el corazón en un minuto, es decir la frecuencia cardíaca (FC) podemos decir que la cantidad de sangre expulsada por cada ventrículo en un minuto es igual al volumen de sangre que se bombea en cada latido (VS) multiplicado por el número de latidos por minuto (FC): este es el **gasto cardiaco (GC)** o **volumen minuto (VM).** Su fórmula es:

GC (VM) (ml/min) = VS (ml/latido) x FC (latidos/min)

En condiciones de reposo, el VS promedio es de 70-80 ml y la frecuencia cardiaca es de 70latidos por minuto, por lo que el volumen minuto cardiaco es de unos 5 – 5,5 L de sangre. Por tanto:

GC (VM) = 70 ml/lat x 70 lat/min = 4.900 ml/min (o sea aproximadamente 5 L/min)

Dado que 5 a 5,5 L es el volumen de sangre circulante (cantidad total de sangre de una persona o volemia), es evidente que en cada minuto cada ventrículo bombea toda la sangre circulante.

El GC representa la función primordial del corazón, la función de bomba, y sus dos principales determinantes son las necesidades metabólicas y la superficie corporal. Por ello, el GC aumenta después de una comida copiosa, durante el ejercicio (puede llegar hasta 25 – 30L/min) o el embarazo, entre otras situaciones. Además, en reposo, el GC está en relación con la superficie corporal, por lo que normalmente el GC se normaliza en relación con la superficie corporal, lo que se conoce como índice cardíaco (IC)(L/min/m2). En una persona de tamaño medio (70 kg) el GC es de unos 5-6 L/min, que equivale a un índice cardiaco de 3,2 (entre 2.5 y 4) L/min/m2.

Esto se resume a continuación en el Cuadro 5:

PARÁMETROS	CONCEPTO	VALORES *
Vol. Fin de Diástole (VFD)	• Volumen de sangre que hay en el ventrículo al final de la diástole.	110 – 130 ml.
Vol. Sistólico (VS)	• Volumen total de sangre expulsado en la sístole ventricular (latido). • Es la diferencia entre el VFD y el VFS.	70 - 80 ml.
Vol. Fin de Sístole (VFS) o Vol. Residual (VR)	• Volumen de sangre que queda en el ventrículo al final de la sístole.	40 – 50 ml.
Fracción de Eyección (FE)	• Porcentaje de sangre expulsada por el ventrículo en cada latido. • Útil para valorar función ventricular (índice indirecto del acortamiento sistólico ventricular).	Normal >50%.
Gasto Cardíaco (GC o VM)	• Volumen de sangre expulsado por el ventrículo en 1 minuto.	5 L/min.
Ìndice Cardìaco (IC)	• VM en relación a la superficie corporal.	2,5 – 4,2 L/min/m2
Volemia	• Cantidad total de sangre circulante de un individuo.	5 – 6 L

Cuadro Nro. 5: Principales parámetros cardiovasculares (* Valores: considerados en reposo. Pueden variar según autores.)

El GC es similar en los ventrículos derecho e izquierdo porque en condiciones normales y estables:

1. El VS de los dos ventrículos es idéntico.
2. La FC de ambos ventrículos debe de ser idéntica.
3. Por lo tanto, GC (VS x FC) de los dos ventrículos también debe ser idéntico.

Podemos representar gráficamente un resumen de los parámetros en la Figura a continuación:

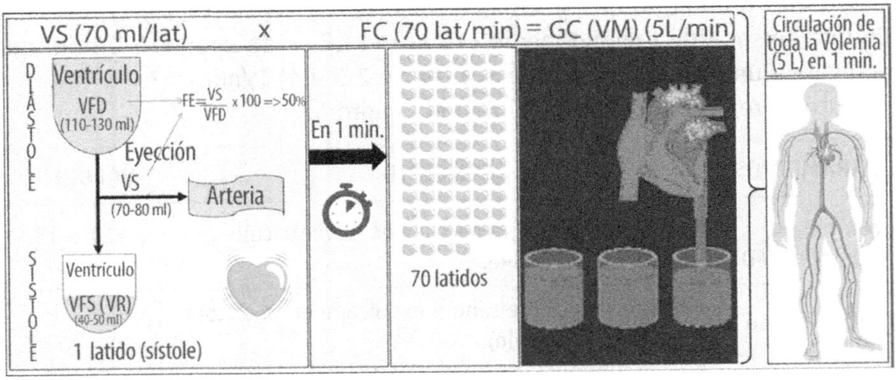

Figura Nro. 37 Esquema del Gasto Cardíaco – GC – (o Volumen Minuto – VM –)

4.4.2 CONCEPTOS BIOFÍSICOS BÁSICOS

A continuación, antes de analizar los factores que influyen en la regulación y control del GC, se deben definir y entender ciertos conceptos biofísicos básicos (que comentaremos en forma extremadamente simplificada):

PRESIÓN (P)

Es la fuerza actúa perpendicularmente por unidad de superficie.

P = F/A
P: presión. F: fuerza. A: superficie.

Los fluidos, es decir líquidos (como la sangre) o gases también pueden ejercer presión.

TENSIÓN (T)

La T es la fuerza que se opone a la distensión. En un órgano hueco (por ej. corazón o vasos) la T es función de la P (fuerza que ejerce la sangre por unidad de superficie) que soporta la pared.

Así, más específicamente, la T de las paredes de una cavidad es la fuerza con la que estas paredes se oponen a la deformación inducida por la P y es función del radio de la esfera y del grosor o espesor de sus paredes. Dicha relación viene dada por la fórmula de Laplace:

Ley de Laplace (1839)

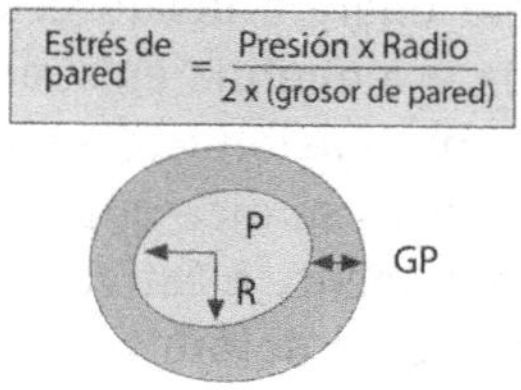

$$T = \frac{P \times r}{2 \times e}$$

En fisiología cardiovascular la T también suele denominarse 'estrés parietal' y se refiere al grado de T que soporta la pared del corazón en cada momento (así, hay una T o estrés parietal sistólico y uno diastólico).

En el caso de considerarse la T en un vaso de pared de grosor despreciable (por ej. un capilar), la fórmula que se usa es:

$$T = P \times$$

Si el vaso es de pared más gruesa (por ej. arteria), se usa:

$$T = \frac{P \times r}{e}$$

La P que se considera es la 'P transmural', que es la diferencia entre la P en el interior de un vaso (P interior) y la P del exterior del mismo (P exterior). Así:

PT = P interior-P exterior

A menudo, la presión exterior es igual a la atmosférica y puede considerarse igual a cero. La fuerza de distensión que la empuja hacia fuera (la de la sangre) debe estar entonces equilibrada por una fuerza de contención producida por las fibras de la pared.

De la ecuación de Laplace se deduce que un capilar, que tiene un pequeño radio y poca P, puede tener una pared muy fina ya que no está sometida a gran T. Por el contrario, la aorta o una arteria grande, con gran P y radio grande, soporta mucha T por lo que su pared necesita un mayor grosor para no romperse.

ELASTICIDAD

La elasticidad es la propiedad que tiene un cuerpo a resistir al estiramiento y posteriormente a recuperarse de la deformación.

Para deformar a un cuerpo debe aportársele energía desde el exterior (aplicando una tensión que lo deforme). Si toda esa energía es almacenada en el cuerpo de modo que al dejar de aplicarle una tensión esa energía restaura las dimensiones originales del cuerpo, entonces se dice que el proceso fue reversible y que su comportamiento es perfectamente elástico. Si, por el contrario, parte de la energía aportada al cuerpo para deformarlo se pierde en forma de calor (generado por fricciones internas del material), entonces se dice que el proceso fue irreversible, y que su comportamiento tiene una componente viscosa, o que es viscoelástico.

Los tejidos blandos tales como paredes vasculares, ligamentos, tegumentos y paredes de vísceras huecas, son viscoelásticos. La naturaleza viscoelástica depende de las contribuciones relativas de los diversos constituyentes: elastina, colágeno y músculo liso, que tienen comportamientos muy diferentes en términos de elasticidad.

ELASTANCIA

En medicina, para hablar de la elasticidad de un vaso o de un órgano hueco se definen la elastancia (E) y la distensibilidad (compliancia). La elastancia es la capacidad de un tejido de resistirse a la deformación y, luego de ser deformado, de recuperar su forma inicial. Se dijo que para deformar un cuerpo se debía aplicar una fuerza que lo deforme. En el caso que nos ocupa (vaso u órgano hueco) la fuerza deformante será la presión que ejerza la sangre y la deformación corresponderá a los cambios de volumen en dicho vaso u órgano hueco.

Así planteado, la elastancia (E) vascular se puede definir a través de la relación entre los cambios de presión (ΔP) y el volumen (V), por la expresión:

$$\mathbf{E = \Delta P/V}$$

Donde Δ expresa "variación de", Pt la presión transmural, y V el volumen.

En cierta forma, la elastancia puede considerarse como un parámetro que representa el grado de rigidez, ya que mide la dificultad de deformar un cuerpo (rigidez es la resistencia a la distensión).

Las arterias son más elásticas (y como veremos luego menos distensibles que las venas); propiedad debida a que son los vasos más ricos en fibras elásticas; de ahí que sea la elasticidad la propiedad más característica del sistema arterial.

DISTENSIBILIDAD (COMPLIANCE)

"Compliance" es un término inglés que puede traducirse como "capacidad de acomodamiento" o "distensibilidad". La distensibilidad (D) o compliancia es la inversa de la elastancia (D =1/E). Los conductos y órganos huecos evidencian un aumento de volumen frente a un aumento de P transmural. Esta propiedad se denomina distensibilidad vascular, que es el porcentaje de cambio de volumen que produce el cambio de presión. Así, la compliancia de una cámara vascular, es la constante que relaciona al volumen (V) con las variaciones de presión (ΔP), por la ecuación:

$$\mathbf{D = V/\Delta P}$$

La distensibilidad o compliancia mide entonces la facilidad de deformar un cuerpo (al revés que la elastancia que mide lo opuesto: la dificultad para deformarlo). Una cavidad es más distensible en cuanto más permite el llenado (aumento de volumen) sin elevar demasiado la P.

Debido a que la distensibilidad varía entre los diferentes vasos, es preferible normalizar el cambio de volumen, teniendo en cuenta el volumen inicial. La distensibilidad normalizada (D) viene dada por:

$$\mathbf{D = \frac{\Delta V}{(\Delta P \times V\ inicial)}}$$

Los anteriores conceptos nos permiten, entre otras cosas, entender que la distensibilidad en los ventrículos es una propiedad que les permite cambiar su volumen a medida que se llenan y se produce un incremento de P.

CAPACITANCIA

La capacitancia es la cantidad total de sangre que puede almacenarse en una porción dada de la circulación por cada milímetro de mercurio de aumento de P. La capacitancia es igual a la distensibilidad multiplicada por el volumen.

Existe una relación íntima entre capacitancia y distensibilidad, pero son diferentes. Así los vasos pequeños tienen una buena distensibilidad, pero con escasa capacidad de almacenamiento, mientras que los vasos grandes tienen mayor capacidad de almacenamiento con menor capacidad de distensión, siempre refiriéndonos a las arterias, ya que el sistema venoso tiene 24 mayor capacitancia en relación al arterial (tiene 8 veces mayor distensibilidad y 3 veces mayor volumen).

4.4.3 FACTORES QUE INFLUYEN Y REGULAN AL GC (VM)

La función ventricular y, en general la función cardiaca, depende de la interacción de cuatro factores que regulan el volumen de sangre expulsado por el corazón en un minuto (GC):

1. Precarga
2. Poscarga
3. Contractilidad
4. Frecuencia cardíaca.

Los tres primeros modifican el volumen que el corazón expulsa en cada latido(VS), mientras que la frecuencia cardiaca, variando el número de contracciones por unidad de tiempo, actúa directamente sobre GC (ver Figura 38). Por otro lado, las variaciones del GC están determinadas por los requerimientos metabólicos del organismo.

Así, el VS depende del estado contráctil del miocardio (o estado inotrópico) y de las condiciones de carga del ventrículo. Dicha carga tiene representación diastólica (precarga) y sistólica (poscarga).

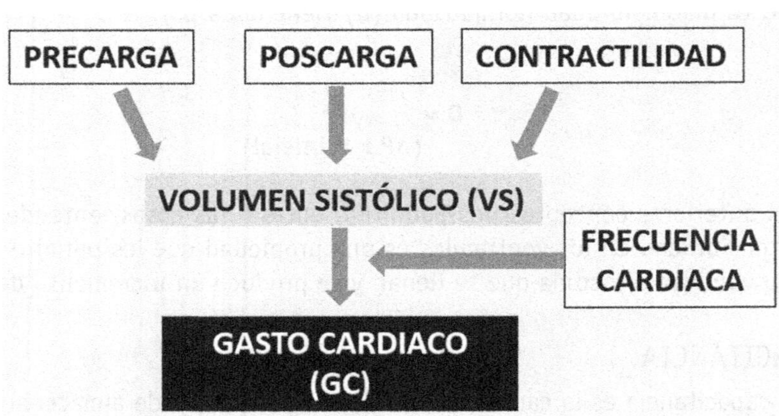

Figura Nro. 38: Factores que determinan el GC (VM)

1. PRECARGA Y LEY DE FRANK - STARLING

La precarga representa la carga del ventrículo previa a la contracción y se puede definir como la T que soportan las paredes ventriculares al final de la diástole (recordar Ley de Laplace). Dicha T se correlaciona entonces con el VFD y la PFD, que son en la práctica índices o indicadores de la precarga (recordemos que el músculo cardíaco posee características de elasticidad y, por tanto, es sensible al estiramiento antes de la contracción). La precarga es un fenómeno diastólico.

Gracias al trabajo de dos fisiólogos (Otto Frank y Ernest Starling) se pudo establecer que el estiramiento previo de la fibra miocárdica al final de la diástole se correlaciona con la fuerza de contracción o grado de T que puede desarrollar la misma (relación longitud - tensión).

Así se estableció que, dentro de límites fisiológicos, el volumen de llenado tiene una relación lineal con la fuerza generada. **Ley de Frank – Starling:**

A mayor volumen de llenado, mayor fuerza de contracción (a mayor precarga, mayor fuerza de contracción y mayor eyección de sangre en la sístole, es decir mayor VS).

Así, cuando aumenta la precarga (es decir aumentan el VFD y la PFD), el ventrículo se distiende y, según la ley de Frank-Starling, la contractilidad cardiaca y el VS aumentan (ver Figura 39)

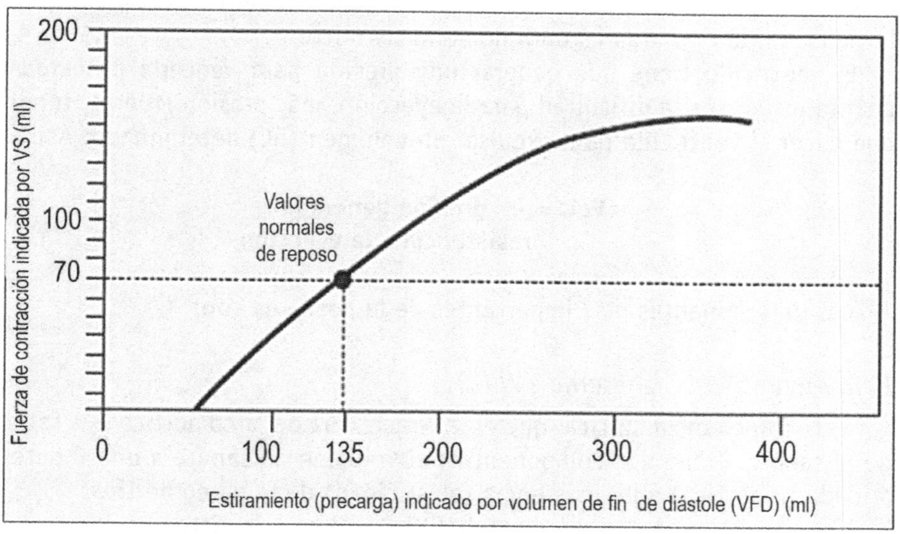

Figura Nro. 39: Curva de función ventricular. El VS aumenta al aumentar la precarga (estiramiento de la fibra miocárdica).

Los 3 determinantes más importantes de la precarga son:

a) Retorno Venoso (RV): que es la cantidad de sangre que retorna a la aurícula desde la circulación. Depende principalmente de la **volemia** (volumen sanguíneo total) pero también del tono venoso (venoconstricción o venodilatación), las bombas musculares (contracción de los músculos esqueléticos), cambios de posición (gravedad), respiración, etc.

b) Sístole Auricular: en reposo, la aurícula al contraerse aporta aproximadamente 15 – 20% del llenado ventricular, lo cual provoca un aumento del estiramiento de las fibras miocárdicas y, por tanto, de su fuerza de contracción.

c) Distensibilidad Ventricular: esto está en relación con las propiedades viscoelásticas de las paredes cardíacas (recordar elastancia y distensibilidad). Cuando un ventrículo se vuelve menos distensible (más rígido) se afecta el llenado del mismo.

2. POSCARGA

La poscarga representa las condiciones de carga sistólicas y se define como la T parietal que soporta la pared ventricular durante la contracción (sístole).Es decir, la poscarga representa las fuerzas que se oponen a la eyección ventricular durante la expulsión de la sangre (cargas contra las que el ventrículo debe contraerse para logar la expulsión del VS). A diferencia de la precarga, la poscarga es un fenómeno sistólico.

El ventrículo tiene que generar una presión para vencerla poscarga y cuanto mayor sea la dificultad para la eyección, más presión (fuerza) tendrá que hacer el ventrículo para expulsar un volumen (GC) determinado. Así:

$$\textbf{Vol.} = \frac{\textbf{presión generada}}{\textbf{resistencia a la eyección}}$$

Los determinantes más importantes de la poscarga son:

Para el ventrículo izquierdo (VI)

a) La impedancia aórtica, que es la resistencia del arco aórtico a la salida de la sangre. Tiene dos componentes: el volumen de sangre a una P determinada (P aórtica) y la resistencia (elasticidad) de la pared aórtica.

b) La resistencia periférica total (RPT), que es la resistencia que se genera más allá de la aorta. Se da principalmente a nivel de las arteriolas sistémicas, que por su capa de musculo liso regulan su radio (vasodilatación/vasoconstricción) y así la tensión arterial (TA) (ver luego).

Para el ventrículo derecho (VD)

Similar a lo que pasa con el VI, serán a) la impedancia pulmonar y b) la resistencia vascular pulmonar (arteriolas pulmonares).

Hay que recordar que, si bien ambos ventrículos movilizan los mismos volúmenes, las presiones contra lo que lo hacen son muy distintas (el circuito pulmonar es de baja presión en tanto que el circuito sistémico es de alta presión) y, por tanto, el trabajo correspondiente a cada uno también es diferente. Ello explica la diferencia de grosor de pared entre ambos: el VI es más grueso (más 'musculoso') que el VD.

3. CONTRACTILIDAD (INOTROPISMO)

La contractilidad o inotropismo (gr. ino, fibra y tropos, mover) es la capacidad del miocardio de contraerse y generar presión con independencia de las condiciones carga (o sea independientemente del nivel de pre y poscarga). También se lo llama estado inotrópico o contráctil y a nivel molecular está dado por la interacción de las proteínas contráctiles y el Ca++ con la producción de puentes de actina y miosina. Esto depende de la disponibilidad de los sustratos que todo músculo necesita (O2, ATP, Ca++), y es influenciado principalmente por el sistema nervioso simpático (SNS), que es parte del sistema nervioso autónomo (SNA).

El SNS aumenta la disponibilidad de Ca++ y la sensibilidad de los miofilamentos al mismo. Así, los mensajeros simpáticos (catecolaminas: como la adrenalina y noradrenalina) y hormonas (como las hormonas suprarrenales y el glucagón) aumentan la disponibilidad intracelular de Ca++ y la sensibilidad de las proteínas contráctiles hacia el catión, aumentando así la contractilidad (efecto inotrópico positivo).

4. FRECUENCIA CARDÍACA (FC)

La FC es la cantidad de veces que late el corazón en un minuto (número de contracciones por minuto) y varía con la edad y también a lo largo del día y la noche y en respuesta a diversos estímulos. Así, la FC experimenta variaciones que se consideran normales, como cuando aumenta en respuesta a ciertas condiciones incluyendo el ejercicio, la temperatura corporal (incremento de unos 10 latidos por minuto por cada grado centígrado que aumenta la temperatura corporal), la posición del cuerpo (como ocurre durante un breve periodo de tiempo al incorporarse rápidamente), las emociones (como la ansiedad y la excitación), la respiración, etc.

La FC normal de un adulto en reposo es de 60-100 latidos por minuto. Algunos atletas bien entrenados pueden experimentar un descenso de su FC en reposo (debido al entrenamiento), siendo este entre 40 - 60 latidos por minuto. La taquicardia se refiere al incremento de la FC en reposo a más de 100 latidos por minuto y la bradicardia a una FC inferior a 60 latidos por minuto. Se debe recordar que, ante un aumento de la demanda de 02 por el organismo, el primer mecanismo compensatorio para aumentar dicho aporte de oxígeno a los tejidos es un aumento de la FC.

Como ya se ha visto, el marcapasos natural del corazón es el nódulo sinoauricular o sinusal (NSA), el cual se encuentra formado por células especiales que permiten crear el impulso eléctrico que da origen a una contracción del musculo del corazón y al bombeo de sangre. El NSA está ricamente inervado por fibras simpáticas (SNS) y parasimpáticas (SNP) pertenecientes al SNA.

En reposo hay una descarga parasimpática (vagal) constante y relativa poca descarga simpática. Esto se modifica según las necesidades del organismo. Por ej., al realizar ejercicio dinámico (andar en bicicleta, correr, nadar, etc.), se produce un aumento de las descargas simpáticas y una reducción de las parasimpáticas al corazón, lo que incrementa la FC y la contractilidad. Esto aumenta el GC, de modo que se incrementa el flujo de sangre pulmonar, la oxigenación y la perfusión tisular (irrigación sanguínea de los tejidos).

La FC tiene efecto sobre:

a) La precarga: Ya que cuando supera los 140 - 150 latidos por minuto se acorta mucho el tiempo de diástole (es decir el llenado del corazón) y por tanto esa disminución del volumen afecta la precarga.

b) La contractilidad: Cuando aumenta la FC, aumenta la contractilidad y cuando disminuye la FC, disminuye la contractilidad. Esto está relacionado con la acumulación y disponibilidad de Ca++ dentro de las fibras cardíacas, inducido por la FC.

La variación de la FC es el mecanismo más rápido de adaptación al ejercicio o a situaciones patológicas, pero tiene como inconvenientes, además de su limitación para frecuencias elevadas, el gran aumento del consumo energético por parte del corazón, y el hecho de que no puede mantenerse durante mucho tiempo.

Encontramos un resumen de lo arriba mencionado a continuación en el Cuadro Nro. 6:

MECANISMO	EFECTO SOBRE EL GC
Aumento del retorno venoso (precarga)	++
Aumento de la resistencia periférica (postcarga)	-
Aumento de la contractilidad	+
Aumento de la frecuencia	++

Cuadro Nro. 6: Aumento de los factores que determinan el GC
y su efecto sobre el mismo

En caso que los factores actúen de manera opuesta (descenso), el GC disminuirá.

4.5 LOS VASOS (LOS 'CONDUCTOS' O CONTINENTE) Y LA SANGRE (EL CONTENIDO) - CIRCULACIÓN

El análisis de la circulación también implica la aplicación de principios biofísicos y hemodinámicos (la hemodinamia estudia los principios que gobiernan el flujo sanguíneo en el sistema cardiovascular y que, en general, son los principios básicos que se aplican al movimiento de los fluidos).

***Hemodinámica** es la parte de la Biofísica que estudia el flujo de la sangre en el sistema circulatorio, basándose en los principios físicos de la dinámica de fluidos.*

Podemos decir que en el sistema cardiovascular se genera fuerza (por la contracción cardíaca) que determina un aumento de presión dentro de las cámaras para desplazar a un determinado volumen de sangre (fluido) fuera del corazón e impulsarlo, por diferencia de presiones existentes a lo largo del circuito, para que circule (desplazamiento del fluido) por todo el organismo a través de un sistema de vasos en el que habrá una cierta resistencia a esa circulación.

Tenemos entonces tres componentes básicos: Flujo (fluido que circula) – Presión (generada en el corazón) – Resistencia (a la circulación del flujo).

Para comprender la circulación, se debe entonces entender ciertos principios básicos y cuestiones en relación al fluido en movimiento (flujo):

- ¿Qué es un fluido y qué es el flujo?
- ¿Qué lo mueve y qué lo frena?

- ¿Cómo se distribuye?
- ¿Cómo se desplaza?
- ¿Cómo está compuesto?
- ¿Cuáles son sus relaciones con el continente (vasos)?
- ¿Cómo se regula?

A continuación, se tratará de dar respuestas a estas preguntas y establecer las relaciones que existen entre flujo (Q), presión (P) y resistencia (R).

Como advertencia hay que decir que la aplicación de las leyes de la dinámica de fluidos a la circulación sanguínea es complicada, pues las consideraciones hechas por los físicos difícilmente se cumplen (por ej. los vasos no son tubos rígidos, ni la sangre es un líquido no viscoso, etc.). Pero, a pesar de ello, estos principios siguen siendo particularmente útiles para aproximarse a explicar la circulación de la sangre.

4.5.1 FLUIDO – DEFINICIÓN, PROPIEDADES Y TIPOS

Un fluido, a diferencia de los sólidos, es todo cuerpo que tiene la propiedad de fluir y cede inmediatamente a cualquier fuerza tendiente a alterar su forma por lo que adopta la forma del recipiente que lo contiene. Los fluidos pueden ser líquidos o gases según la diferente intensidad de las fuerzas de cohesión existentes entre sus moléculas.

La mecánica de fluidos es la parte de la Física que estudia los fluidos y se divide en la estática de fluidos o hidrostática, que se ocupa de los fluidos en reposo o en equilibrio; y en la dinámica de fluidos o hidrodinámica, que trata de los fluidos en movimiento.

4.5.2 PROPIEDADES DE LOS FLUIDOS

Los fluidos tienen diferentes propiedades, algunas de las más importantes son:

Densidad

Es la relación entre la masa y el volumen (m/V). Un fluido más denso que otro tiene una masa mayor para el mismo volumen.

Tensión superficial

Es la fuerza de atracción que aparece entre las moléculas de la superficie de un líquido y que es mayor a las fuerzas de atracción entre las moléculas del interior. También se puede definir como la resistencia de un líquido a aumentar de superficie.

Viscosidad

Es una medida de la resistencia a la deformación de un fluido (por fricción interna de las moléculas del fluido). También la podemos considerar como la resistencia de los líquidos a fluir (el fluido ideal no tiene ninguna resistencia, pero los reales presentan menor o mayor resistencia, es decir viscosidad). Por ej. el aceite es más viscoso que el agua.

No hay que confundir densidad (relación entre masa y volumen) con viscosidad (resistencia a la deformación). La masa es la cantidad de materia de un cuerpo (que, atraído por la fuerza de la gravedad, tendrá un peso determinado, dependiendo de su masa). Por ejemplo, el aceite es más liviano (menos denso) que el agua, por eso flota en ella. Pero una gota de aceite cae más lentamente por un plano inclinado que una de agua, ya que el aceite es más viscoso que el agua.

La sangre no es un fluido homogéneo (es muchísimo más viscosa que el agua) y su viscosidad se incrementa a medida que la cantidad de células contenidas en ella aumenta (por ej. número de eritrocitos), así como cuando aumenta la cantidad de proteínas.

Una sangre más viscosa es más resistente al movimiento, lo cual implica que se requiere una mayor presión sanguínea para que esta se mueva a través de los vasos sanguíneos.

Compresibilidad

Es una medida de cuanto disminuye el volumen de la materia cuando ésta es sometida a presión o compresión. Los gases son altamente compresibles mientras que los líquidos son incompresibles.

Otra de las propiedades de los líquidos, es que **ejercen presión (P) sobre los cuerpos sumergidos en ellos o sobre las paredes del recipiente que los contiene.** Esta P se llama presión hidrostática.

4.5.3 TIPOS DE FLUIDOS

- **Fluidos newtonianos** (por ej. agua): **Su viscosidad es constante** y la deformación que presentan es lineal al esfuerzo.
- **Fluidos no newtonianos** (por ej. sangre, pintura o una solución de almidón en agua): **Su viscosidad no es constante**, sino que varía con la temperatura o con la fuerza aplicada al mismo (la viscosidad puede disminuir o aumentar según el tipo de fluido que es influenciado por estos factores). Tales como:
  - Sangre o pintura: estos fluidos disminuyen su viscosidad con la aplicación de fuerza. Por ejemplo, si se va a pintar, se revuelve la pintura

con fuerza para que se vuelva más fluida (disminuyendo su viscosidad) y resulte más fácil pintar.

- Arenas movedizas o una solución de almidón en agua: a la inversa de los anteriores, estos fluidos aumentan su viscosidad con la aplicación de fuerza.

4.5.4 FLUJO (CAUDAL O GASTO)

- **Flujo (Q):** Movimiento de un fluido.
- **Caudal (o gasto):** Volumen de líquido que fluye (es decir que pasa por una sección transversal) en un determinado tiempo. Recordemos que el Q sanguíneo es el volumen de sangre que fluye a través de cualquier tejido por unidad de tiempo (ml/minuto). El flujo sanguíneo total es el GC.

Si bien estrictamente flujo y caudal no son lo mismo, en muchos casos se usan como sinónimos y así los usaremos de aquí en adelante salvo que se especifique la diferencia.

Analizaremos ahora brevemente algunos puntos básicos esenciales en relaciónala **circulación del Q sanguíneo.**

4.5.5 RELACIONES ENTRE ÁREA DE SECCIÓN, VELOCIDAD Y PRESIÓN

1. ÁREA DE SECCIÓN DE LOS VASOS:

Si todos los vasos sistémicos de cada tipo se pusieran uno al lado del otro, la superficie transversal (área de sección) total aproximada para un ser humano medio sería la siguiente (Cuadro 7):

VASO	SUPERFICIE TRANSVERSAL (CM3)
Aorta	2,5
Pequeñas arterias	20
Arteriolas	40
Capilares	2,500
Vénulas	250
Pequeñas venas	80
Venas cavas	8

Cuadro Nro. 7: Vasos sanguíneos y área de sección (superficie transversal)

Así, se puede ver que la superficie transversal (área de sección) es enorme a nivel capilar y también mucho mayor en las venas que de las arterias.

2. ECUACIÓN DE CONTINUIDAD DE LA MASA:

El Q que entra en un conducto (por ej. la aorta) en un intervalo de tiempo debe ser igual al que lo abandona en ese mismo intervalo. Por tanto, el Q (ml/min) que fluye por el árbol circulatorio debe ser igual en cualquier punto del circuito. Esto es similar a decir que la cantidad de fluido que sale de la aorta (5 l/min) y entra al circuito, es igual a la cantidad de fluido que sale del mismo y entra a la aurícula derecha (5 l/min).

Como debe pasar el mismo volumen de Q sanguíneo a través de cada segmento de la circulación en cada minuto, la velocidad (v) del Q es inversamente proporcional a la superficie transversal vascular (A).

$$V = \frac{Q}{A}$$

Por tanto, las **variaciones de sección transversal producen cambios inversos proporcionales en la velocidad para así mantener el Q constante** (por ej. a mayor área, menor velocidad para el mismo Q). Si se relaciona esto con lo anterior (área de sección de los vasos), se entiende que la velocidad del Q sanguíneo será muy alta en la aorta (área más pequeña) y muy baja en los capilares (área más grande).

3. ECUACIÓN DE CONSERVACIÓN DE LA ENERGÍA (PRINCIPIO DE BERNOUILLE):

Para un fluido ideal, a lo largo de un conducto cerrado, la energía permanece constante.

Para mantener un líquido real en circulación se necesita realizar un cierto trabajo (con gasto de energía). La energía total de un líquido en movimiento presenta tres componentes:

1) La resultante de un trabajo realizado sobre el sistema (por ej. el trabajo cardiaco), que se manifestara en la P lateral sobre las paredes del tubo (energía de P lateral, Epl),
2) la energía potencial gravitatoria (Eg), que dependerá de la altura de la columna líquida con respecto a un plano de referencia, y
3) la energía cinética (Ec) representada por la velocidad del líquido considerado.

Así, el principio de conservación de la energía (E) exige que:

Epl + Eg + Ec = E total constante

Se observa entonces que, si el resultado de la suma debe permanecer constante (E total constante), cuando aumente uno de sus términos la suma de los otros debe disminuir en la misma magnitud.

En un fluido real (como la sangre) se agrega un cuarto término que expresa la pérdida energética por roce interno (viscosidad); su flujo es disipativo (se va perdiendo energía a medida que la sangre avanza por el sistema circulatorio debido al rozamiento).

4. APLICACIÓN DE LOS CONCEPTOS VISTOS EN RELACIÓN AL Q SANGUÍNEO

- Si se relaciona el área de sección de los vasos del árbol vascular con la ley de ecuación de la masa podemos decir que la velocidad de la sangre disminuye desde el corazón hacia los capilares, ya quela sección total del lecho vascular aumenta y luego la velocidad aumenta desde los capilares hasta la aurícula derecha, ya que la sección total disminuye.
- Basado en lo anterior, y complementando con la ecuación de la conservación de la energía, podemos decir que la disminución de velocidad (energía cinética) en un vaso se corresponde con un aumento de la P (energía de P lateral) y viceversa. Es decir, como aumenta la energía que se necesita para mover la sangre a más velocidad (aumento de energía cinética) hay menos energía disponible para empujar la pared del vaso (disminución de la energía de P lateral). Como dijimos, esto se debe a que estas formas de energía son interconvertibles.

Podemos apreciar en resumen las relaciones de la circulación del Q con el área, la velocidad y la P en el Cuadro 8 y la Figura Nro. 40 a continuación:

ÁREAS DE SECCIÓN	VELOCIDAD	PRESIÓN LATERAL
⇧	⇩	⇧
⇩	⇧	⇩

Cuadro Nro.8: Relaciones entre flujo circulatorio y área, velocidad y presión (⇧ Aumento ⇩ Disminución). Cuando aumenta el área de sección, disminuye la velocidad del flujo y aumenta la presión lateral. Lo opuesto ocurre cuando disminuye el área de sección.

En resumen: **Relaciones de la circulación del Q con el área, la velocidad y la P** (Cuadro 8 y Figura Nro. 40):

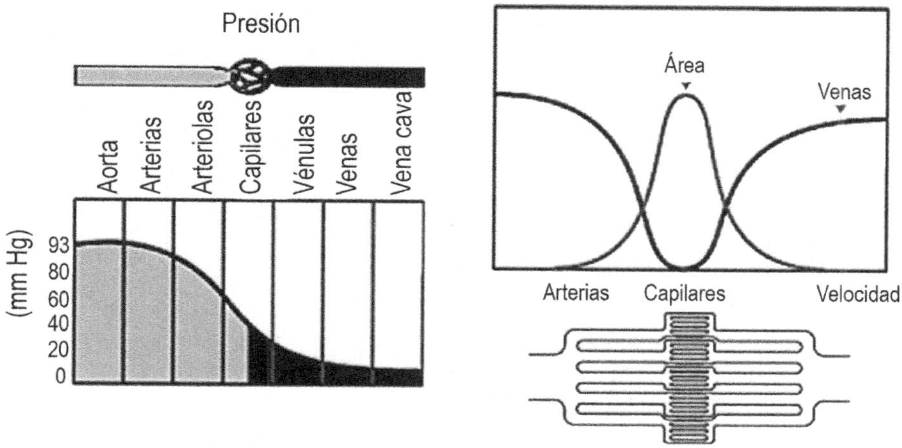

Figura Nro. 40: Relaciones de la circulación del Flujo (Q) con el área, la presión y la velocidad.

4.5.6 FLUJO LAMINAR (NO TURBULENTO) Y TURBULENTO- Nº DE REYNOLDS

En las arterias y venas normales, el patrón del Q sanguíneo se describe como un Q laminar, en el quela sangre fluye en una serie de capas paralelas (perfil parabólico), desplazándose unas sobre otras a distintas velocidades (por fricción entre las capas adyacentes), de modo que las situadas en el centro lo hacen más rápido que las situadas a nivel de la pared del vaso (ver Figura 41) que se moverán más lentamente debido a su rozamiento con el endotelio.

El régimen laminar se mantiene únicamente hasta ciertos límites de velocidad, a partir de los cuales el líquido no se desliza en forma de láminas paralelas, sino que éstas se entrecruzan formando remolinos con las partículas del líquido desplazando se en todas las direcciones. En este caso se dice que el regímenes 'turbulento'. El punto en el cual se produce el cambio de régimen laminar a turbulento viene definido por el número de Reynolds (NR), que responde a una fórmula matemática que contempla la velocidad del Q, la densidad, el diámetro del vaso y la viscosidad.

En la sangre se considera que el NR para alcanzar dicha velocidad crítica es de 2.000, lo cual sólo tiene lugar de forma fisiológica durante la sístole en la aorta ascendente y a la salida de algunas bifurcaciones, así como de forma patológica a la salida de una estenosis (estrechamiento patológico de la luz de un vaso).Las influencias más notables sobre el NR son los cambios en la viscosidad de la sangre y en la velocidad del Q sanguíneo. Dado que se consume más energía para impulsar la sangre en un Q turbulento, se necesita más energía (presión) en este tipo de Q que un Q sanguíneo laminar.

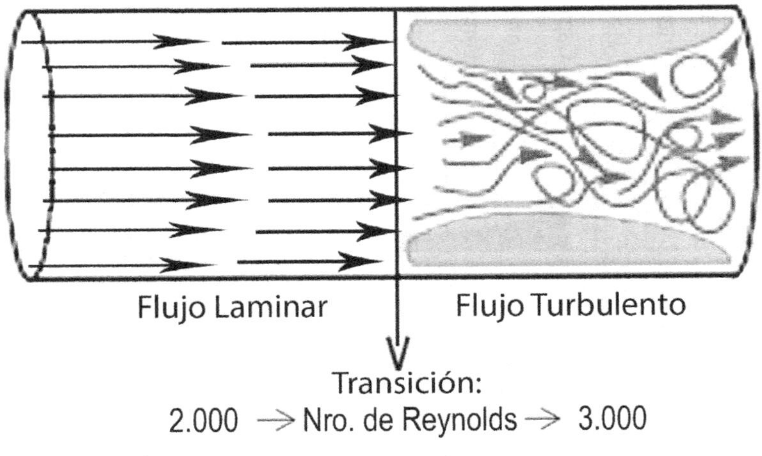

Figura Nro. 41 Esquema del Flujo laminar (no turbulento) y el turbulento

4.5.7 DISTRIBUCIÓN DEL VOLUMEN SANGUÍNEO Y DEL FLUJO (REDISTRIBUCIÓN)

Si bien se ha explicado que el Q se mantiene constante en todos los puntos del circuito, el **volumen total de sangre (volemia)** está desigualmente distribuido en el cuerpo debido a las particularidades de los distintos vasos ya descriptas (capacitancia predominantemente en las venas y elastancia en las arterias). Por ejemplo, aproximadamente el 84%de todo el volumen de sangre del organismo se encuentra en la circulación sistémica y el 16% en el corazón y los pulmones. Del 84% que está en la circulación sistémica, el 64% está en las venas, el13% en las arterias y el 7% en las arteriolas y capilares sistémicos. El corazón contiene el 7% de la sangre y los vasos pulmonares, el 9% (Cuadro 9).

VOLEMIA TOTAL (5 L)				
CIRCULACIÓN SISTÉMICA			CORAZÓN Y PULMONES	
4,200 ml (84%)			800 ml (16%)	
VENAS Y VÉNULAS	ARTERIAS	ARTERIOLAS Y CAPILARES	CORAZÓN	PULMONES
3,200 ml (64%)	650 ml (13%)	350 ml (7%)	350 ml (7%)	450 ml (9%)

Cuadro Nro. 9: Distribución del volumen sanguíneo

Nótese que el sistema venoso contiene la mayor parte de la sangre y funciona como un reservorio a partir del cual puede agregarse más sangre a la circulación en condiciones de necesidad (como el ejercicio).

A su vez, el Q que recibe cada órgano también es desigual **(redistribución del Q)** (Figura 42).

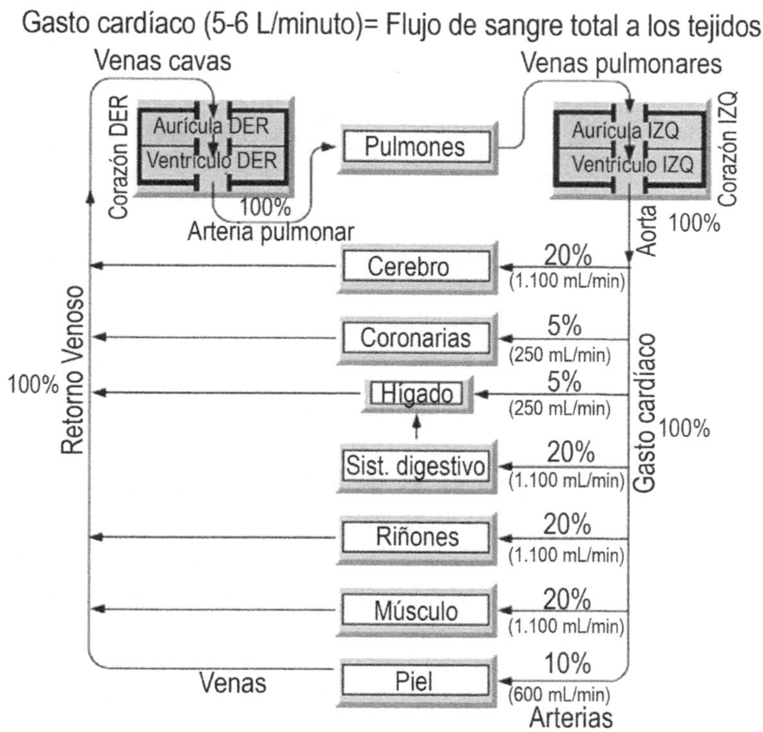

Figura Nro. 42 Esquema de la distribución del volumen sanguíneo y del flujo (redistribución)

En la Figura 42 puede verse que la cantidad de sangre que penetra en el tubo es igual a la que sale. Esto es así en todos los sectores del sistema circulatorio; el Q de cada una de las columnas verticales es idéntico (100%) pero hay una redistribución a los diferentes segmentos (según necesidades de cada órgano). Es decir, el Q puede ser mayor en un conducto circulatorio horizontal que en otro también horizontal, pero el flujo de la columna vertical es idéntico (100%): éste es el principio de la redistribución. Este simple principio es fundamental en fisiología vascular.

La distribución de los Q se efectúa de forma paralela ya que, con pocas excepciones (como el Q sanguíneo en la circulación renal, véase Figura 43), el Q sanguíneo arterial está en paralelo (uno al lado del otro) más que en serie (uno detrás del otro). La sangre arterial por lo general no fluye desde un órgano hacia otro.

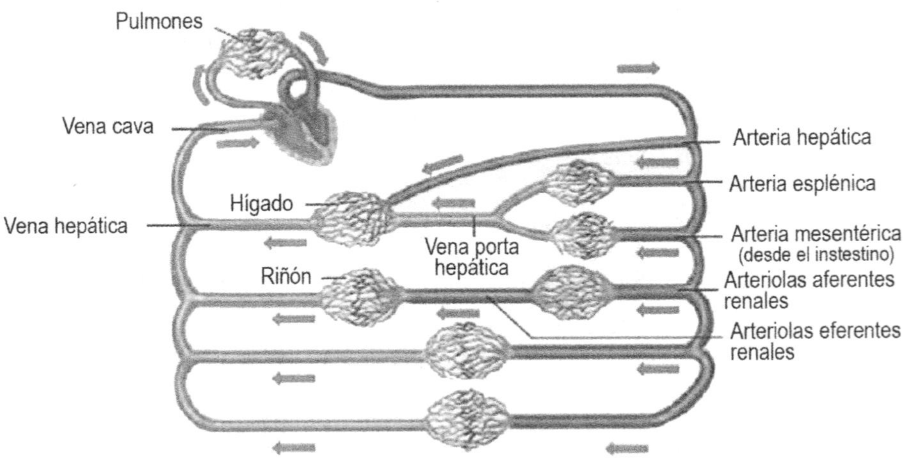

Figura Nro. 43: Flujo sanguíneo orgánico en serie y en paralelo

4.5.8 RELACIONES ENTRE Q, P Y RESISTENCIA (R)

Para que exista Q a lo largo de un tubo, se necesita una diferencia de P entre sus extremos. En el caso del sistema cardiocirculatorio esta diferencia de P la generará la bomba impulsora (corazón), para que circule el fluido (sangre) a través del sistema (vasos).

El líquido se desplazará de la zona de mayor P a la de menor P. La diferencia de P, o gradienteP1 - P2, debe ser suficiente para vencer las resistencias(R) dadas por las características de dicho líquido y las que opone el propio tubo.

Esta diferencia de P (el término 'diferencia de P' se abrevia 'ΔP', donde la letra griega Δ (delta) significa "cambio en") se denomina en el sistema circulatorio **P efectiva, diferencial** o de perfusión.

Por tanto, el Q depende de forma directa de la diferencia de P y en forma inversa de la R que se le opone. Por tanto, si unimos todos estos componentes del sistema, tenemos los tres parámetros que determinarla circulación de los fluidos en la hidrodinámica y que se relacionan por una ecuación muy simple:

$$Q = \frac{\Delta P}{R}$$

Donde: ΔP es la diferencia de P entre el comienzo y final del sistema, R es la resistencia que ofrece el sistema a que circule el fluido y Q es el flujo o caudal, es decir, la cantidad de fluido que circula por el sistema en la unidad de tiempo (Figura 44).

Esta ecuación, es la **Ley o Ecuación de Darcy** (algunos autores la nombran como Ley o **Ecuación de Ohm**, ya que es similar a la de la conducción eléctrica).

Por lo tanto, **los dos factores que controlan el Q** (ml/min) son:

1) la ΔP (mmHg) (nótese que no es la P absoluta sino la **diferencia o gradiente de P** entre los extremos del circuito)
2) la R (mmHg/ml/min)

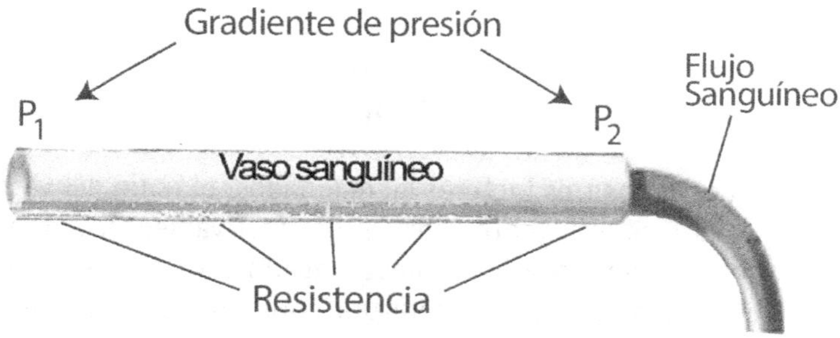

Figura Nro. 44: Relaciones entre flujo (Q), presión (P) y resistencia (R)

A partir de la ecuación de Darcy, por lógica pueden extraerse sus derivadas: $R = Q \times R$ y $R = \Delta P / Q$.

Resistencia

Si en la ecuación de Darcy se quiere ahora analizar de que factores depende la R se verá que hay tres factores fundamentales que influyen sobre ella:

1) Longitud (del conducto)
2) Viscosidad (del fluido)
3) Radio (del conducto)

Estos factores se relacionan por la ecuación de Hagen – Poiseuille (o simplemente ecuación de Poiseuille), que es una ecuación hemodinámica fundamental que establece que:

$$R = \frac{8 \times l \times \eta}{\pi \times r^4}$$

Donde:
l, longitud del vaso
η, viscosidad (coeficiente de viscosidad).
r^4, radio del vaso a la cuarta potencia.
(8 y π son constantes de proporcionalidad)

Es decir, la **R es directamente proporcional a la longitud del vaso y a la viscosidad, e inversamente proporcional al radio del vaso a la cuarta potencia.**

Si ahora reacomodamos la ecuación de Darcy, reemplazando R por sus términos en la ecuación de Poiseuille, la fórmula queda de la siguiente manera:

$$Q = \frac{\pi \times r^4 \times \Delta P}{8 \times l \times \eta}$$

Debe notarse que, de los tres factores mencionados, el radio del vaso a la cuarta potencia es el más influyente sobre el Q. Efectivamente, la longitud del vaso no se modifica, la viscosidad puede hacerlo (por ej. ante cambios en el número de eritrocitos o la temperatura corporal), pero por lejos el factor más relevante es el radio del vaso a la cuarta potencia (pequeños cambios en el radio producen grandes cambios en el Q).

Por ejemplo, si un vaso tiene la mitad del radio de otro, y si todos los otros factores son iguales, el vaso de menor calibre tendrá 16 veces (2^4) la resistencia del vaso de mayor calibre. Como resultado, el flujo de sangre a través del vaso de mayor calibre será 16 veces mayor que el vaso de menor calibre (Figura 45).

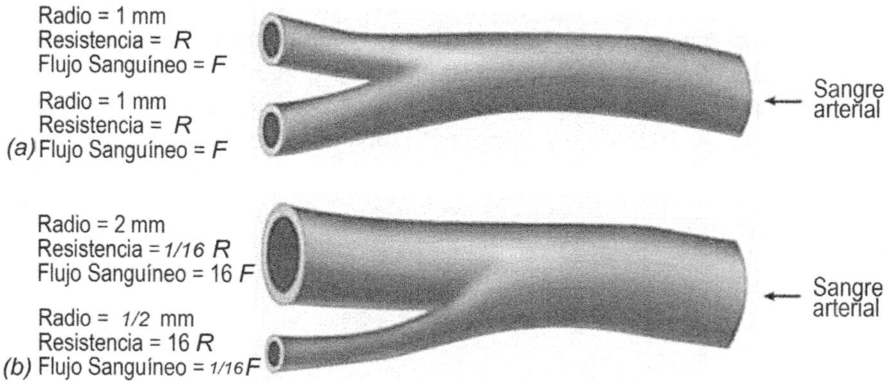

Figura Nro. 45 Relación entre el flujo de sangre y el radio del vaso sanguíneo (grado de resistencia)

Así, en la Figura 45 puede verse que, en el caso a) la resistencia y el Q sanguíneo están divididos por igual entre las dos ramas de un vaso, mientras que enb) la duplicación del radio de una de sus ramas produce un incremento de 16 veces del Q sanguíneo y la reducción a la mitad del radio de la otra produce una disminución de 16 veces del Q sanguíneo.

¿Cuál es la implicancia principal de esta relación entre el Q y el r4 de los vasos? Que constituye **el mecanismo principal para la modificación del Q sanguíneo en el sistema cardiovascular, basándose en la variación de la resistencia de los vasos sanguíneos, y en particular de las arteriolas.**

El mecanismo principal para la modificación del Q sanguíneo en el sistema cardiovascular es la variación de la R de los vasos sanguíneos, particularmente de las arteriolas.

Efectivamente, en la circulación sistémica, aproximadamente dos tercios de toda la resistencia al Q sanguíneo se debe a la R arteriolar en las pequeñas arteriolas. Los diámetros internos de las arteriolas varían por acción (contracción o relajación) de sus fuertes paredes vasculares, haciendo posible que las arteriolas, que responden con solo pequeños cambios del diámetro a las señales nerviosas o químicas de los tejidos locales (regulación), puedan hacer casi desaparecer completamente el Q sanguíneo hacia un tejido (por vasoconstricción) o aumentarlo enormemente (por vasodilatación) al modificar el radio y por tanto la R al Q.

La R de la totalidad de la vasculatura sistémica se denomina **R periférica total (RPT)** o **R vascular sistémica (RVS)**, en contraposición a la **R en un órgano** concreto que alude a la R al Q en un órgano determinado.

Dentro de la comprensión de lo que es la R vascular debe agregarse un concepto más: el de la **conductancia (C)**. Así como la R es el grado de impedimento u obstáculo para la circulación, la C es lo opuesto: el grado de facilidad para dicha circulación. Es evidente entonces que la C es el reciproco exacto de la R, según la ecuación:

$$C = \frac{1}{R}$$

RESISTENCIAS EN SERIE Y EN PARALELO

La **resistencia total** ofrecida por una serie de vasos sanguíneos depende también de si los vasos están dispuestos en serie (es decir, la sangre fluye secuencialmente desde un vaso hasta el siguiente) o en paralelo (es decir, el Q sanguíneo total se distribuye simultáneamente entre vasos paralelos), o sea, al igual que las posibilidades de disposición de resistencias en un circuito eléctrico (Figura 46).

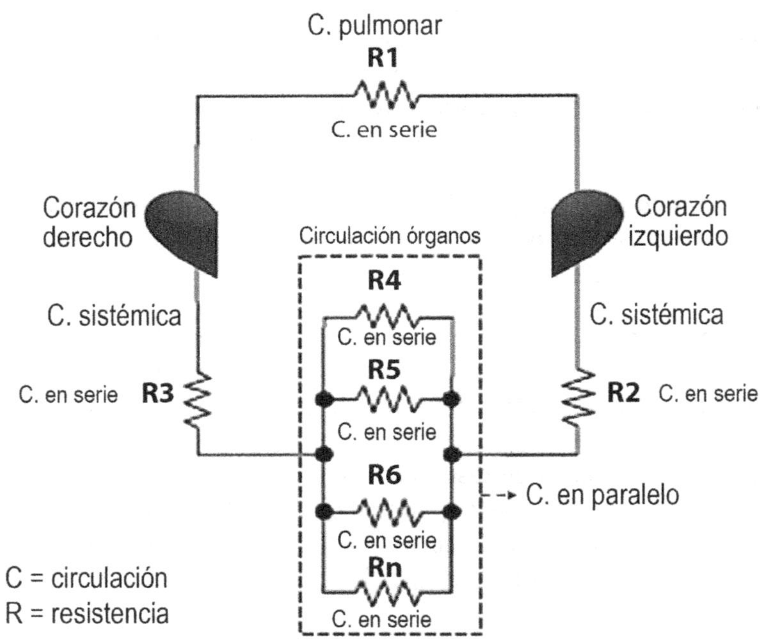

Figura Nro. 46 Resistencias vasculares en serie y en paralelo

La **resistencia en serie** (Figuras 46 y 47) está representada por la **disposición de los vasos sanguíneos en el interior de un órgano concreto.** Cada órgano está irrigado por sangre procedente de una arteria mayor y drenado por una vena mayor. Dentro de cada uno de ellos, la sangre fluye desde la arteria mayor hasta arterias más pequeñas, arteriolas, capilares, vénulas y venas. **La resistencia total (Rt)** de un sistema dispuesto en serie es igual a la **suma de las resistencias individuales** (siendo la R arteriolar la mayor):

R total = R arteria + R arteriolas + R capilares + R vénulas + R vena

Cuando las resistencias se disponen en serie, el **Q total a través de cada nivel del sistema es el mismo y la P disminuye progresivamente** a medida que la sangre fluye a través de cada componente secuencial.

La **resistencia en paralelo** (Figuras 47 y 48) está representada por **la distribución del flujo sanguíneo entre las diferentes arterias mayores** que se ramifican desde la aorta. Recuérdese que el GC fluye a través de la aorta y que, a continuación, se distribuye en porcentajes entre los diferentes sistemas orgánicos. Así, hay un Q sanguíneo simultáneo y en paralelo a través de cada una de las circulaciones (p. ej., renal, cerebral y coronaria). El Q de salida venoso procedente de los órganos es recogido a continuación en la vena cava y de vuelta al corazón. Como se muestra en la ecuación siguiente, la **resistencia total en una disposición en paralelo es menor que cualquiera de las resistencias individuales** (los subíndices 1, 2, 3 y siguientes hacen referencia a las circulaciones cerebral, coronaria, renal, gastrointestinal, del músculo esquelético y cutáneas).

$$\frac{1}{R\,Total} = \frac{1}{R1} + \frac{1}{R2} + \frac{1}{R3} + \frac{1}{R4} + \frac{1}{R5} + \frac{1}{R6}$$

Nótese que, como **1/R es por definición la conductancia (C),** para resistencias en paralelo, el cálculo también puede considerarse como la suma de las conductancias (Ct = C1 + C2 + C3...).

Cuando el Q sanguíneo se distribuye a través de una serie de resistencias en paralelo, **el Q a través de cada órgano es una fracción del flujo sanguíneo total.** Los efectos de esta disposición son que **no hay una pérdida de P en las arterias principales** y que la P media en cada una de estas arterias principales será aproximadamente la misma que la P media en la aorta.

En la disposición de R en paralelo la Rt disminuye porque es como si se aumentara el área total de sección (si sumamos el total del área de todos los vasos en paralelo es mayor que el área del vaso previo), es decir, es como pasar de un vaso a otro de mayor diámetro, con lo que la R disminuye.

RESISTENCIAS EN SERIE

$$R_{total} = R_1 + R_2 + R_3 + R_4 + R_5$$

RESISTENCIAS EN PARALELO

$$\frac{1}{R_{total}} = \frac{1}{R_1} + \frac{1}{R_2} + \frac{1}{R_3} + \frac{1}{R_4} + \frac{1}{R_5} + \frac{1}{R_6}$$

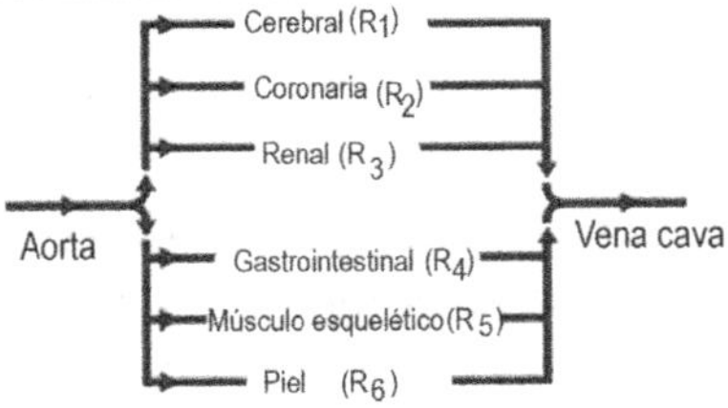

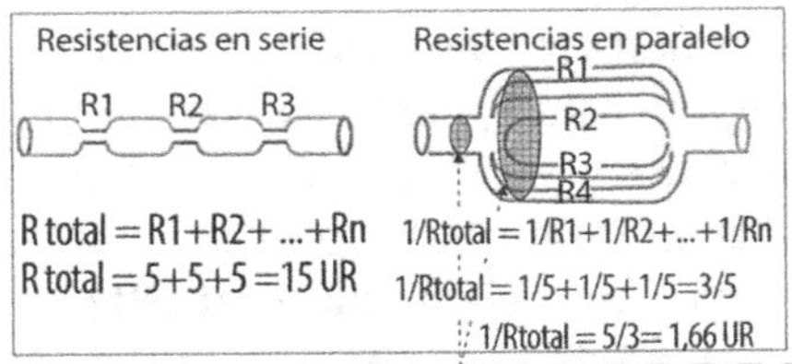

La disposición en paralelo aumenta el área total de sección, lo cual disminuye la R.

Figuras Nro. 47 / 48: Valor de resistencia total según la disposición vascular (serie o paralelo)

UR: unidad de resistencia (es la resistencia que produce una caída de 1 mmHg cuando el Q es de 1 mL/min).

IMPORTANCIA DEL SISTEMA DE R EN PARALELO
Posibilita regular el Q sanguíneo a diferentes órganos de manera individual.

Esto permite entender, por ej., por qué durante el ejercicio el Q sanguíneo puede aumentarse en los músculos y disminuirse en los órganos (redistribución del Q)

4.6 MICROCIRCULACIÓN (CIRCULACIÓN CAPILAR)

La 'Microcirculación' se refiere a las funciones de los vasos sanguíneos más pequeños, los capilares y los vasos linfáticos vecinos. El aporte de sangre hasta y desde los capilares es vital porque son el lugar de intercambio de nutrientes, productos de desecho y gases (O2 y CO2) en los tejidos. Son además el lugar donde se produce el intercambio de líquido entre los compartimentos vascular e intersticial.

Así, la sangre es transportada hasta los lechos capilares a través de las arteriolas. Los capilares a su vez desembocan en las vénulas, que transportan sangre desde los tejidos hasta las venas.

El grado de constricción y relajación de las arteriolas afecta notablemente al Q sanguíneo que llega hasta los capilares (aparte de determinar la RPT).

Los capilares se ramifican a partir de las meta arteriolas y una banda de músculo liso denominada esfínter precapilar se ubica al comienzo de los vasos capilares. Los esfínteres precapilares actúan como 'interruptores'. Al abrirse o cerrarse, estos interruptores determinan el Q sanguíneo que llega hasta el lecho capilar.

4.6.1 TIPOS DE CAPILARES

Como ya se ha dicho, la estructura básica de los capilares es una pared delgada que consta de una única capa de células endoteliales. Las células endoteliales presentan espacios intercelulares entre ellas por los que pueden pasar sustancias susceptibles de intercambio. El número y tamaño de estos canales, poros o fenestraciones es muy variable y depende del tipo de capilares analizado. Según la forma y la cantidad de estos poros, los capilares se clasifican en:

- **Capilares continuos**: Son los más abundantes, presentes en muchos lechos vasculares. Presentan uniones estrechas abundantes. Sus células, firmemente adosadas entre sí, apenas dejan espacios entre ellas, y hacen que la zona sea prácticamente impermeable.
- **Capilares fenestrados**: La presencia de ventanas o fenestraciones ('finestra' del italiano: ventana) es su rasgo más característico. Estos poros pueden estar obturados o no por un diafragma. A través de estos capilares pasan sustancias de mayor peso molecular que las que lo hacen a través de los capilares continuos.
- **Capilares discontinuos o sinusoides:** En este tipo de capilares, la pared está completamente interrumpida, dejando grandes espacios entre las células endoteliales.

4.6.2 INTERCAMBIO DE SUSTANCIAS A TRAVÉS DE LA PARED CAPILAR (INTERCAMBIO TRANSCAPILAR)

El movimiento de agua, solutos y gases (O2, CO2, N2) a través de las paredes capilares involucra los siguientes mecanismos:

1. DIFUSIÓN

La **difusión simple** (también llamada transporte pasivo) es el mecanismo más importante y se define como el movimiento de moléculas de una región de alta concentración a una de baja concentración producida por la energía cinética (de movimiento) de las moléculas. Los factores determinantes de la difusión a través de una membrana (ley de Fick) involucran el gradiente de concentración de la sustancia a uno y otro lado de la membrana (en el caso de gases será la diferencia de P parcial), la solubilidad de la sustancia, el espesor de la membrana y el área de intercambio. La ósmosis se considera un caso especial de difusión de solvente (agua) cuando algunos solutos no pueden pasar a través de una membrana o lo hacen con gran dificultad (lentamente).

Así, la difusión simple puede darse a través de:

a) **Difusión libre:** Es la que se produce a través de toda la superficie de la pared capilar, por vía transcelular (es decir a través de las membranas lipídicas). Es propia de sustancias liposolubles, como los gases respiratorios (O2 y CO2) que se disuelven en la bicapa lipídica y se desplazan libremente entre la sangre y los tejidos a favor de gradiente de concentración o de P parcial de gases.

b) **Difusión restringida:** Está limitada a hendiduras acuosas, o sea 'poros' entre las células endoteliales (vía **paracelular**).

El área superficial disponible para la difusión restringida es mucho menor en comparación con la difusión libre; sólo representa un 1% de la superficie total. La difusión restringida o paracelular es propia de **sustancias hidrosolubles**, como **iones (Ca++, Na+, Cl-, etc.), glucosa, lactato, aminoácidos, agua, urea, etc.**, que pasan fácilmente por estos 'poros' pero no pueden atravesar (o lo hacen muy lentamente) la bicapa lipídica de las membranas celulares. Los poros son principalmente estrechos canales de 4-5 nm de diámetro, con una pequeña minoría de poros grandes de 50-500 nm.

Por tanto, es importante la relación entre el tamaño de la molécula y el diámetro del poro; por ejemplo, grandes moléculas como la albúmina tienen muy restringido su paso y no son capaces de atravesarlos en los capilares de pared continua, aunque sí en los capilares fenestrados, como los hepáticos, donde la presencia de fenestraciones permite incluso el paso de proteínas, a excepción de las más grandes.

2. FILTRACIÓN (Y REABSORCIÓN)

El **intercambio de líquidos**, entre el plasma y el fluido intersticial, se produce mediante **filtración y reabsorción.** Cuando el movimiento de líquido es hacia fuera del capilar se conoce como filtración y cuando es hacia el interior, como reabsorción.

Este intercambio de líquidos a través de la pared capilar se produce por ósmosis impulsada por las **presiones hidrostáticas y osmóticas** que, en conjunto, se denominan presiones **o fuerzas de Starling** (ver luego).

3. PINOCITOSIS (TRANSPORTE VESICULAR)

El último mecanismo de intercambio entre capilares y tejidos, que tiene importancia para **moléculas hidrosolubles de alto peso molecular** (ejemplo **proteínas, hormonas peptídicas como la insulina, anticuerpos,** etc.), es la pinocitosis. Aquí el transporte se realiza mediante vesículas que atraviesan las células endoteliales. (Figura 49)

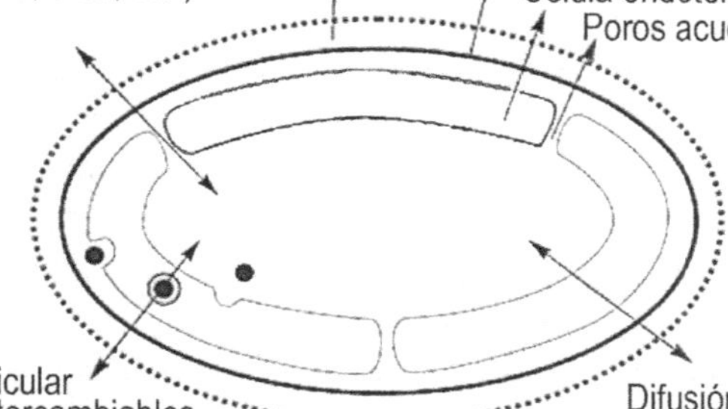

Figura Nro. 49 Intercambio de sustancias a través de la pared capilar

4.6.3 INTERCAMBIO DE LÍQUIDOS A TRAVÉS DE LOS CAPILARES

Cuando se evalúa el intercambio de líquidos en la microcirculación, deben considerarse dos compartimentos. El compartimento intravascular (capilar) y el compartimento intersticial (tisular) (los dos componentes del líquido extracelular). El líquido se mueve entre el compartimento intravascular de los capilares y el espacio intersticial que rodea a estos vasos.

Como se dijo anteriormente, este intercambio de líquidos a través de la pared capilar se produce por ósmosis impulsada por las **presiones hidrostáticas y osmóticas** que, en conjunto, se denominan presiones o **fuerzas de Starling.**

En 1896, Ernest Starling propuso que la dirección (o sea hacia afuera – filtración – o hacia adentro – reabsorción -) y la magnitud del intercambio de materiales a través de la membrana capilar estaba determinada por los valores de:

a) La presión hidrostática en el capilar (Pc) y en el líquido intersticial (Pi).
b) La presión osmótica de las proteínas del plasma (πc) y del líquido intersticial (πi). La presión osmótica de las proteínas se denomina presión oncótica o coloidosmótica.
c) La permeabilidad de la membrana capilar al agua, llamada conductancia hidráulica (Kf).
   - **Conductancia hidráulica (Kf).** Es la permeabilidad al agua de la pared capilar. Varía entre los diferentes tipos de tejidos según las características anatómicas de la pared capilar (p. ej., el tamaño de las hendiduras entre las células endoteliales; si los capilares están fenestrados).Por tanto, Kf define la magnitud del movimiento de líquido para una diferencia de presión dada.
   - **La P hidrostática capilar (Pc)** en el interior de los capilares tiende a expulsar el agua, y las sustancias disueltas en ella, fuera del capilar (es la fuerza que hace el líquido dentro de los vasos) o sea, es una fuerza que favorece la filtración. El valor de la Pc está determinado por las presiones arterial y venosa, y (salvo en los capilares glomerulares) la Pc disminuye a lo largo del trayecto del capilar debido a la filtración de líquido. Por dicho motivo, la Pc es máxima en el extreme arteriolar y mínima en el extremo venoso del capilar.
   - **Presión hidrostática intersticial** (Pi) es una fuerza que se opone a la filtración. Normalmente, la Pi es prácticamente nula o puede ser ligeramente negativa.
   - **Presión oncótica capilar (Pc)** es ejercida por las proteínas plasmáticas (proteínas de la sangre) y es una fuerza que se opone a la filtración. Es decir, la P oncótica ejercida por las proteínas plasmáticas tiende a retener agua dentro del capilar (las proteínas 'atraen' agua).
   - **Presión oncótica intersticial** (πi), es ejercida por las proteínas del líquido intersticial y es una fuerza que favorece a la filtración. Es decir, la P oncótica ejercida por las proteínas intersticiales tiende a retener agua en el intersticio. La πi es bastante baja porque, a diferencia del plasma donde están las proteínas plasmáticas (que no filtran al intersticio), casi no hay proteínas en el líquido intersticial.

El sentido y velocidad de este intercambio de líquido a través de la pared capilar depende entonces del balance neto entre las fuerzas arriba expresadas (es decir la diferencia entre las que 'empujan' hacia afuera del capilar – filtración – y aquéllas que 'empujan' hacia adentro – reabsorción –) (Figura 50). La ecuación de Starling establece que el flujo de líquido a través de la pared capilar viene determinado por la presión neta a través de ésta, a través de la fórmula (simplificada):

$$Jv = Kf\,[(Pc - Pi) - (\pi c - \pi i)]$$

Donde:
Jv: movimiento de líquido (ml/min)
Kf: conductancia hidráulica (ml/min x mmHg)
Pc: P hidrostática capilar (mmHg)
Pi: P hidrostática intersticial (mmHg)
πc: P oncótica capilar (mmHg)
πi: P oncótica intersticial (mmHg)

El hecho de que la P neta de reabsorción (- 5 mmHg) sea inferior a la P neta de filtración (+ 6 mmHg), implica que tan solo el 90% del líquido que difunde desde los capilares se reabsorbe; el 10% restante permanece en el tejido intersticial y debe ser eliminado por el sistema linfático. Teniendo en cuenta que la velocidad de filtración en todos los capilares del organismo es de 14 ml/min (20 l/día) y que la velocidad de reabsorción es de 18 l/día, unos 2 l de líquido intersticial deben ser drenados diariamente hacia la circulación sanguínea a través del sistema linfático.

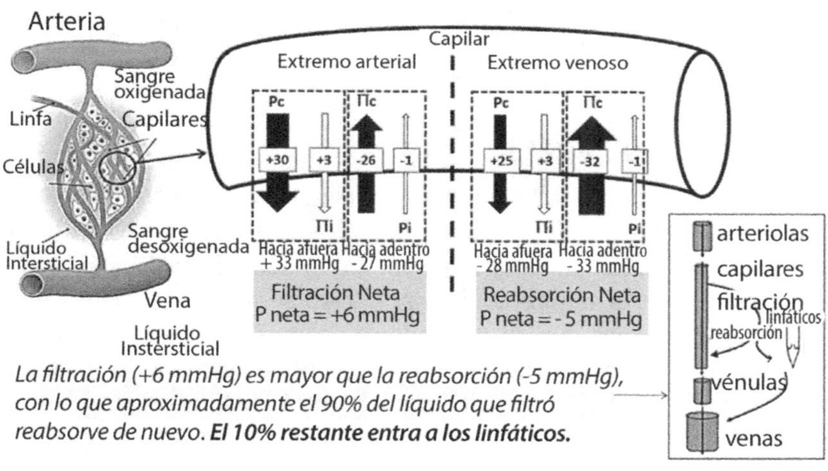

Figura Nro. 50: Intercambio de líquidos a través de los capilares

4.6.4 LINFÁTICOS

El **sistema linfático** se encarga de devolver el líquido intersticial y la pequeña porción de proteínas extravasadas al torrente circulatorio. Los capilares linfáticos están muy cerca de los capilares, en el líquido intersticial.

Éstos están provistos de válvulas, que permiten al líquido intersticial y proteínas entrar, pero ya no pueden salir.

Los capilares linfáticos se unen y forman vasos linfáticos de mayor diámetro, terminando en un vaso linfático mayor, el **conducto torácico**, que **vacía la linfa en las grandes venas.** El flujo linfático de retorno al conducto torácico está favorecido por la contracción de la musculatura lisa que forma parte de la pared de los capilares linfáticos y por la contracción del músculo esquelético que lo rodea.

En situaciones anómalas puede producirse un **edema**, que es el **aumento del volumen de líquido intersticial.** Esto ocurre cuando la filtración excede de la capacidad de los capilares linfáticos para devolverlo a la circulación. También puede deberse a la obstrucción o extirpación de los vasos linfáticos, entre otras causas.

4.7 PRESIONES EN EL SISTEMA CARDIOVASCULAR

Como hemos expresado previamente, el movimiento de la sangre dentro del sistema vascular se produce merced a la generación de un gradiente de presión (P) que permite el flujo (Q) desde el sector de mayor P al de menor P. Así, la bomba impulsora del Q sanguíneo es el corazón, donde cada latido representa la contracción ventricular (sístole), alternando con un período de reposo (diástole).

4.7.1 PULSO ARTERIAL

Como el corazón es una bomba pulsátil (se alternan contracción y relajación o sístole y diástole) la sangre entra a las arterias en forma intermitente aumentando sus radios al llenarse de sangre y luego disminuyendo los mismos a medida que la sangre se desplaza. Esto se debe a la distensibilidad de las grandes arterias que, al distenderse por el aumento del Q, acumulan energía en sus paredes y 'devuelven' esa energía empujando a la sangre cuando el radio vuelve a su valor normal (esta distensión y el retroceso elástico posterior de la pared de las arterias elásticas de gran calibre se denomina efecto Windkessel).

Estas variaciones del radio generan una onda rítmica de expansión que se transmite a todo el árbol arterial y se conoce como **pulso arterial**. El pulso arterial puede palparse en determinados puntos de la superficie corporal (por ej. muñecas, ingles, tobillos, etc.).

Como ya hemos mencionado también, este Q de sangre ejerce P sobre las paredes de los vasos que responden ejerciendo fuerza para oponerse a la distensión, esto es ejerciendo tensión (T) (ver arriba 'conceptos biofísicos básicos'). Esta es la tensión arterial (TA). Si bien entonces los conceptos de P arterial (PA) y T arterial (TA) son distintos a partir de aquí nos referiremos a ellos de forma indistinta salvo aclaración específica.

La sangre avanza entonces a lo largo del árbol arterial produciendo P en las paredes arteriales. El movimiento de esta P a lo largo de las arterias se conoce como transmisión de la **P del pulso**, la cual se vuelve cada vez menos intensa a medida que la onda se extiende hacia los vasos más pequeños (ya que la composición de la pared de los vasos de distinto calibre va cambiando como se ha señalado). Es decir, mientras que el Q sanguíneo en arterias de gran y mediano calibre presenta un carácter pulsátil sincrónico con la contracción cardíaca **(Q pulsátil)**, a medida que se desplaza por el árbol arterial este efecto sufre un proceso de amortiguado a lo largo del lecho capilar hasta hacerse prácticamente inapreciable en el territorio capilar, donde se transforma en un **Q continuo**.

4.7.2 PA SISTÓLICA, DIASTÓLICA Y DIFERENCIAL (P DEL PULSO)

La **P arterial sistólica (PAS)** es el valor máximo de P que se alcanza a nivel de las grandes arterias tras la sístole. La **P arterial diastólica (PAD)** es el valor mínimo de P en las grandes arterias justo antes de la siguiente sístole. En un adulto joven normal, los valores de PAS y PAD son aproximadamente 120 y 80 mm Hg, respectivamente. Sin embargo, estos valores pueden variar con muchos factores, tanto fisiológicos como patológicos, por ej. envejecimiento, sueño, ejercicio, estrés, etc. La **P diferencial**, también llamada **P del pulso**, es la diferencia entre la PAS y la PAD:

P diferencial (P de Pulso) = PAS – PAD

Para una PA normal de 120/80 mmHg, la P diferencial es de 40mmHg. La P diferencial puede alterarse en distintas circunstancias en las que se altere el volumen minuto (gasto cardíaco) y/o las características de los vasos sanguíneos. Un ejemplo es el envejecimiento: a medida que envejecemos, la pared de la aorta pierde elasticidad y, como consecuencia, el aumento de presión durante la eyección ventricular es mayor, porque las paredes son menos distensibles, de modo que la PAS es más elevada. Por otra parte, la PAD se reduce, porque la falta de retroceso elástico hace quela P disminuya más deprisa durante la diástole. Esto aumenta la P diferencial (aumenta la sistólica y disminuye la diastólica con lo que la diferencia entre ambas se hace mayor).

4.7.3 PA MEDIA (PAM)

La **PAM** representa la PA promedio durante el ciclo cardiaco. Este valor es importante porque es la diferencia entre esta P y la P venosa lo que impulsa la sangre por el árbol vascular y los lechos capilares (es la llamada **P de perfusión** de los órganos). Si bien la P diferencial es justamente la diferencia entre la PAS y la PAD, la PAM no es el promedio aritmético de estas presiones. Efectivamente, si la PAM fuera el promedio aritmético podríamos decir que para una persona con PAS y PAD de 120 y 80 mm Hg respectivamente, la PAM sería de 100 mm Hg (120+80= 200 y 200/2=100).

Pero la PAM no es un promedio aritmético simple porque el periodo de la diástole es más prolongado que el de la sístole. Es decir, si dividimos la duración del ciclo cardíaco en tres partes (tres tercios) veremos que la diástole es más larga que la sístole: aproximadamente dos tercios de la duración total del ciclo corresponden a la diástole y un tercio a la sístole. Es decir, en el promedio tiene más 'peso' la P diastólica que la sistólica (por eso la PAM estará más cerca de los valores de la PAD que de la PAS).

Así, se puede hacer un cálculo aproximado de la PAM al añadir una tercera parte de la P diferencial (P de pulso) a la P diastólica, según la siguiente fórmula:

PAM = PAD + 1/3 presión diferencial

Por ej., para una persona con PAS/PAD de120/80, la PAM sería de alrededor de 80 + 1/3(40) = 93 mmHg.

*La **PAM** es una variable cardiovascular muy importante porque indica la **P con que la sangre llega a todos los tejidos** de nuestro organismo (**P de perfusión**).*

CONTROL Y REGULACIÓN DEL SISTEMA CARDIOVASCULAR

Para transportar O2 y nutrientes, y remover deshechos hacia y desde los tejidos, cada parte del sistema debe cumplir su rol (pulmones, hemoglobina, corazón, vasos, etc.).Como se ha indicado, la función primordial del sistema cardiovascular es mantener el **Flujo (Q)** y para ello debe mantener la **PAM** (P de perfusión) y lograr que la perfusión de los tejidos a través de la circulación sistémica sea la adecuada. Como las necesidades de Q sanguíneo (y en consecuencia las variaciones necesarias de PAM) están cambiando casi permanentemente según las condiciones del sujeto, el sistema cardiovascular está sujeto a varios mecanismos de regulación y control.

Como también se ha establecido previamente, el sistema cardiovascular está comprendido por un **continente** (el corazón y los vasos) y por un **contenido** (la sangre).

Así, la regulación cardiovascular tiene como misión principal (para mantener el Q) la de controlar los valores de PAM en nuestro organismo. La PAM puede modificar sus valores básicamente por dos tipos de motivos:

Modificaciones en el continente

- En la bomba cardiaca (modificaciones de la FC y/o VS).
- En el sistema circulatorio (vasos sanguíneos) (modificaciones de la resistencia de los vasos).

Modificaciones en el contenido (modificaciones del volumen sanguíneo circulante)

A efectos de entender entonces sobre qué variables se va a realizar control y regulación en el sistema cardiovascular conviene recordar algunos conceptos:

- A partir de la fórmula de Q ($Q = \Delta P / R$) se puede extraer la fórmula para la ΔP ($\Delta P = Q \times R$).
- En el sistema cardiovascular el Q corresponderá al GC (VM), la ΔP será la PAM y la R será la RPT. Por tanto:

$$\mathbf{PAM = GC \times RPT}$$

Donde:
PAM: presión arterial media (o de perfusión)
GC: gasto cardíaco (o volumen minuto)
RPT: resistencia periférica total (o resistencia sistémica)

Recordemos también que el GC (VM) era la cantidad de sangre que expulsaba el corazón en un minuto y que estaba dado por:

$$\mathbf{GC\ (VM)\ (ml/min) = VS\ (ml/latido) \times FC\ (latidos/min)}$$

Donde:
VS: volumen sistólico (o volumen latido)
FC: frecuencia cardíaca.

Además, la R estaba dada por:

$$R = \frac{8 \times l \times \eta}{\pi \times r^4}$$

Donde el factor más importante era el radio de los vasos a la cuarta potencia (r^4).

Es decir, las variables involucradas en la PAM y su fórmula son:

PAM = (VS x FC) x RPT

Por lo tanto, todos los mecanismos implicados en el control y la regulación de la PAM tendrán que ver con: el **GC**, la **resistencia arteriolar y el volumen de sangre circulante** (Figura 51).

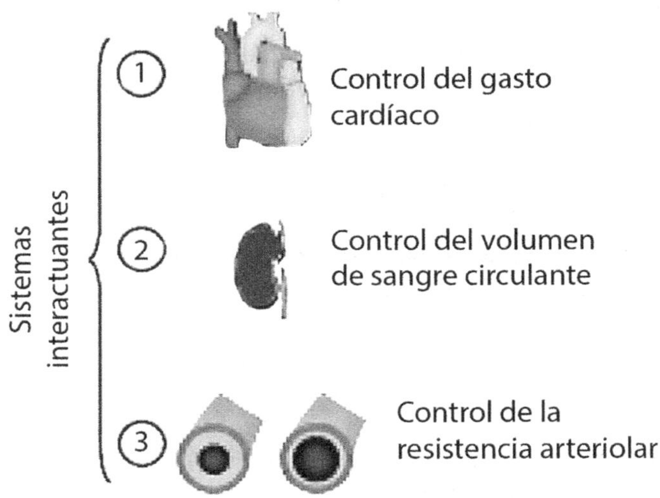

Figura Nro. 51: Mecanismos implicados en el control y regulación de la Presión Arterial Media (PAM)

4.7.4 NIVELES DE CONTROL

Dependiendo de los criterios considerados se pueden establecer diferentes niveles de control o regulación. Por ejemplo, desde el punto de vista del territorio de control involucrado (criterio territorial) se puede hablar de **una regulación general (o sistémica)** que comprende a todo el organismo y una **regulación local** (es decir la regulación de cada órgano según sus necesidades en un determinado momento). Si se considera el tiempo que tardan en producirse las modificaciones (criterio temporal) se puede hablar de una **regulación de corto plazo** y una de **largo plazo.** Si se toman en cuenta los mecanismos involucrados (tipo de control) se puede hablar de **regulación nerviosa, endócrina,** etc. Todos estos criterios en realidad se superponen ya que el sistema trabaja como un todo para mantener en todo momento la **homeostasis (equilibrio)** en términos de la demanda y la oferta de sangre a los tejidos.

En general, y sólo a efectos didácticos, se puede considerar una **regulación nerviosa** (que implica al sistema nervioso autónomo o SNA), una **regulación endócrina (y humoral)** y una **regulación local del flujo sanguíneo.** Estos factores actuarán entonces sobre variables (por ej. el VM o la RPT) del corazón, los vasos y los riñones para modificar la PA y el Q sanguíneo. Y estas acciones se lograrán básicamente a través de nervios (impulsos nerviosos), hormonas y otras sustancias y factores.

4.7.5 MECANISMOS Y CONTROLES DEL SISTEMA CARDIOVASCULAR

1. REGULACIÓN DEL Q SANGUÍNEO LOCAL (A TRAVÉS DEL CONTROL DE LA RESISTENCIA ARTERIOLAR)

Corresponde a la regulación del Q en los diferentes órganos y tejidos por medio de la variación del diámetro arteriolar (resistencia arteriolar) producida por la relajación (vasodilatación) o contracción (vasoconstricción) del músculo liso de estos vasos con el consiguiente aumento o disminución del Q sanguíneo.

Un ejemplo claro de esta capacidad puede verse durante el ejercicio intenso, donde el GC aumenta hasta 5 ó 6 veces, y la proporción de Q que reciben los músculos esqueléticos en ejercicio aumenta hasta un 90 % debido a la enorme disminución de la resistencia a este nivel.

Estas vasodilatación o vasoconstricción (según necesidades metabólicas del órgano) están reguladas por agentes metabólicos, nerviosos y humorales / hormonales. La regulación del Q sanguíneo local puede ser de corto plazo (segundos a minutos) o de largo plazo (días a meses) y también intrínseca (mecanismos y procesos del propio tejido) o extrínseca (mecanismos más generales).

I. Corto plazo

a) Intrínseca: Mediada por sustancias y otros factores, algunos de los cuales son vasodilatadores (por ej. óxido nítrico, adenosina) y otros vasoconstrictores (por ej. endotelina I, tromboxano A2).

b) Extrínseca: No dependen de la actividad metabólica del tejido, sino que se ponen en juego situaciones de estrés o demanda cardiovascular. Está dada por factores nerviosos (sistema nervioso autónomo o SNA) y hormonales / humorales (por ej. angiotensina II u hormona antidiurética, ver luego). Tanto los factores nerviosos como los hormonales / humorales pueden producir vasoconstricción o vasodilatación según necesidades.

II. Largo plazo

El principal mecanismo de largo plazo es la angiogénesis (desarrollo de nuevos vasos en el tejido).

2. REGULACIÓN NERVIOSA

El sistema nervioso (SN) produce o controla los **cambios a corto plazo** (el hormonal controla los cambios a largo plazo) y actúa básicamente a través del sistema nervioso autónomo (SNA) en sus dos porciones: sistema nervioso **simpático (SNS)** y sistema nervioso **parasimpático (SNP)**.

La estimulación del SNS produce efectos cardíacos (aceleración de la FC, aumento de la contractilidad)y efectos vasculares (vasoconstricción).La principal acción cardiovascular del SNP es la disminución de la FC (el SNP, a nivel vascular, tiene participación secundaria y sólo a nivel de algunos vasos).

Las terminaciones nerviosas del SNS liberan **noradrenalina (NA)** y las del SNP liberan **acetilcolina (Ach).**

La regulación ejercida a través del SNA se hace fundamentalmente a través de **reflejos**, en respuesta a estímulos generados en el sistema cardiovascular, musculo esquelético, respiratorio y/o en respuesta a estímulos no reflejos generados en el SNC (estrés, rabia, relajación, etc.).

Los estímulos para los reflejos son captados por receptores (por ej. barorreceptores) que informarán a su vez a centros ubicados en el SNC (centros de regulación) produciendo una respuesta rápida de éstos, aunque poco duradera.

Los **centros de regulación cardiovascular** están constituidos por zonas difusas que se localizan en el bulbo y la protuberancia, y reciben aferencias del hipotálamo y la corteza cerebral. Estas zonas o estructuras neuronales son:

- **Centro cardioestimulador (o acelerador):** Sus neuronas forman parte del SNS y en el corazón aumentan la FC y la contractilidad.
- **Centro cardioinhibidor (o decelerador):** Sus neuronas forman parte del SNP, viajando sus axones con el nervio vago (X par craneal) y estableciendo sinapsis en el nódulo SA para disminuir la FC.
- **Centro vasoconstrictor:** Sus neuronas forman parte del SNS y producen vasoconstricción en los vasos sanguíneos.

- **Área sensorial del núcleo del fascículo solitario:** Aquí se integra la información que llega de los barorreceptores y, luego, el núcleo del fascículo solitario dirige los cambios en la actividad de los centros cardiovasculares produciendo aumentos o reducciones en el flujo de salida de los sistemas SNS y SNP.
- Otras partes del SN, como la **médula espinal**, el **hipotálamo** y la **corteza cerebral** también participan en la regulación cardiovascular.

Reflejo Barorreceptor

Los mecanismos barorreceptores son **reflejos rápidos** mediados por el SN que tratan de mantener la PA constante mediante cambios en las eferencias de los sistemas SNS y SNP hasta el corazón y los vasos sanguíneos.

Los sensores depresión o **barorreceptores** son terminaciones nerviosas sensibles a la distensión de las paredes de los vasos, que detectan cambios bruscos de la PA, es decir, son receptores de presión. Se encuentran localizados en gran abundancia en las paredes de la arteria carótida común interna **(seno carotídeo)** y de la **aorta (cayado aórtico**) y envían información acerca de la PA a los **centros de regulación cardiovascular** en el **tronco del encéfalo (**protuberancia y bulbo).

A su vez, los centros de regulación coordinan un cambio en las eferencias del SNA (SNS y SNP) para efectuar el cambio que se esté necesitando en la PA (Figura 52).

De este modo, el **arco reflejo** consta de:

- Sensores de PA: neuronas aferentes que transportan la información hasta el tronco encefálico.
- Centros en el tronco del encéfalo: que procesan la información y coordinan la respuesta adecuada.
- Neuronas eferentes: dirigen los cambios en el corazón y los vasos sanguíneos.
- En general, el **baro reflejo** arterial opera de modo que los aumentos de la PA llevan a un decremento en esencia inmediato de la actividad nerviosa del SNS, y un incremento simultáneo de la actividad nerviosa del SNP (y viceversa).

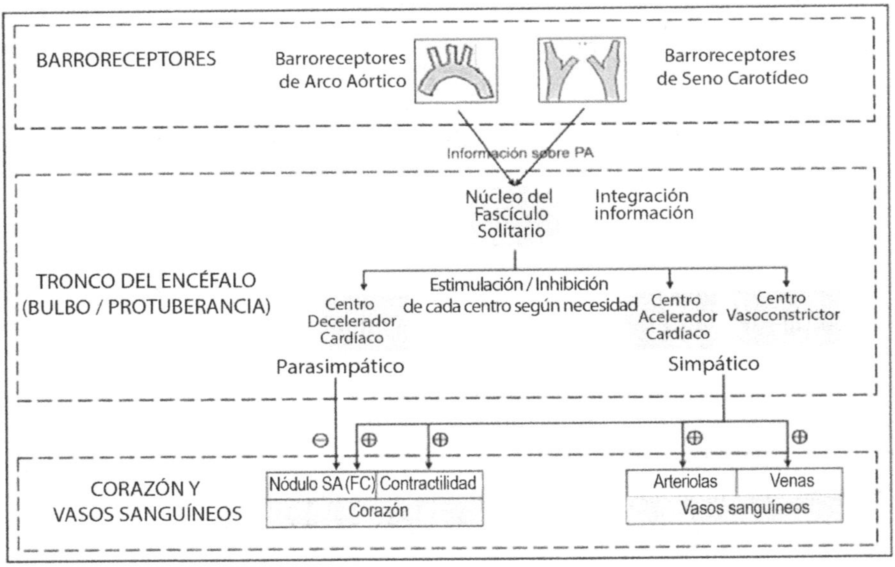

Figura Nro. 52 Centros nerviosos de regulación cardiovascular (regulación a corto plazo)

Se aprecia entonces que, el SN puede influir sobre todas las variables que determinan la PAM y que están comprendidas en su fórmula [PAM = (VS x FC) x RPT].El reflejo barorreceptor arterial es el mecanismo único más importante que proporciona regulación a corto plazo de la PA.

Otros mecanismos reflejos

Existen otros receptores que intervienen en la regulación cardiovascular y, por consiguiente, desarrollan mecanismos reflejos. Son los receptores cardiopulmonares y los quimiorreceptores. La estimulación de los receptores cardiopulmonares, situados fundamentalmente en la aurícula izquierda, desencadena un reflejo conocido como el **reflejo de Banbridge** (se produce al distenderse la pared de la aurícula izquierda y la respuesta es un aumento de la FC).

Los quimiorreceptores, se sitúan próximos a los barorreceptores y son sensibles a las variaciones del pH (acidez) o de la presión parcial de oxígeno y de dióxido de carbono (pO_2 y pCO_2) y su acción es fundamental en la regulación de la respiración, siendo escasos los efectos sobre el sistema cardiovascular. Sin embargo, cuando se producen descenso muy considerable de la PA, estos receptores son estimulados y, además de aumentar la ventilación pulmonar, también aumentan la PA.

Influencias de centros nerviosos superiores

Es común ver que, en determinadas situaciones se produce un aumento de la FC, como sucede en estados de ansiedad, estrés, miedo, etc. Igualmente, durante la fase previa a la realización de un esfuerzo físico, también se produce un incremento de la FC, así como otras modificaciones fisiológicas. Estas respuestas cardiovasculares no son reflejas, sino que dependen de la intervención de centros nerviosos suprabulbares que influyen sobre los centros de control cardiovascular y el núcleo del fascículo solitario que reciben así aferencias directas o indirectas que pueden modificar su actividad.

3. REGULACIÓN HORMONAL

Al contrario de lo que sucede durante la regulación de la PA a corto plazo, que se basa principalmente en el reflejo de barorreceptores y en los ajustes de las funciones cardíaca y vascular, la **regulación de la presión arterial a largo plazo** se acompaña principalmente de mecanismos que controlan el volumen sanguíneo a través de vías nerviosas y hormonales (regulan la excreción de agua y sal y también las resistencias vasculares). Los receptores involucrados son receptores de estiramiento ubicados en la aurícula izquierda, en las venas pulmonares, etc. (los barorreceptores también participan en esta regulación). Las situaciones en que son características las pérdidas mayores de volumen son la deshidratación y la hemorragia.

Los mecanismos de compensación cardiovasculares que acompañan las pérdidas de líquido tienden a evitar una caída de la PA.

A diferencia del nervioso, el **mecanismo hormonal** es un **mecanismo de acción más lento (largo plazo)** para el control de la PA que se activa al cabo de horas, e implica la secreción de hormonas que regulan el volumen sanguíneo, el gasto cardiaco y las resistencias vasculares:

a. **Sistema renina-angiotensina-aldosterona (SRAA):** Al disminuir la volemia o el flujo renal, las células del aparato yuxtaglomerular de los riñones liberan más renina a la sangre. La **renina** es una enzima que va a convertir al angiotensinógeno (una prohormona producida en el hígado) en angiotensina I. A su vez, la angiotensina I será convertida en angiotensina II (forma más activa de la hormona)por medio de la enzima convertidora de angiotensina (ECA) que básicamente se encuentra presente en los pulmones (ver Figura 53).La forma activa **angiotensina II (AT II)** aumentará la PA y la volemia por diferentes mecanismos (acciones de la AT II):

1. **Vasoconstricción arteriolar**, que ocasiona aumento de las resistencias periféricas.

2. Estimulación de la secreción de **aldosterona**, que aumenta la reabsorción renal de Na+ y agua y ocasiona un aumento de la volemia.
3. Estimulación de la sed y de la liberación de la hormona antidiurética (HAD).

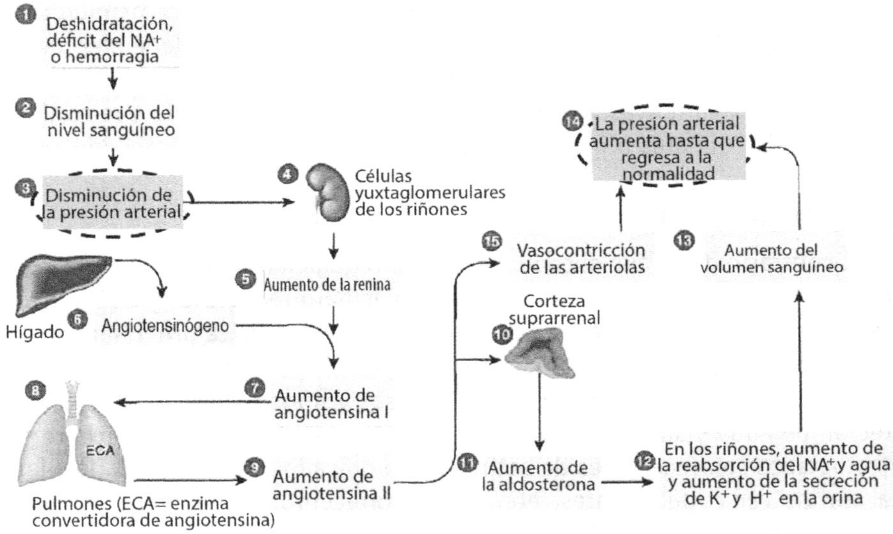

Figura Nro. 53: Regulación hormonal del sistema cardiovascular (regulación a largo plazo)

b. **Adrenalina y noradrenalina (catecolaminas)**: Estas hormonas se liberan en la médula suprarrenal por activación del SNS. Ocasionan un aumento del GC al aumentar la contractilidad y la FC. También aumentan las RPT al producir vasoconstricción arteriolar. Además, inducen vasoconstricción venosa en la piel y vísceras abdominales, aumentando el retorno venoso. Asimismo, la adrenalina produce vasodilatación arterial en el miocardio y los músculos esqueléticos.

c. **Hormona antidiurética (HAD):** También llamada vasopresina, esta hormona hipotalámica se libera en la hipófisis al disminuir la volemia y estimula la reabsorción de agua en el riñón y la vasoconstricción arteriolar.

d. **Péptido natriurético auricular (PNA):** Se libera en las células auriculares cardíacas y disminuye la PA al ocasionar vasodilatación y aumentar la excreción de iones y agua en el riñón.

4.8 EN RESUMEN

El **objetivo del sistema cardiovascular** es proveer a los diferentes órganos y partes del cuerpo un **Q continuo de sangre**, el que a su vez depende de la mantención de una **PAM adecuada**, que permita el intercambio de nutrientes y oxígeno a través de los capilares; para el cumplimiento de esta función el sistema cardiovascular necesita de varios procesos de regulación, dado que las condiciones internas y externas varían en el tiempo.

La demanda de sangre y su distribución regional varía según los estados fisiológicos del organismo (cambios postulares, estado emocional, deshidratación, hiperhidratación y estados patológicos, entre otros). Los mecanismos de regulación amortiguan el impacto de estos cambios para mantener las condiciones normales y suplir las necesidades de los diferentes tejidos según su necesidad.

Existen **dos niveles de control**, el **control local** que es realizado por cada órgano y afecta principalmente los lechos capilares de estos órganos; y el **control sistémico** que se encarga de la distribución de sangre por todo el organismo e incluye dos grandes mecanismos: el **nervioso** y el **hormonal**. El **SN** produce o controla los **cambios a corto plazo**, mientras que el **hormonal** controla los **cambios a largo plazo** (Ver Figura 54).

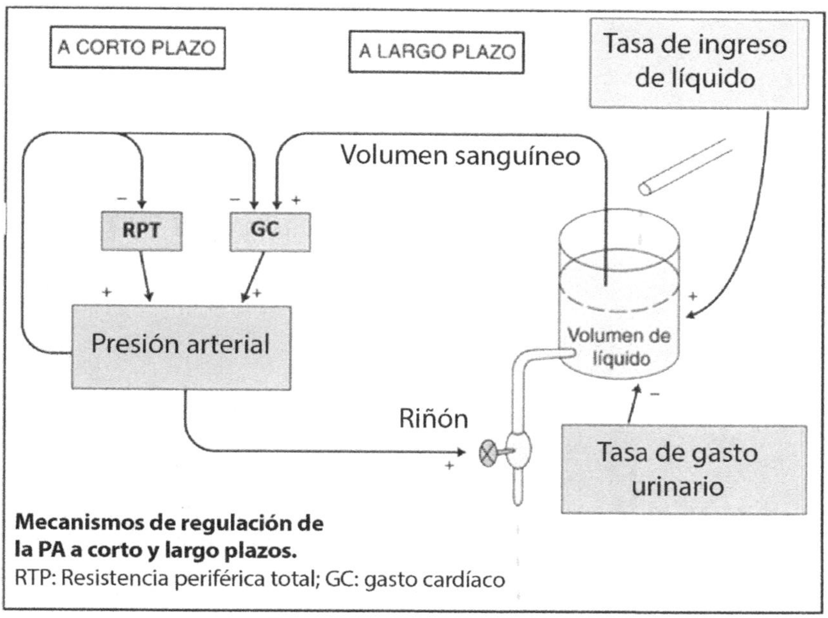

Figura Nro. 54: Integración de la regulación a corto y largo plazo del sistema cardiovascular.

CAPÍTULO 4

SEGUNDA PARTE: PROPIEDADES ELÉCTRICAS Y MECÁNICAS DEL CORAZÓN

Prof. Lic. R. A. Supital

4.1 PROPIEDADES DEL CORAZÓN

Al igual que los músculos estriados esqueléticos (cuádriceps, deltoides, etc.) el miocardio o músculo estriado cardíaco presenta cuatro propiedades características:

- **Excitabilidad**: es la capacidad de responder a un estímulo. El mismo deberá tener un potencial eléctrico *umbral*. Un estímulo *umbral* es el estímulo mínimo necesario para producir una respuesta. En este caso, una respuesta contráctil (sístole cardíaca). Los estímulos pueden ser químicos, mecánicos, hormonales, eléctricos, etc.
- **Conductibilidad o conductividad**: es la capacidad de conducir el estado de excitación generado tras el estímulo umbral o supraumbral.
- **Contractilidad**: es la capacidad del músculo cardíaco de acortarse o disminuir la longitud de sus fibras. Las células musculares son las únicas con capacidad de acortarse, de manera significativa cuando se las estimula.
- **Elasticidad**: es la propiedad de recuperar su forma y longitud primitiva, después de haber sido modificada.

Por su parte, el miocardio -dada la necesidad del proceso de contracción-relajación constante y permanente (sístole-diástole) desde que nacemos y hasta nuestra muerte- presenta una propiedad exclusiva y diferencial llamada automatismo.

Automatismo: es la capacidad del músculo cardíaco de generar sus propios impulsos eléctricos. Tal tarea la lleva a cabo gracias al sistema de nódulos o marcapasos naturales que posee.

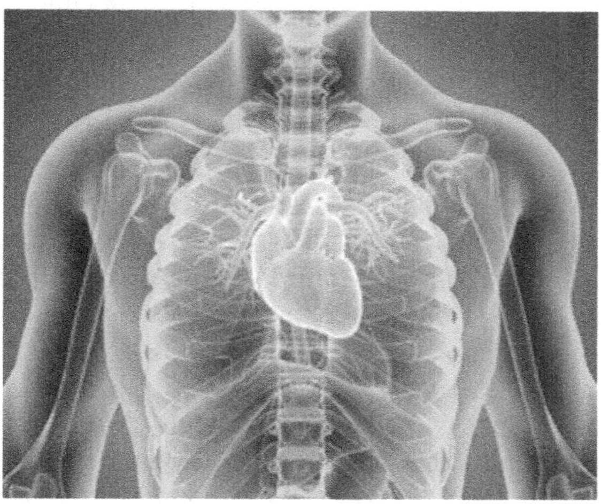

Figura Nro. 55: Ubicación torácica del corazón.

4.2 LEY DEL TODO O NADA

La *Ley del todo o nada* se refiere, específicamente, a la fibra muscular.

Una fibra muscular, ante un estímulo eléctrico umbral o supraumbral, responderá en su totalidad o no se contraerá. Esta ley echa por tierra la posibilidad que un músculo pueda contraer parte de su/s fibra/s o algunas porciones si y otras no. Es decir que el músculo estriado esquelético, o se contrae todo o no se contrae nada.

Sin embargo, esta propiedad es diferente en el miocardio, donde sus fibras pueden contraerse en forma gradual. Esto dependerá de la proporción de puentes cruzados de actina-miosina que se activen. Esta activación estará condicionada por la concentración intrasarcomeral de calcio. Es decir que a mayor entrada de iones calcio, mayor cantidad de calcio se podrá liberar desde el retículo sarcoplasmático y por lo tanto formar mayor cantidad de puentes cruzados de actina-miosina. Esto último derivará en una mayor fuerza contráctil de las fibras del corazón.

4.3EXCITACIÓN Y CONDUCCIÓN

El corazón está provisto de un sistema especial que genera impulsos eléctricos rítmicos para producir la contracción del corazón y conducir dichos estímulos por todo el miocardio.

El sistema excito-conductor del miocardio está constituido por el sistema de nódulos o marcapasos naturales del mismo.

Son cuatro los presentes en la masa cardíaca, generadores del automatismo cardíaco: el nódulo sinusal o de Keith y Flag, el nódulo auriculoventricular o de Aschow-Tawara, el haz de His, las fibras de Purkinje. Los veremos en más detalle a continuación.

4.3.1 NÓDULO SINUSAL O DE KEITH Y FLAG

Algunas fibras cardíacas tienen la capacidad de autoexcitación, que es un proceso que puede producir descargas y contracciones rítmicas automáticas. Esto es especialmente cierto en el caso de las fibras del sistema especializado de conducción del corazón, entre ellas las fibras del nódulo sinusal. Por este motivo el nódulo sinusal habitualmente controla la frecuencia del latido de todo el corazón.

El nódulo sinusal (también denominado nódulo sinoauricular) es una banda elipsoide, aplanada y pequeña de músculo cardíaco especializado de aproximadamente 3mm de anchura, 15 mm de longitud y 1 mm de grosor. Está localizado en la pared posterolateral superior de la aurícula derecha, inmediatamente inferior y ligeramente lateral a la desembocadura de la vena cava superior.

El nódulo sinusal, es el encargado de enviar los impulsos necesarios para que el corazón mantenga un ritmo de reposo de entre 60 y 100 latidos por minuto. Las fibras del nódulo sinusal se conectan directamente con las fibras musculares auriculares, de modo que todos los potenciales de acción que comienzan en el nódulo sinusal se propagan inmediatamente hacia la pared del músculo auricular. El potencial de acción del nódulo sinusal se produce más lentamente que el potencial de acción del músculo ventricular.

Los extremos de las fibras del mismo se conectan directamente con las fibras musculares auriculares circundantes. Por tanto, los potenciales de acción que se originan en el nódulo sinusal viajan hacia estas fibras musculares auriculares. De esta manera, el potencial de acción se propaga a toda la masa muscular auricular y, finalmente, llega hasta el nódulo AV.

El nódulo sinusal controla el latido del corazón porque su frecuencia de descarga rítmica es más rápida que la de cualquier otra parte del corazón. Por tanto, el nódulo sinusal es prácticamente siempre el marcapasos del corazón normal. Es decir, comanda el ritmo cardíaco de reposo. Se lo conoce como el marcapasos fisiológico del corazón[1].

Por lo antedicho, se puede inferir, que el resto de los nódulos, solo ofician de transmisión de los impulsos a toda la masa miocárdica.

4.3.2 NÓDULO AURICULOVENTRICULAR O DE ASCHOW-TAWARA

El nódulo AV está localizado en la pared posterolateral de la aurícula derecha, inmediatamente detrás de la válvula tricúspide. Estando el nódulo sinusal funcionando con normalidad, este nódulo, trasmitirá los impulsos a la zona de los tabiques cardíacos. En caso que el nódulo sinusal fallara, este marcapasos tomará el comando. Cabe aclarar que su capacidad de generar impulsos eléctricos se limita al rango entre 40-60 latidos por minuto.

El sistema de conducción auricular está organizado de modo que el impulso cardíaco no viaja desde las aurículas hacia los ventrículos demasiado rápidamente. Este retraso da tiempo para que las aurículas vacíen su sangre hacia los ventrículos antes que comience la contracción ventricular. La función de bomba eficaz de las dos cavidades ventriculares precisa este tipo sincrónico de contracción. Si el impulso cardíaco viajara lentamente a través de los ventrículos, buena parte de la masa ventricular se contraería antes de la contracción del resto, en cuyo caso se produciría una gran disminución de la función global de bomba.

1 Gal Iglesias, B. et.al. 2007, Pág. 162-163.

El retraso de transmisión hacia los ventrículos se produce principalmente en el nódulo AV y en sus fibras de conducción adyacentes. Una característica especial del nódulo AV es la imposibilidad que los potenciales de acción viajen retrógradamente desde los ventrículos hacia las aurículas.

Esto impediría el reingreso de impulsos cardíacos por esta vía, desde los ventrículos hacia las aurículas, permitiendo sólo la contracción anterógrada desde las aurículas hacia los ventrículos.

4.3.3 HAZ DE HIS

El has de His se encuentra ubicado en la cara anterior de ambos ventrículos. Se divide en dos, dando así la rama derecha y la rama izquierda. Las ramas izquierda y derecha del haz después de penetrar en el tejido fibroso que está entre aurículas y ventrículos. Se dirige hacia abajo en el interior del tabique interventricular a lo largo de 5 a 15 mm hacia la punta del corazón. Cada una de las ramas que se dirige hacia abajo, hacia la punta del ventrículo, se divide progresivamente en ramas más pequeñas.

Al igual que el nódulo auriculoventricular se encargará de transmitir el impulso generado por el nódulo sinusal a los ventrículos. En el hipotético caso que, tanto el nódulo sinusal como el auriculoventricular fallaran, es el haz de His quien tomaría el comando. Este nódulo regula la frecuencia cardíaca entre 30-40 latidos por minuto. Se deduce claramente que con una frecuencia cardíaca tan baja (bradicardia) se hace imposible tener una vida normal.

4.3.4 FIBRAS DE PURKINJE

Las fibras de Purkinje se localizan en los ventrículos, y tienen innumerables cantidad de ramificaciones sobre los mismos.

Su función es trasmitir impulsos que les provienen del Haz de His. Una vez que el impulso cardíaco ha entrado en el sistema de conducción ventricular de Purkinje, se propaga casi inmediatamente a toda la masa del músculo ventricular.

Se sugiere que la rápida transmisión de los potenciales de acción por las fibras de Purkinje está producida por un gran aumento del nivel de permeabilidad de membrana que poseen estas fibras. Regula la frecuencia cardíaca por debajo de 30 latidos por minuto.

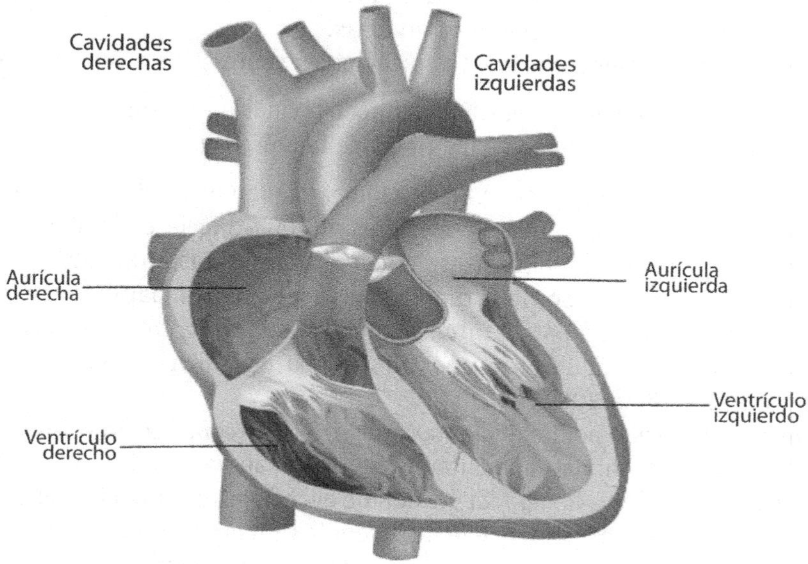

Figura Nro. 56: El corazón y sus sistema eléctrico

4.3.5 CONTROL DEL CORAZÓN POR LOS NERVIOS SIMPÁTICOS Y PARASIMPÁTICOS

La eficacia de la función de bomba del corazón también está controlada por los nervios simpáticos y parasimpáticos (vagos), que inervan de forma abundante el corazón. Los nervios parasimpáticos (vagos) se distribuyen principalmente a los nódulos sinusal y AV, en menor medida en las dos aurículas y ventrículos. Por el contrario, los nervios simpáticos se distribuyen en todas las regiones del corazón, con una intensa representación los ventrículos, así como en todas las demás zonas.

La estimulación simpática produce esencialmente los efectos contrarios sobre el corazón a los que produce la estimulación vagal. En primer lugar, aumenta la frecuencia de descarga del nódulo sinusal. Luego, aumenta la velocidad de conducción de los estímulos, así como el nivel de excitabilidad de todas las partes del corazón. Y por último, aumenta la fuerza de contracción de toda la musculatura cardíaca, tanto auricular como ventricular. La estimulación máxima podría triplicar la frecuencia del latido cardíaco y además aumentar la fuerza de la contracción del corazón hasta dos veces.

La estimulación parasimpática (vagal) puede retrasar o incluso bloquear el ritmo y la conducción cardíacos. La estimulación de los nervios parasimpáticos que llegan al corazón (los vagos) hace que se libere la hormona acetilcolina en las terminaciones nerviosas.

Esta hormona tiene dos efectos principales sobre el corazón. A saber:

- Reduce la frecuencia del ritmo del nódulo sinusal, y luego,
- Reduce la excitabilidad de las fibras de la unión AV.

La cantidad de sangre que puede bombear cada minuto (gasto cardíaco), se podría aumentar en niveles superiores al 100% por la estimulación simpática. Por el contrario, el gasto se puede disminuir hasta un valor tan bajo como cero o casi cero por la estimulación vagal (parasimpática).

La estimulación simpática intensa puede aumentar la frecuencia cardíaca en seres humanos adultos jóvenes desde la frecuencia de 60 latidos por minuto hasta 180 a 200 l/min.

Al mismo tiempo podría aumentar la fuerza de la contracción cardíaca hasta el doble de lo normal, aumentando de esta manera el volumen de sangre bombeado y al mismo tiempo, la presión de eyección. La inhibición de los nervios simpáticos del corazón puede disminuir la función de bomba del corazón.

La estimulación intensa de las fibras nerviosas parasimpáticas de los nervios vagos que llegan al corazón podría interrumpir el latido cardíaco durante algunos segundos. La estimulación vagal intensa puede reducir la fuerza de la contracción del músculo cardíaco hasta en un 20-30%.

Las fibras vagales se distribuyen principalmente por las aurículas y no mucho en los ventrículos, en los que se produce la contracción de potencia del corazón.

4.4 EFECTO DE LOS IONES EN EL CORAZÓN

El músculo cardíaco posee tres tipos de canales iónicos de membrana que tienen funciones importantes en la generación de los cambios de voltaje en el potencial de acción.

Tipos de canales iónicos:

1) Los canales rápidos de sodio,
2) los canales lentos de sodio-calcio,
3) los canales de potasio.

La apertura de los canales rápidos de sodio durante algunas milésimas de segundo sería la responsable del rápido incremento del potencial de acción que se observa en el músculo cardíaco, mientras que el del músculo esquelético no la tiene. Para explicarlo, deberíamos decir que existen dos diferencias importantes entre las propiedades de la membrana del músculo cardíaco y esquelético, las cuales analizaremos a continuación.

PRIMERA DIFERENCIA

El potencial de acción del músculo esquelético está producido casi por completo por la apertura súbita de grandes números de los denominados canales rápidos de sodio que permiten que grandes cantidades de iones sodio entren en la fibra muscular esquelética desde el líquido extracelular. A estos canales se les denomina canales «rápidos» porque permanecen abiertos sólo algunas milésimas de segundo y después se cierran súbitamente. Al final de este cierre se produce la repolarización y el potencial de acción ha terminado en otra milésima de segundo aproximadamente.

En el músculo cardíaco, el potencial de acción está producido por la apertura de dos tipos de canales:

1) Los mismos canales rápidos de sodio que en el músculo esquelético,
2) Otra población totalmente distinta de canales lentos de calcio, que también se denominan canales de calcio-sodio.

Esta segunda población de canales difiere de los canales rápidos de sodio en que se abren con mayor lentitud y, lo que es incluso más importante, permanecen abiertos durante varias décimas de segundo. Durante este tiempo fluye una gran cantidad de iones tanto calcio como sodio a través de la membrana hacia el interior de la fibra muscular cardíaca, y esto mantiene un período prolongado de despolarización, dando lugar a una meseta del potencial de acción. Además, los iones calcio que entran durante esta fase de meseta activan el proceso contráctil del músculo, mientras que los iones calcio que producen la contracción del músculo esquelético proceden del retículo sarcoplásmico intracelular.

SEGUNDA DIFERENCIA

Inmediatamente después del inicio del potencial de acción, la permeabilidad de la membrana del músculo cardíaco para los iones potasio disminuye aproximadamente cinco veces. Este es un efecto que no aparece en el músculo esquelético. Esta disminución de la permeabilidad al potasio se puede deber al flujo de entrada de calcio a través de los canales propios.

Cuando los canales lentos de calcio-sodio se cierran. y se interrumpe el flujo de entrada de los iones calcio y sodio, también aumenta rápidamente la permeabilidad de la membrana a los iones potasio. Esta rápida pérdida de potasio desde la fibra, devuelve inmediatamente el potencial de membrana a su nivel de reposo, finalizando de esta manera el potencial de acción.

En el llamado **acoplamiento excitación-contracción**, es fundamental la función de los iones calcio y de los túbulos transversos.

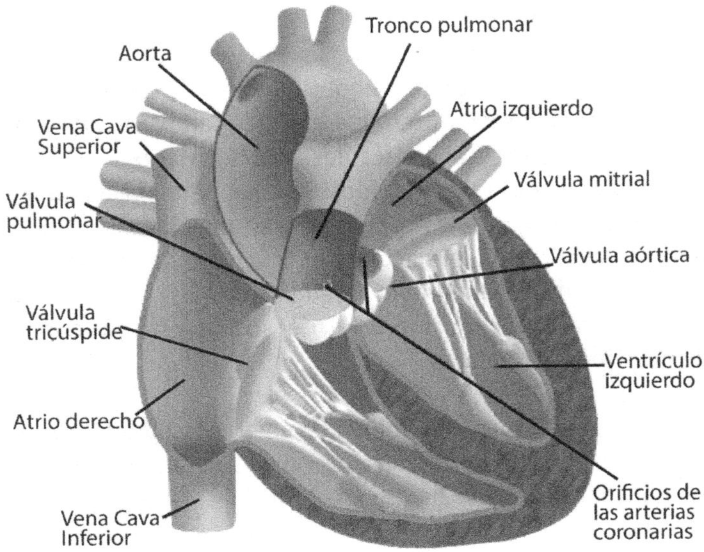

Figura Nro. 57: El corazón

El término «acoplamiento excitación-contracción» se refiere al mecanismo mediante el cual el potencial de acción hace que las miofibrillas del músculo se contraigan. Una vez más hay diferencias en este mecanismo entre el músculo cardíaco y el esquelético, que tienen efectos importantes sobre las características de su contracción.

Al igual que en el músculo esquelético, cuando un potencial de acción pasa sobre la membrana del músculo cardíaco, el potencial de acción se propaga hacia el interior de la fibra muscular cardíaca a lo largo de las membranas de los túbulos transversos o túbulos T. Los potenciales de acción de los túbulos T, a su vez, actúan sobre las membranas de los túbulos sarcoplásmicos longitudinales para producir la liberación de iones calcio hacia el sarcoplasma muscular desde el retículo sarcoplásmico. En algunas milésimas de segundo más, estos iones calcio difunden hacia las miofibrillas y catalizan las reacciones químicas que favorecen el deslizamiento de los filamentos de actina y de miosina entre sí, lo que da lugar a la contracción muscular.

Hasta ahora este mecanismo de **acoplamiento excitación-contracción** es el mismo que el del músculo esquelético, aunque hay un segundo efecto que es bastante diferente: además de los iones calcio que se liberan hacia el sarcoplasma desde las cisternas del retículo sarcoplásmico, también difunde una gran cantidad de iones calcio adicionales.

Los iones calcio en el sarcoplasma interaccionan después con la troponina, para iniciar la formación y contracción de un puente transversal mediante el mismo mecanismo básico del músculo esquelético .Sin el calcio procedente de los túbulos T, la fuerza de la contracción del músculo cardíaco se reduciría de manera considerable, porque el retículo sarcoplásmico del músculo cardíaco está peor desarrollado que el del músculo esquelético y no almacena suficiente calcio para generar una contracción completa. No obstante, los túbulos T del músculo cardíaco tienen un diámetro cinco veces mayor que los túbulos del músculo esquelético, lo que significa un volumen 25 veces mayor, para compensar de algún modo la deficiencia, anteriormente citada.

En consecuencia, la cantidad de iones calcio en el sistema de los túbulos T (es decir, la disponibilidad de iones calcio para producir la contracción del músculo cardíaco) depende en gran medida de la concentración de iones calcio en el líquido extracelular.

En cambio, la fuerza de la contracción del músculo esquelético apenas se ve afectada por cambios moderados de la concentración de calcio en el líquido extracelular, porque la contracción del músculo esquelético está producida casi por completo por los iones calcio que son liberados por el retículo sarcoplásmico del interior de la propia fibra muscular esquelética.

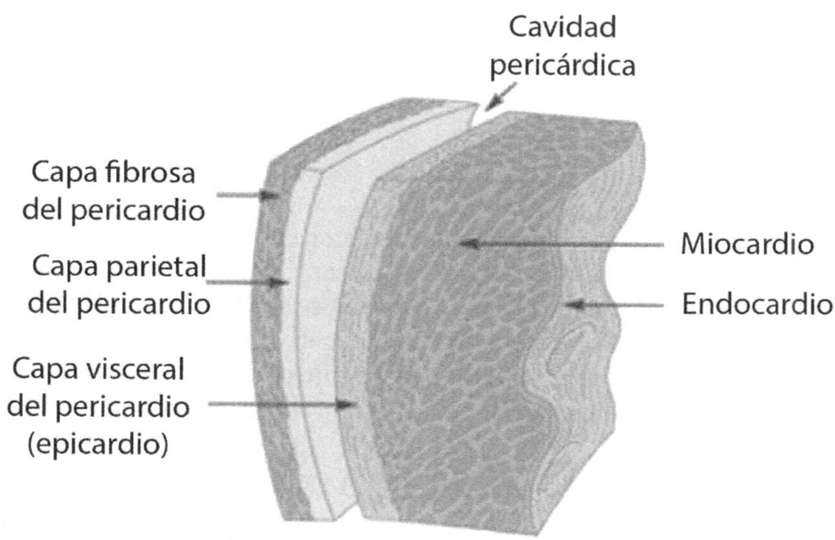

Figura Nro. 58: Capas del corazón

4.4.1 EFECTO DE LOS IONES POTASIO Y CALCIO SOBRE LA FUNCIÓN CARDÍACA

En el análisis de los potenciales de membrana se indica que los iones potasio tienen un efecto marcado sobre los potenciales de membrana, y los iones calcio tienen una función especialmente importante en la activación del proceso contráctil del músculo. Por tanto, cabe esperar que la concentración de cada uno de estos dos iones en los líquidos extracelulares también tenga efectos importantes sobre la función de bomba del corazón.

EFECTO DE LOS IONES POTASIO

El exceso de potasio hace que el corazón esté dilatado y flácido, y también reduce la frecuencia cardíaca. Grandes cantidades también pueden bloquear la conducción del impulso cardíaco desde las aurículas hacia los ventrículos a través del haz AV.

Estos efectos se deben parcialmente al hecho de que una concentración elevada de potasio en los líquidos extracelulares reduce el potencial de membrana en reposo de las fibras del músculo cardíaco. Es decir, la alta concentración de potasio en el líquido extracelular despolariza parcialmente la membrana celular, lo que provoca que el potencial de membrana sea menos negativo.

Cuando disminuye el potencial de membrana también lo hace la intensidad del potencial de acción, lo que hace que la contracción del corazón sea progresivamente más débil.

EFECTO DE LOS IONES CALCIO

Un exceso de iones calcio, produce efectos casi exactamente contrarios a los de los iones potasio, haciendo que el corazón progrese hacia una contracción espástica. Esto está producido por el efecto directo de los iones calcio en el inicio del proceso contráctil cardíaco, como se explicó anteriormente. Por el contrario, el déficit de iones calcio produce flacidez cardíaca, similar al efecto de la elevación de la concentración de potasio.

PERÍODO REFRACTARIO DEL MÚSCULO CARDÍACO.

El músculo cardíaco, al igual que todos los tejidos excitables, es refractario a la reestimulación durante el potencial de acción. Un impulso cardíaco normal no puede re excitar una zona ya excitada de músculo cardíaco. El período refractario normal del ventrículo es de 0,25 a 0,30 seg., que es aproximadamente la duración del potencial de acción en meseta prolongado.

Hay un período refractario relativo adicional de aproximadamente 0,05 seg., durante el cual es más difícil de lo normal excitar el músculo pero, sin embargo, se puede excitar con una señal excitadora muy intensa (supraumbral).

El período refractario del músculo auricular es mucho más corto que el de los ventrículos (aproximadamente 0,15 seg. para las aurículas, en comparación con 0,25 a 0,30 seg. para los ventrículos).

4.5 EL CICLO CARDÍACO

Los fenómenos cardíacos que se producen desde el comienzo de un latido cardíaco hasta el comienzo del siguiente se denominan ciclo cardíaco. Comprende todos los procesos de contracción, relajación y acción de las válvulas cardíacas. Algunos autores lo definen como el período que va desde el final de una contracción cardíaca hasta el de la contracción siguiente[2].

Cada ciclo es iniciado por la generación espontánea de un potencial de acción en el nódulo sinusal. Durante el mismo, y gracias a la presencia de válvulas, la sangre circulará en un solo sentido, evitando las mismas un efecto retrógrado.

Considerando que es un ciclo, el mismo puede explicarse tomando como punto de partida cualquiera de sus fases, ya que siempre volveremos al punto inicial. Para poder entender este proceso es necesario recordar la anatomía básica del miocardio (aurícula derecha e izquierda, ventrículo derecho e izquierdo, válvulas auriculoventriculares y válvulas sigmoideas). El corazón, como cualquier otro músculo humano, tiene dos funciones principales: contracción y relajación. En el miocardio se denominan sístole y diástole.

2 Guillen del Castillo, M., Linares Girela, D., 2002.

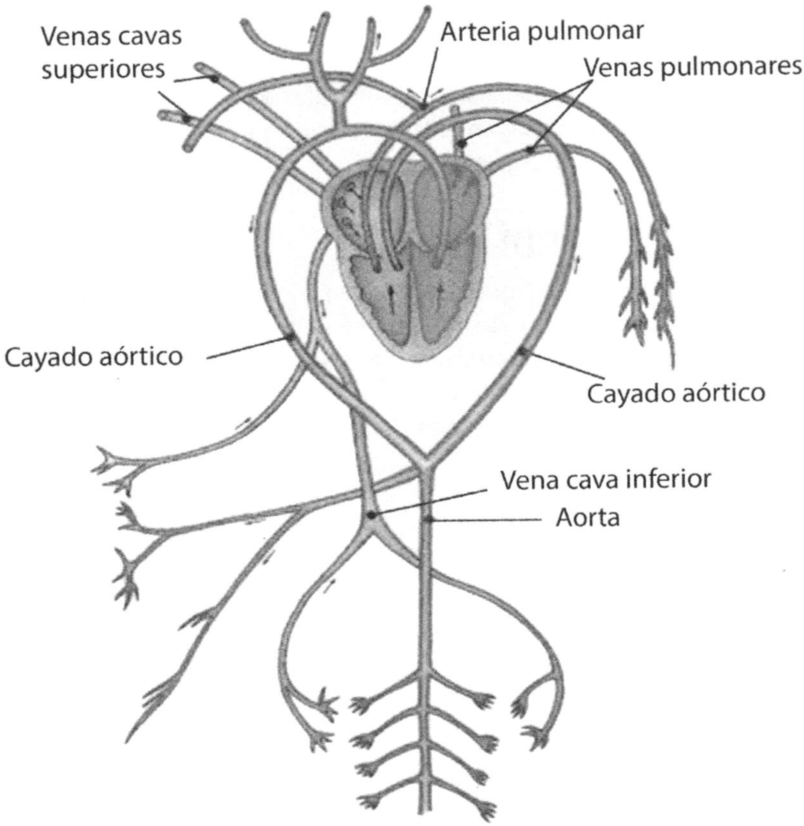

Figura Nro. 59: Circuito cardiovascular

4.5.1 FASES DEL CICLO CARDÍACO

SÍSTOLE AURICULAR O PRESÍSTOLE (FASE DE LLENADO RÁPIDO)

Durante la sístole ventricular se acumulan grandes cantidades de sangre en las aurículas derecha e izquierda, porque las válvulas AV están cerradas. Por tanto, tan pronto como ha finalizado la sístole y las presiones ventriculares disminuyen de nuevo a sus valores diastólicos bajos, el aumento moderado de presión que se ha generado en las aurículas durante la sístole ventricular, abre inmediatamente las válvulas AV, y permite que la sangre fluya rápidamente hacia los ventrículos. Esto se denomina período de ***llenado rápido*** de los ventrículos. Las elevadas presiones en las aurículas abren las válvulas auriculoventriculares y la sangre pasa de las aurículas a los ventrículos (válvulas sigmoideas cerradas).

Esta fase tiene un segundo momento denominado ***fase de llenado lento.*** Es decir que, los ventrículos se llenarán, ante la apertura de las válvulas auriculoventriculares, en un primer momento en forma rápida y luego lentamente.

Diástole auricular

Durante la diástole auricular, las aurículas se relajan y la presión en las mismas cae. La sangre del llenado que existe en los ventrículos cierra las válvulas auriculoventriculares.

Sístole ventricular

Inmediatamente después del comienzo de la contracción ventricular, se produce un aumento súbito de presión ventricular, lo que hace que se cierren las válvulas AV. Se necesitan ahora unos 0,03 segundos para que los ventrículos (que están con las válvulas auriculoventriculares y sigmoideas cerradas) alcancen una presión capaz de abrir las válvulas aórtica y pulmonar. A este momento de la sístole ventricular se lo denomina ***fase isovolumétrica o inicio de la sístole ventricular.*** La contracción ventricular vacía los ventrículos, estando las válvulas sigmoideas abiertas.

Cabe aclarar que a la fase isovolumétrica le siguen la ***fase de expulsión ventricular rápida*** y, luego, ***la fase de expulsión lenta.*** Cuando la presión ventricular izquierda aumenta ligeramente por encima de 80 mmHg (y la presión ventricular derecha ligeramente por encima de 8 mmHg), las presiones ventriculares abren las válvulas semilunares. Inmediatamente comienza a salir la sangre de los ventrículos, de modo que aproximadamente el 70% del vaciado de la sangre se produce durante el primer tercio del período de eyección y el 30% restante, durante los dos tercios siguientes. Por tanto, el primer tercio se denomina período de eyección o expulsión rápida y los dos tercios finales, período de eyección o expulsión lenta.

Durante toda esta fase, las válvulas auriculoventriculares se encuentran cerradas. Esto último, permite que las aurículas acumulen grandes volúmenes de sangre.

Diástole ventricular

Al finalizar la sístole ventricular, los ventrículos se relajan y las presiones ventriculares caen. Entonces, comienza súbitamente la relajación ventricular, lo que permite que las presiones intraventriculares derecha e izquierda disminuyan rápidamente. Las presiones elevadas de las grandes arterias distendidas, que se acaban de llenar con la sangre procedente de los ventrículos, que se han contraído -y empujan inmediatamente la sangre de nuevo hacia los ventrículos-, hace que se cierren súbitamente las válvulas aórtica y pulmonar.

Durante otros 0,03 a 0,06 segundos, el músculo cardíaco sigue relajándose, aún cuando no se modifica el volumen ventricular, dando lugar al período de relajación. Durante este período las presiones intraventriculares disminuyen rápidamente y regresan a sus bajos valores diastólicos. A partir de aquí, se reinicia un nuevo ciclo cardíaco.

FASES	V. AURICULOVENTRICULARES	V. SIGMOIDEAS
Sístole auricular o presístole:		
Fase de llenado rápido	ABIERTAS	CERRADAS
Fase de llenado lento	ABIERTAS	CERRADAS
Diástole auricular	CERRADAS	CERRADAS
Sístole ventricular:		
Fase isovolumétrica	CERRADAS	CERRADAS
Fase de expulsión ventricular rápida	CERRADAS	ABIERTAS
Fase de expulsión lenta	CERRADAS	ABIERTAS
Diástole ventricular	CERRADAS	CERRADAS

Cuadro Nro. 10: Ciclo Cardíaco

Cuando aumenta la frecuencia cardíaca, la duración de cada ciclo cardíaco disminuye, incluidas las fases de contracción y relajación. La duración del potencial de acción y el período de contracción (sístole) también decrece, aunque no en un porcentaje tan elevado como en la fase de relajación (diástole).

Para una frecuencia cardíaca normal de 72 latidos por minuto, la sístole comprende aproximadamente 0,4 del ciclo cardíaco completo. Para una frecuencia cardíaca triple de lo normal, la sístole supone aproximadamente 0,65 del ciclo cardíaco completo. Esto significa que el corazón que late a una frecuencia muy rápida no permanece relajado el tiempo suficiente para permitir un llenado completo de las cámaras cardíacas antes de la siguiente contracción.

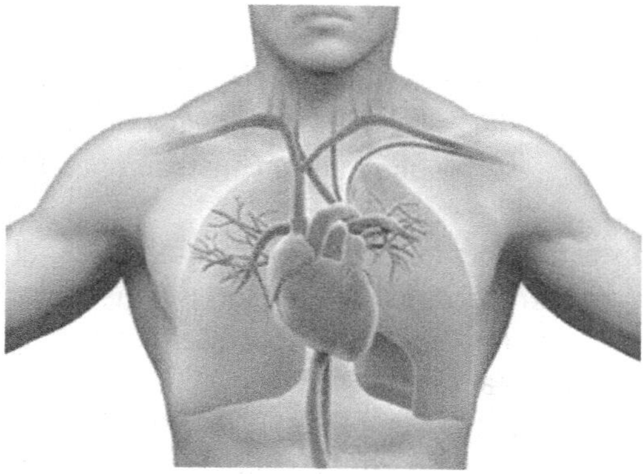

Figura Nro. 60: Relación cardiopulmonar

La sangre normalmente fluye de forma continua desde las grandes venas hacia las aurículas. Aproximadamente el 80%de la sangre fluye directamente a través de las aurículas hacia los ventrículos, incluso antes de que se contraigan las aurículas. Después, la contracción auricular habitualmente produce un llenado de un 20% adicional de los ventrículos.

Por tanto, las aurículas actúan simplemente como bombas que aumentan la eficacia del bombeo ventricular hasta un 20%. Sin embargo, el corazón puede seguir funcionando en la mayor parte de las condiciones, incluso, sin esta eficacia de un 20% adicional porque, normalmente, tiene la capacidad de bombear entre el 300 y el 400% más de sangre de la que necesita el cuerpo en reposo.

Por tanto, cuando las aurículas dejan de funcionar, es poco probable que se observe esta diferencia, salvo que la persona haga un esfuerzo. En este caso, y de manera ocasional, aparecerían síntomas agudos de insuficiencia cardíaca, especialmente disnea.

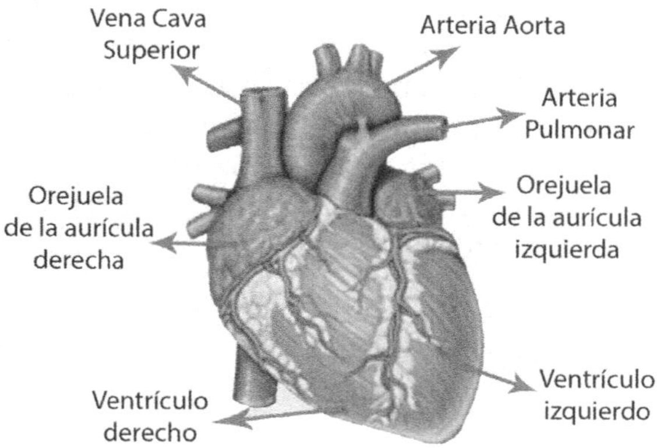

Figura Nro. 61: Anatomía del corazón

4.6 RUIDOS CARDÍACOS

Podemos decir que existen, inicialmente, dos tipos de ruidos cardíacos. Como se puede comprender, al decir "ruidos" estamos hablando de sonido audible. De este modo, se requiere de un instrumento (estetoscopio) para poder escucharlos.

El primer ruido cardíaco tiene un sonido equiparable al "lub". Se los denomina ***primer ruido cardíaco.*** Está generado por las vibraciones producidas por el cierre de las válvulas auriculoventriculares, en el inicio del la sístole ventricular. Tiene una duración de 0.15 seg.

El segundo ruido cardíaco suena como un "dup". Más corto que el primero, se lo denomina ***segundo ruido cardíaco.*** Este ruido, a su vez, está originado por el cierre de las válvulas aórtica y pulmonar (v. sigmoideas) después de la sístole ventricular. Tiene una duración de 0.12 seg.

Las válvulas auriculoventriculares impiden el flujo retrógrado desde los ventrículos hacia las aurículas durante la sístole y las válvulas semilunares impiden el flujo retrógrado desde las arterias aorta y pulmonar hacia los ventrículos durante la sístole. Estas válvulas se cierran y abren pasivamente, es decir, se cierran cuando un gradiente de presión retrógrada empuja la sangre hacia atrás, y se abren cuando un gradiente de presión anterógrada fuerza la sangre en dirección anterógrada.

Las elevadas presiones de las arterias al final de la sístole hacen que las válvulas semilunares se cierren súbitamente, a diferencia del cierre mucho más suave de las válvulas AV. Debido a sus orificios más pequeños, la velocidad de la eyección de la sangre a través de las válvulas aórtica y pulmonar es mucho mayor que a través de las válvulas AV, que son mucho mayores. Además, debido al cierre rápido y a la eyección rápida, los bordes de las válvulas aórtica y pulmonar están sometidos a una abrasión mecánica mucho mayor que las válvulas AV. Las válvulas AV tienen el soporte de las cuerdas tendinosas, lo que no ocurre en el caso de las válvulas semilunares.

Los ***soplos o murmullos*** son ruidos anómalos que se pueden escuchar en varias localizaciones del aparato vascular. Sin embargo, es más frecuente escucharlos con la auscultación cardíaca. Se deben, generalmente, a enfermedad de las válvulas cardíacas. Los soplos sistólicos suaves pueden ser frecuentes en niños sin enfermedad cardíaca.

CAPÍTULO 5

LA SANGRE

Prof. Matias Tinganelli

5.1 INTRODUCCIÓN

El principal medio de transporte del organismo, en el que viajan todas las sustancias que deben actuar en cada una de las células del organismo (nutrientes, desechos, oxígeno, etc.) es la sangre.

La sangre es una suspensión celular en un líquido llamado plasma. Inmersos en ese plasma, se encuentran los elementos formes (eritrocitos, leucocitos y trombocitos), orgánicos (proteínas) e inorgánicos (iones).

Todos estos componentes le brindan la coloración, viscosidad y características principales de la sangre y realizan las funciones fundamentales de la misma.

La cantidad total de sangre (volemia) circula permanentemente por dentro del sistema cardiovascular (corazón y vasos sanguíneos). Cualquier pérdida sanguínea por fuera de este circuito cerrado deberá resolverse rápidamente para evitar una hemorragia que afecte las funciones vitales y pueda desencadenar en la muerte.

Comenzaremos a enumerar y a estudiar los diferentes componentes y a las funciones de cada uno de ellos.

5.1.1 DEFINICIÓN

A la sangre se la puede definir como un líquido rojo, claro (cuando hablamos de sangre arterial) u oscuro (sangre venosa), de composición variable que circula a través de los vasos sanguíneos.

Los componentes de la sangre son, por un lado el plasma sanguíneo, y por otro, los elementos formes que se encuentran suspendidos en ese plasma. Los veremos en detalle a continuación.

Plasma: El plasma es la fase líquida del compartimiento intravascular. Está formado básicamente por agua, proteínas, iones, lípidos, hidratos de carbono, etc.

COMPONENTES FORMES (CELULARES O FORMES)

Glóbulos rojos o eritrocitos: Son los encargados de transportar el oxígeno mediante la hemoglobina encerrada dentro de sus membranas. Participa junto con el sistema respiratorio y el cardiovascular en el aporte de una cantidad adecuada de oxígeno a todas las células del organismo.

Glóbulos blancos o leucocitos: Son células especializadas en la defensa del organismo contra organismos extraños o alteraciones de las propias células.

Plaquetas: Junto con los factores de la coagulación y los factores regulatorios, las plaquetas son responsables del mantenimiento del estado líquido de la sangre en condiciones normales para permitir su circulación, y de formar un tapón para evitar su pérdida ante soluciones de continuidad del sistema vascular.

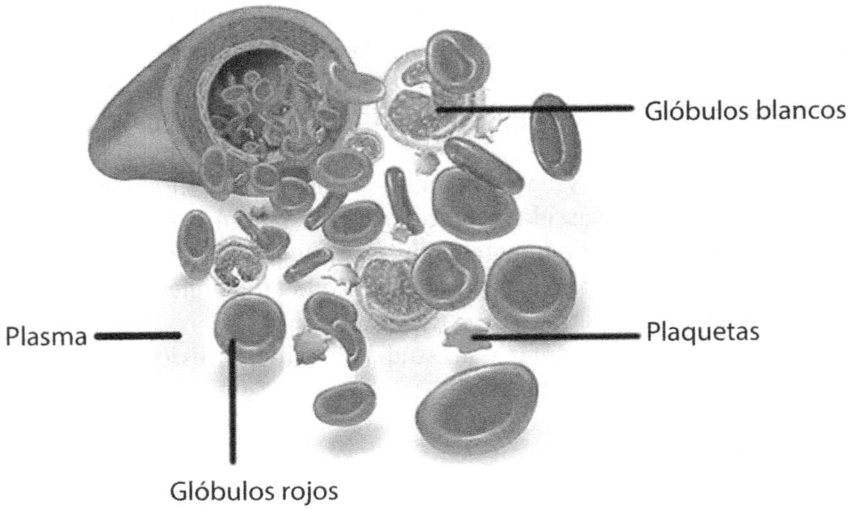

Figura Nro. 62: La sangre

5.1.2 FUNCIONES DE LA SANGRE

Las principales funciones que cumple la sangre pueden agruparse en:

- **Transporte de gases***:* A cargo de los eritrocitos, por medio de la hemoglobina. El O_2 es llevado desde los pulmones a los tejidos, para ser utilizado en el metabolismo oxidativo de las células (respiración celular). El CO_2 es transportado de los tejidos a los pulmones para su eliminación.
- **Nutrición***:* En la sangre viajan los nutrientes celulares.
- **Excreción***:* Es la que posibilita el transporte de sustancias de desecho metabólico, que son llevadas a los órganos de excreción.
- **Defensa del organismo:** En la que participan los leucocitos, el sistema de complemento y algunos sistemas proteolíticos plasmáticos que forman parte de la respuesta inmune.
- **Hemostasia y fibrinólisis***:*
  - **Hemostasia:** Comprende los mecanismos para detener una hemorragia.
  - **Fibrinólisis:** Es la degradación de la red de fibrina, formada en los procesos de coagulación, evitando la formación de trombos).

- **Regulación del pH:** Refiere al grado de acidez o alcalinidad de una sustancia, a través del intercambio entre la sangre y el líquido intersticial (líquido entre las células). Interviene en la homeostasis (equilibrio del medio interno) por el intercambio de electrolitos con el fluido intersticial y sistemas buffers que intervienen en la homeostasis de la concentración de H+.
- **Regulación térmica***:* La circulación de la sangre permite distribuir el calor de manera uniforme por las distintas partes del organismo, pudiendo regular en base a la velocidad la pérdida a través de la superficie corporal.
- **Regulación de la actividad celular***:* Mediante el transporte de hormonas y vitaminas que regulan los procesos metabólicos de las células.

5.2 EL PLASMA

El plasma está compuesto por más de un 90% de agua, que presenta un color ligeramente amarillo, formado por ¾ partes de electrolitos (iones) tales como Sodio (Na), Cloro (Cl), Potasio (K), Magnesio (Mg). El resto son proteínas plasmáticas: Albúmina, Globulina, Fibrinógeno, Gamma globulina.

5.2.1 PROTEÍNAS PLASMÁTICAS

La mayoría de las proteínas plasmáticas se sintetizan en el hígado. Su concentración en plasma en un adulto normal es de 7 g/dL. La función principal de las proteínas plasmáticas es generar y mantener la presión osmótica o coloidosmótica del plasma. Esta presión se genera porque las proteínas atraen agua y tiende a mantener la fase líquida del plasma dentro de los vasos. En caso de disminuir esta presión, que está determinada principalmente por la albúmina, es factible la aparición de un edema (acumulación de líquido en el espacio intersticial).

- **Hemoglobina:** Se encarga de transportar oxígeno desde los pulmones, a todos los tejidos del organismo y sobre el sistema respiratorio, además, regula el Ph de la sangre y recauda dióxido de carbono para enviarlo a los pulmones. Forma parte de los glóbulos rojos, y es quien se encarga de pigmentarlas células y darle el color a los glóbulos rojos.
- **Albúmina:** Es la proteína más abundante en sangre (4 g/dL). Funciona como una proteína transportadora inespecífica, a la que se pueden unir los aminoácidos libres, la bilirrubina, ácidos grasos y gran variedad de fármacos. También funciona como transportador secundario de hormonas tiroideas y corticoesteroides, si sus transportadores primarios están saturados.

- **Globulinas:** Pueden ser alfa, beta o gamma. Las gamma globulinas son sintetizadas en los linfocitos B y funcionan como inmunoglobulinas. Dentro de las alfa y las beta existen distintos tipos:
  1. **Factores de coagulación y fibrinólisis:** Son las responsables de mantener la integridad y permeabilidad del sistema vascular (junto con las plaquetas).
  2. **Sistema del complemento**: Tienen función en la inmunidad.
  3. **Proteasas**: Como las bradicininas y la calicreína, que participan en la respuesta inflamatoria.
  4. **Proteínas transportadoras:** Son transportadores específicos para distintas sustancias. Ejemplo de ellas son las apolipoproteínas (lípidos), transferrina (hierro), transcortina (corticoesteroides) y la transcobalamina (vitamina B12).

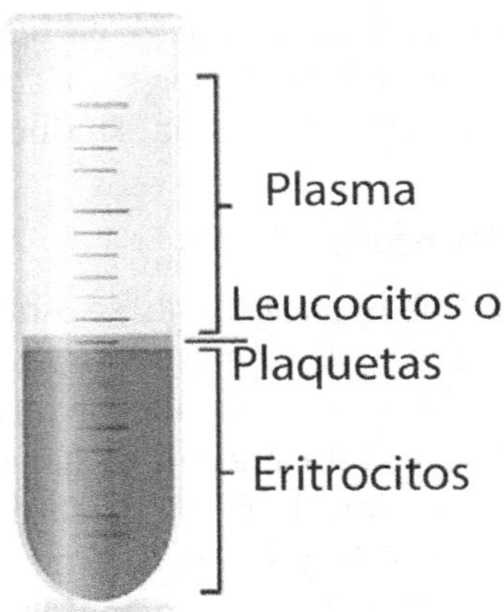

Figura Nro. 63: Plasma Sanguíneo

5.2.2 VOLEMIA

Con este nombre se define a la cantidad total de sangre que se encuentra en el organismo. También llamado Volumen Sanguíneo Total. Esta cantidad difiere en un valor cercano a 10 ml entre el hombre y la mujer:

HOMBRE: 70 ml/Kg
MUJER: 60 ml/Kg

El Volumen Sanguíneo Total, es resultado de la suma del volumen plasmático total (cantidad total de plasma presente) y del volumen globular total (cantidad total de elementos formes).

El valor aproximado del volumen plasmático total es en Hombres, 40 ml/kg y levemente inferior en Mujeres, 35 ml/kg. Mientras que el volumen globular total es algo menor, 30 ml/kg en hombres y 25 ml/kg en mujeres. La volemia no es constante sino que permanentemente modifica su valor, debido a diferentes parámetros.

El aumento del volumen plasmático es conocido como *hipervolemia* y se da por una sobrehidratación. El aumento del volumen globular total, se da por un aumento de los elementos formes llamado *policitemia* o *hiperglobulia,* fundamentalmente los glóbulos rojo, ya que son los más abundantes en sangre.

La *hipovolemia,* en cambio, se da por una disminución del volumen sanguíneo, ya sea por una baja del volumen plasmático -por ejemplo un caso de deshidratación- o por una disminución del volumen globular ante la presencia de una anemia.

5.2.3 HEMATOCRITO

El hematocrito es la relación entre el volumen globular y la concentración de la sangre total. Al ser una relación, no posee unidad, sino que es un porcentaje:

HOMBRE: 47% (5% de variación).
MUJER: 42 % (5% de variación)

Fundamentalmente, este dato sirve para observar la presencia de una Anemia ya que, al ser los glóbulos rojos los elementos más abundantes en la sangre, cualquier variación que estos sufran, repercutirá directamente en el Hematocrito.

5.3 ERITROCITOS (GLÓBULOS ROJOS)

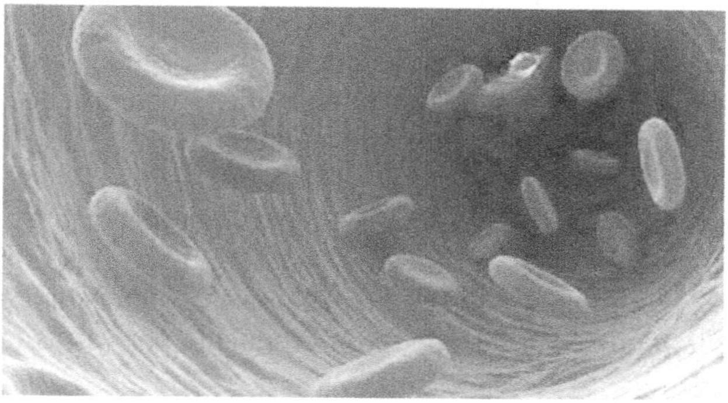

Figura Nro. 64: Eritrocitos

Los eritrocitos son células nucleadas, con forma de disco bicóncavo, de 7,5 a 8,5 micrones de diámetro (aproximadamente) y 2.5 micrones de espesor. Una de las propiedades que tienen los eritrocitos es la de poder cambiar su forma (deformidad), lo cual se hace necesario al momento de atravesar los pequeños capilares sanguíneos del cuerpo. Una vez que atraviesan los pequeños capilares, retornan a su forma original (elasticidad).

Dentro de los componentes del citoplasma de los glóbulos rojos, los dos elementos más importantes son la hemoglobina, proteína encargada del transporte de gases, y la anhidrasa carbónica, que cataliza la reacción:

$$CO_2 + H_2O \rightarrow H_2CO_3 \rightarrow HCO_3 + H$$

El recuento normal de los eritrocitos es en el Hombre de 5.300.000 x mm^3, y de 4.700.000 x mm^3 en la mujer. En ambos casos, se acepta un margen normal de 500.000 x mm^3 en más o en menos. Estos valores pueden sufrir variaciones por: Sexo, Edad, Talla, Peso y Superficie Corporal.

Estos eritrocitos tienen un promedio de vida de 120 días, momento en que empiezan a perder su elasticidad. Al no poder deformarse para circular por los vasos de pequeño calibre, pierden su utilidad. Por lo tanto, deben removerse del torrente sanguíneo. El órgano que lo remueve es el Bazo.

5.3.1 ERITROPOYESIS

La eritropoyesis es el proceso por el cual se producen y vierten al torrente circulatorio, los glóbulos rojos maduros. Este proceso comienza en la tercera semana de vida intrauterina. A partir del sexto mes desde el nacimiento, la producción de los eritrocitos se limita en la médula ósea de los huesos largos, hasta los 20 años aproximadamente y, luego de los 20 años, solo en los huesos planos: esternón, costillas, vértebras, clavículas y coxal.

La producción de estos glóbulos rojos es de aproximadamente 3.000 millones x Kg x día. Se encuentra regulada por la hormona Eritropoyetina (Epo).

La eritropoyetina es una hormona que es sintetizada y secretada por las células del riñón. De todas formas, también existe una producción extrarrenal de Epo, de un 5% a un 10% y que es producida, principalmente, en el hígado.

La vida media de la Epo es de 4 a 6 horas (en el hombre). El estímulo para la secreción de Epo es la hipoxia tisular (cuando a los tejidos no llega suficiente 02, por lo que no pueden realizar sus funciones metabólicas).

A su vez, la hipoxia tisular puede ser producida por varios factores:

- *Bajo volumen sanguíneo*: Al disminuir el volumen sanguíneo, también disminuye la cantidad de eritrocitos que pueden transportar 02, por lo que el transporte de este gas disminuye y no es suficiente para satisfacer la demanda de los tejidos.
- *Anemias*: Hay menos cantidad de eritrocitos, por lo que se transporta menos 02.
- *Bajas Concentraciones de hemoglobina.*
- *Flujo sanguíneo deficiente* (por ejemplo en insuficiencia cardíaca).
- *Enfermedad pulmonar obstructiva crónica*: En los pacientes EPOC, la oxigenación de la sangre a nivel pulmonar es deficiente, por lo que acarrea una disminución en el transporte de este gas en sangre.
- *Altura*: Cuando nos encontramos a grandes alturas, la P02 atmosférica disminuye, por lo que respiramos una menor P02 y esto provoca la hipoxia tisular.
- *Adrenalina.*
- *Noradrenalina.*

ESQUEMA

↓ GR → ↓ O_2 → Riñón EPO → estimula médula ósea roja → ↓ GR

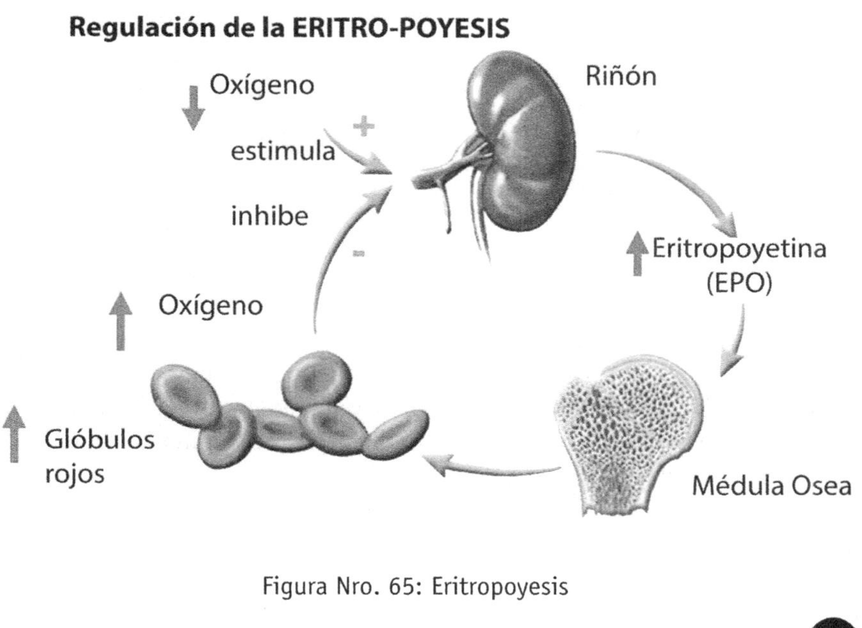

Figura Nro. 65: Eritropoyesis

5.4 LEUCOCITOS (GLÓBULOS BLANCOS)

Es un grupo de células de diferente morfología y origen, que utiliza el torrente sanguíneo para dirigirse a los tejidos, donde cada uno cumple su rol en la defensa del organismo contra la agresión.

5.4.1 CLASIFICACIÓN

Los leucocitos se clasifican en:

- Granulocitos: Neutrófilos, Eosinófilos y Basófilos.
- Linfocitos.
- Sistema Retículo Endotelial: Monocitos/Macrófagos

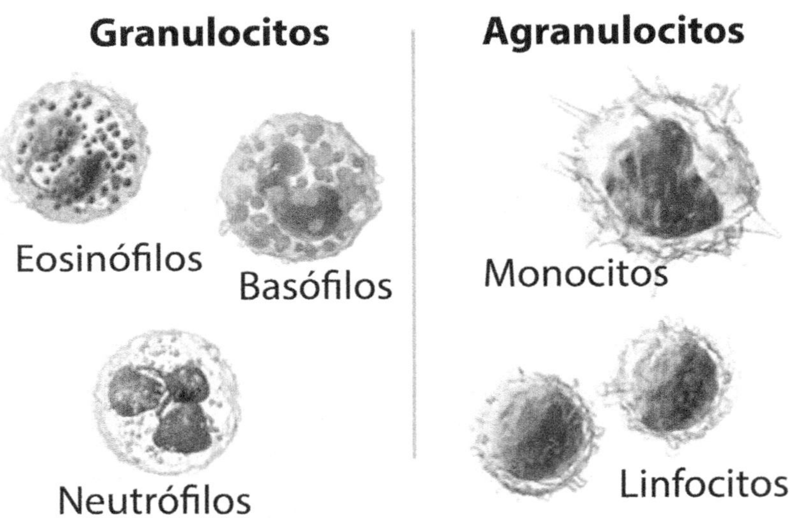

Figura Nro. 66: Granulocitos - Agranulocitos

El recuento normal de los leucocitos es considerablemente menor al de los glóbulos rojos ya que van de 4.000 a 10.000 x mm^3. Si este número aumenta, se lo conoce como Leucocitosis y no siempre indican condiciones patológicas. Por el contrario, si disminuye, se denomina Leucopenia. En este caso, sí expresan estados patológicos de la persona.

La Fórmula Leucocitaria Relativa nos muestra los valores porcentuales de cada uno de estos leucocitos, en condiciones normales.

Neutrófilos: 62 %
Eosinófilos: 2.3 %
Basófilos: 0.4 %
Monocitos: 5.3 %
Linfocitos: 30 %

Neutrófilos: Atacan y destruyen las bacterias, los virus y otros factores lesivos, tanto en el tejido como en la sangre circulante, por acción digestiva (Fagocitosis).
Eosinófilos: Aumentan en los procesos parasitarios y alérgicos.
Basófilos: Desempeñan un rol crucial en estados de alergia e hipersensibilidad.
Monocitos/Macrófagos: Intervienen en la defensa del huésped contra gérmenes y tumores, síntesis y secreciones de mediadores de la inflamación. Los Monocitos son células en tránsito que se transforman en macrófagos dentro de los tejidos donde van a actuar. Los macrófagos son las células que se encargarán de la función.
Linfocitos: Se originan en compartimentos de células precursoras hematopoyéticas. De allí, algunos se dirigen al Timo (pasan a ser Linfocitos T) y otros a la médula ósea (los Linfocitos B). Luego se almacenan en los ganglios linfáticos secundarios. Los Linfocitos T, son los encargados de los fenómenos que caracterizan a la inmunidad celular. En cambio, los Linfocitos B, son responsables de formar anticuerpos que proporcionan la inmunidad humoral (Respuesta específica del sistema inmune en la que interviene el reconocimiento de antígenos y la producción de anticuerpos).

El número de glóbulos blancos pueden variar por edad, embarazo, ejercicio y en condiciones de stress.

5.5 TROMBOCITOS O PLAQUETAS

Son desprendimientos de una célula llamada *Megacariocito*. Al ser fragmentos de células, carecen de núcleo y no tienen una morfología uniforme. Tienen un promedio de vida de 7 a 10 días, luego son removidos. Su recuento normal va desde los 150.000 a 400.000 x mm3.

La función de las plaquetas es la *Hemostasia*.

5.5.1 HEMOSTASIA

La hemostasia es una serie de procesos que evitarán el escape de la sangre de los vasos, lo cual se denomina *Hemorragia*. O sea que previene la pérdida de sangre desde los vasos (arterias y venas).

En este proceso, es posible identificar cuatro etapas diferentes. Las etapas son:

- Vascular
- Plaquetaria
- Plasmática de coagulación
- Proliferación final de tejido fibroso en el coágulo sanguíneo para cerrar el agujero en el vaso de forma permanente.

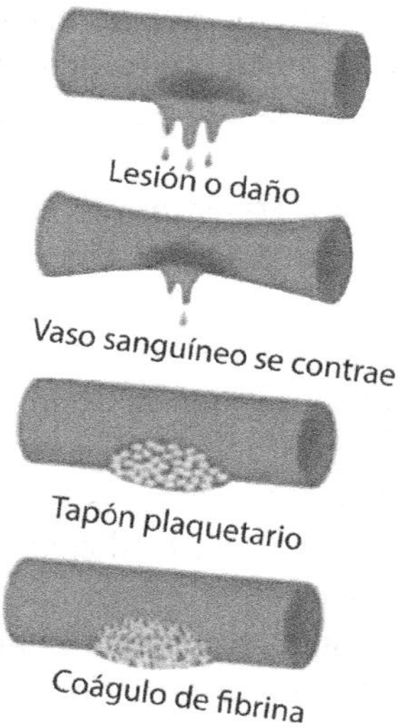

Figura Nro. 67: Pasos de la Hemostasia Primaria

Vascular: Durante la etapa vascular, se produce una vasoconstricción cuyo único objetivo es que circule menor cantidad de sangre y, mientras se forma el coágulo, se pierde menor cantidad de sangre.
Plaquetario: Esta etapa tiene momentos diferentes.

1) *Adhesión*: Los trombocitos se adhieren a la pared de los vasos, más precisamente, al colágeno, que queda expuesto en el punto de la lesión.
2) *Agregación*: Se agregan o suman plaquetas, a las que ya están adheridas a la pared. Cuando esas plaquetas son tantas que cierran por completo el punto donde se produce la pérdida de sangre, se denomina *Tapón Plaquetario.*
3) *Tapón Plaquetario*: Aún es permeable al paso de la sangre. Para transformarse en totalmente impermeable, requiere de la *Fibrina*, proteína que viaja en el plasma sanguíneo.

Plasmático de coagulación: Participa el Fibrinógeno. Esta proteína se forma en el hígado, viaja en sangre de forma inactiva, para evitar la formación de coágulos. Cuando requiere activarse, lo realiza modificando la estructura química de su superficie. Cambia su nombre a Fibrina y crea una red que se deposita sobre el Tapón Plaquetario. De esta manera queda formado el *Tapón Hemostásico*, cuya principal característica es la de ser totalmente impermeable.

Una vez formado el coágulo, todo exceso debe ser removido, para no entorpecer la circulación sanguínea. Dicho proceso se denomina *Fibrinólisis*, y es producido por la *Plasmina*.

Esta proteína también viaja en sangre de forma inactiva, denominada *Plasminógeno* (de ésta forma, favorece la producción del Tapón Hemostásico). Al entrar en contacto con un Tapón Hemostásico, cambia su conformación química y se activa en Plasmina. Así, separa la red de fibrina del tapón, por lo que este comienza a desprenderse de las plaquetas sobrantes.

5.6 GRUPOS SANGUÍNEOS

La sangre de personas diferentes tiene antígenos (sustancia ajena al organismo que desencadena la formación de anticuerpos) y propiedades inmunitarias diferentes, por lo que los anticuerpos del plasma de un tipo de sangre reaccionarán con los antígenos que hay en las superficies de los eritrocitos de otro tipo sanguíneo.

Se han encontrado 30 tipos diferentes de antígenos comunes, la mayoría de los cuales son débiles. Sin embargo, dos de ellos, el antígeno tipo A y tipo B (también llamados aglutinógenos porque aglutinan a los eritrocitos)-provocan reacciones transfusionales sanguíneas. Ellos son el sistema 0-A-B de antígenos y el sistema Rh, sobre los que nos referiremos en mayor detalle a continuación.

5.6.1 GRUPOS SANGUÍNEOS 0-A-B

En las transfusiones sanguíneas de una persona a otra, la sangre de los donantes y la de los receptores se clasifica generalmente en cuatro tipos principales de sangre 0-A-B, dependiendo de la presencia o falta de dos aglutinógenos, los aglutinógenos A y B.

Cuando no están presentes ni el A ni el B, la sangre es tipo 0. Cuando sólo está presente el aglutinógeno A, la sangre es del tipo A. Cuando está presente el tipo de aglutinógeno B, la sangre es del tipo B. Cuando están presentes los aglutinógenos A y B, la sangre es del tipo AB.

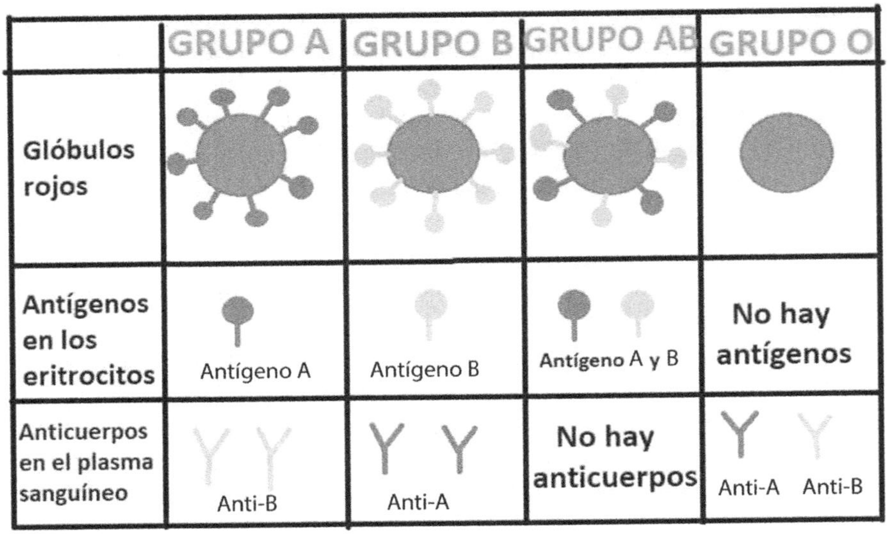

Figura Nro. 68: Grupos sanguíneos y anticuerpos

FRECUENCIA RELATIVA DE TIPOS SANGUÍNEOS

La frecuencia relativa más comúnmente hallada de los tipos sanguíneos así determinados es:

Tipo 0: 47 %
Tipo A: 41 %
Tipo B: 9 %
Tipo AB: 3 %

5.6.2 TIPO SANGUÍNEO RH

Existen seis tipos diferentes de antígenos Rh, cada uno llamado factor Rh. Estos tipos se designan C, D, E, c, d,e. Una persona que tiene un antígeno C, no tiene el antígeno c. Lo mismo se aplica a los D-d y E-e.

El antígeno D es muy prevalente en la población y es considerablemente más antígeno que los otros antígenos Rh. Cualquiera que tenga este tipo de antígeno se dice que es Rh positivo. Si carece de él, se denomina Rh negativo.

Aproximadamente el 85 % de la población de raza blanca es Rh + (positivo), y solo un 15 Rh – (negativo). Por su lado, el tipo sanguíneo Rh+ está presente en prácticamente el 100 % de la población de raza negra.

GRUPO	PUEDE DONAR A	PUEDE RECIBIR DE
A+	A+, AB+	A+, 0+
B+	B+, AB+	B+, 0+
AB+	AB+	A+, B+, AB+, 0+
AB-	AB-	A-, B-, AB-, 0-
A-	A-, AB-	A-, 0-
B-	B-, AB-	B-, 0-
0+	A+, B+, AB+, 0+	0+
0-	A-, B-, AB-, 0-	0-

Cuadro Nro. 11: Compatibilidad entre grupos y factores sanguíneos

5.7 PREGUNTAS

A continuación les planteamos una serie de interrogantes sobre conceptos clave cuyas respuestas servirán a modo de repaso y consolidación de los conocimientos adquiridos a lo largo del capítulo.

- ¿Puede nombrar 5 funciones de la sangre?
- Recuento normal de los elementos formes.
- Volemia: Definición y valores aproximados.
- ¿Cúales son los componentes del plasma?
- Definir y explicar la importancia del Hematocrito.
- Eritropoyesis: Definición, estímulo, hormona que la produce.
- Variaciones del recuento normal de eritrocitos.
- ¿Cómo se clasifican y cuál es la función de los Leucocitos?
- Variaciones del recuento normal de leucocitos.
- Hemostasia: Definición y proceso.
- Grupo sanguíneo y factor Rh.

CAPÍTULO [6]

APARATO RESPIRATORIO

Fabiana Finkeslstein, Viviana Rimauro

¿QUÉ TAL UN REPASO ANATÓMICO?

Para comenzar, vamos a ver las estructuras que componen el sistema respiratorio.

Podemos decir que dicho sistema se suele considerar dividido en vías aéreas superiores e inferiores (ver Cuadro Nro.12).

VÍAS AÉREAS	SUPERIORES	INFERIORES
Composición estructural	1. Nariz 2. Falange 3. Laringe	1. Tráquea 2. Árbol bronquial 3. Pulmones
Ubicación	Fuera de la cavidad torácica	Dentro de la cavidad torácica
Función	• Conducir el aire hacia las vías inferiores. • Proteger de las partículas extrañas. • Calentar, filtrar y humidificar el aire inspirado.	• Conducir el aire hacia la zona de intercambio gaseoso. • Realizan el intercambio gaseoso.

Cuadro Nro. 12: Anatomía del sistema respiratorio

6.1 VÍA AÉREA SUPERIOR

6.1.1 NARIZ

El aire que inspiramos penetra a nuestro organismo por los orificios nasales; estos se abren paso hacia el interior de nuestra nariz a través de las fosas nasales, las mismas, se encuentran en la parte interna de nuestra nariz, la cual está tapizada por una membrana epitelial mucosa ciliada que se extiende a lo largo de todo tracto respiratorio (Figura 69).

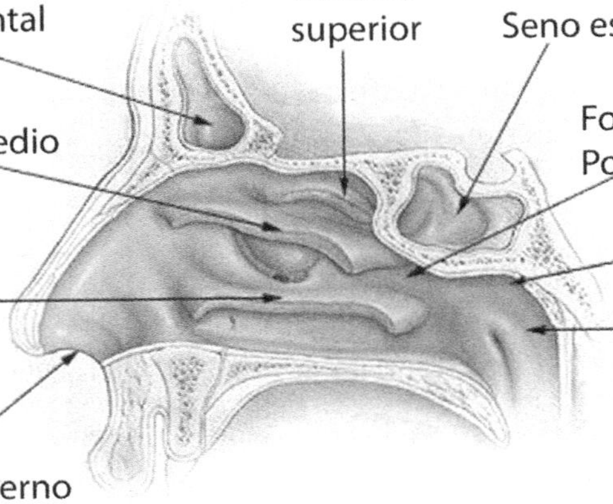

Figura Nro. 69: Nariz y cavidades nasales

La parte superior de la nariz es ósea, y está formada por la unión de los dos huesos nasales (sinartrosis/sinfibrosis, sutura plana). La parte inferior es cartilaginosa. La cavidad nasal está dividida por un tabique central y varias proyecciones llamadas cornetes (superior, medio e inferior).

El aire que pasa por la nariz se calienta y humedece al entrar en contacto con estas superficies. Los cornetes producen turbulencia al entrar el aire, haciéndolo rebotar en muchas direcciones, esto produce que las partículas choquen con las paredes de los cornetes y queden atrapadas en la capa de moco que cubre dicha superficie. El aire en cambio, debido a su baja masa, toma una nueva dirección y continúa su trayecto hacia la faringe.

Las partículas atrapadas por los cilios (pequeñas prolongaciones presentes en las superficies de las células que conforman la membrana mucosa de la vía respiratoria), son arrastradas hacia la garganta para ser deglutidas (otra manera de eliminar partículas extrañas del aire inspirado).

6.1.2 FARINGE

La faringe es un órgano con forma tubular que constituye el extremo superior común de los tubos respiratorio y digestivo. En su parte superior desembocan los orificios posteriores de las fosas nasales, en su parte media se comunica con la cavidad oral, y por su parte inferior se continúa con el esófago, de modo que conduce alimentos hacia el esófago y aire hacia la laringe y los pulmones. (Figura 70).

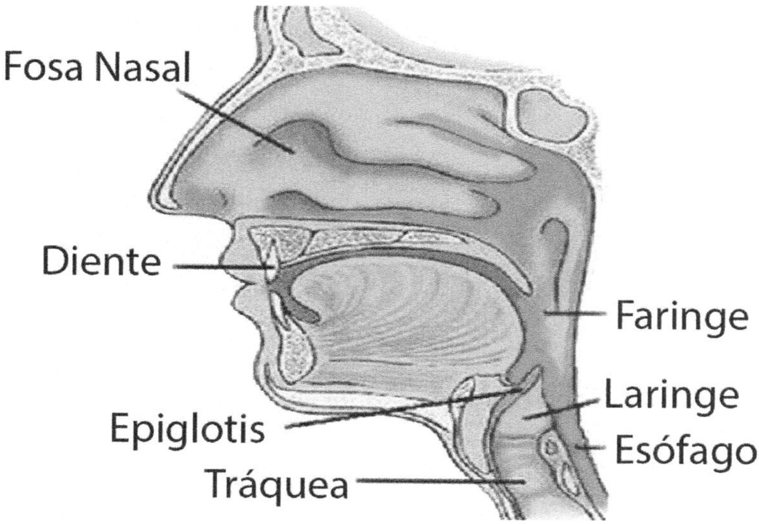

Figura Nro. 70: Faringe

6.1.3 LARINGE

La laringe es un órgano tubular especializado que se encarga de la fonación o producción de sonidos con ayuda de las cuerdas vocales, situadas en su interior. Está localizada en la cara anterior del cuello, entre la faringe y la tráquea, a la altura de las vértebras cervicales C3, C4, C5, y se compone de varias piezas de cartílago.

Los músculos que conectan las cuerdas vocales a los cartílagos laríngeos pueden tensarse o relajarse. Cuando se tensan la voz es de tono alto, cuando se relaja, es de tono bajo.

El espacio entre las cuerdas es la Glotis, cubierto en parte por la Epiglotis, otro cartílago. La epiglotis actúa como una puerta que cierra la laringe durante la deglución e impide que los alimentos entren en la tráquea.

Los cartílagos laríngeos son nueve en total: tres pares (aritenoides, cuneiformes y corniculados) y tres impares (epiglotis, tiroideo, cricoideo).

La epiglotis se funde por su borde inferior con el cartílago tiroideo (es el más grande, formado por dos láminas cartilaginosas que se fusionan medialmente, conocido como la nuez de Adán, más marcada en el hombre) (Ver Figura 71).

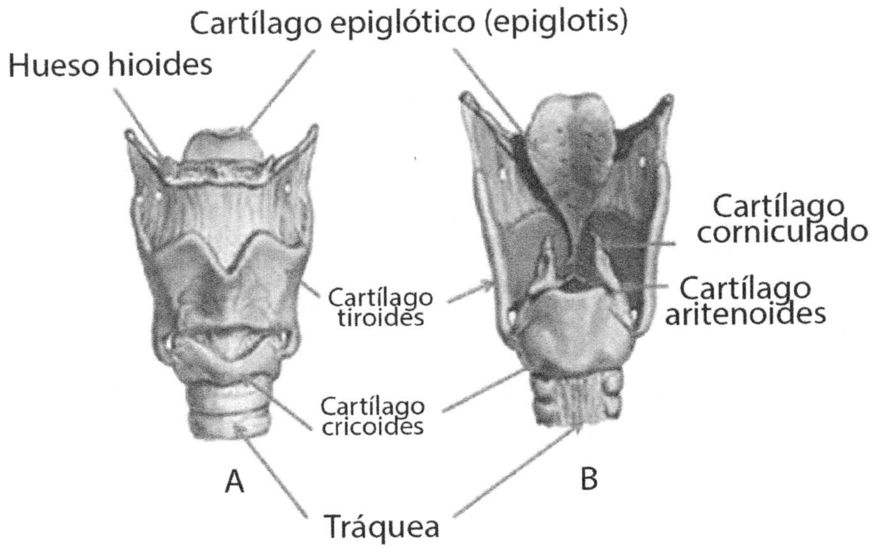

Figura Nro. 71: Cartílagos laríngeos

6.2 VÍA AÉREA INFERIOR

6.2.1 TRÁQUEA

La tráquea es un órgano formado por una sucesión de anillos incompletos fibrocartilaginosos cerrados por detrás por músculo liso, formando un conducto. Mide aproximadamente 12 cm de longitud. Su porción superior se continúa con la laringe y su porción inferior se bifurca dando lugar a los bronquios fuente (o principales) derecho e izquierdo, los cuales penetran en cada pulmón a nivel del hilio pulmonar (zona de ingreso de bronquios y vasos pulmonares). Dicha zona de bifurcación se encuentra a la altura de la 5° vértebra dorsal y se denomina Carina.

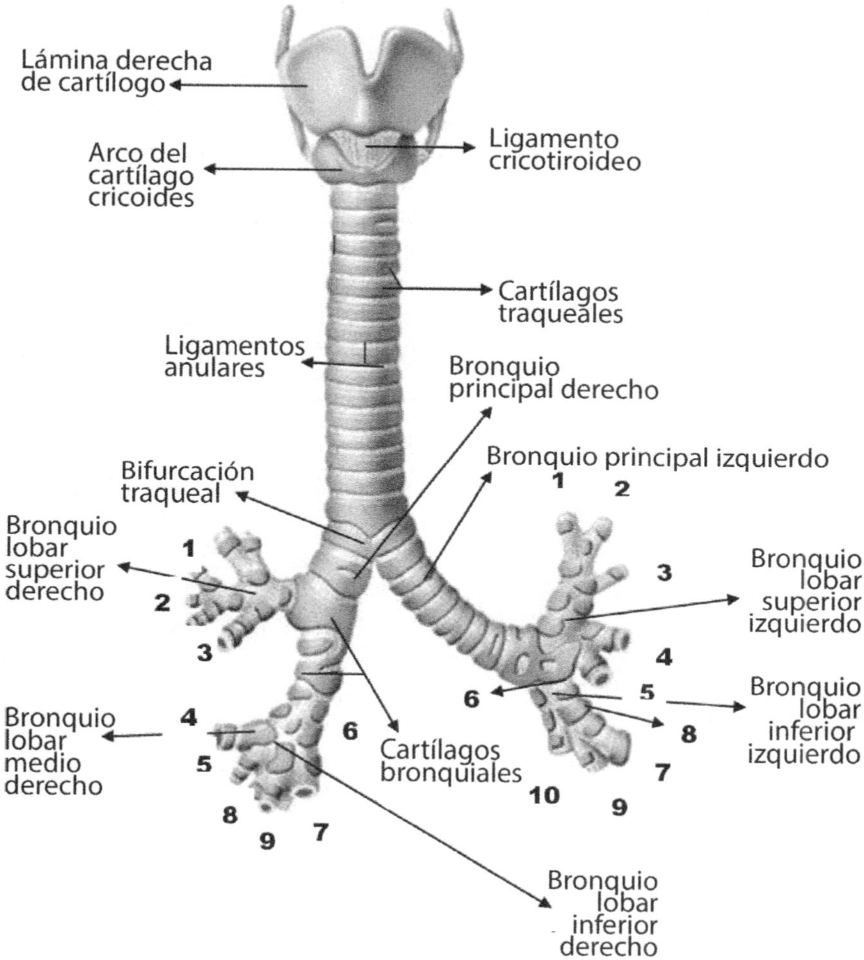

Figura Nro. 72 Tráquea

Al igual que la vía aérea superior, la tráquea está tapizada internamente por una membrana epitelial mucosa ciliada y glándulas mucosas que segregan mucus.

Su función principal es la de conducir el aire hacia los bronquios fuentes y de proteger la vía aérea, filtrando partículas extrañas que son adheridas a la mucosa traqueal e impulsadas hacia la faringe por medio de los cilios, en dónde serán eliminadas por la tos.

6.2.2 BRONQUIOS, BRONQUÍOLOS, Y ALVÉOLOS

Los miles de tubos que constituyen los pulmones podrían verse como un árbol invertido.

La tráquea sería el tronco, los bronquios fuentes o primarios derecho e izquierdo serían sus primeras ramas, las cuales se ramifican en bronquios lobares o secundarios cuyas paredes -al igual que las de la tráquea y de los bronquios primarios- presentan las mismas características: anillos en forma de C fibrocartilaginosos, cerrados por músculo liso.

Los bronquios, a su vez, se dividen en tubos cada vez más pequeños (existen16 subdivisiones bronquiales) hasta la 17ª generación a partir de la cual los tubos diminutos sólo se encuentran formados por tejido muscular liso. (Figura 73).

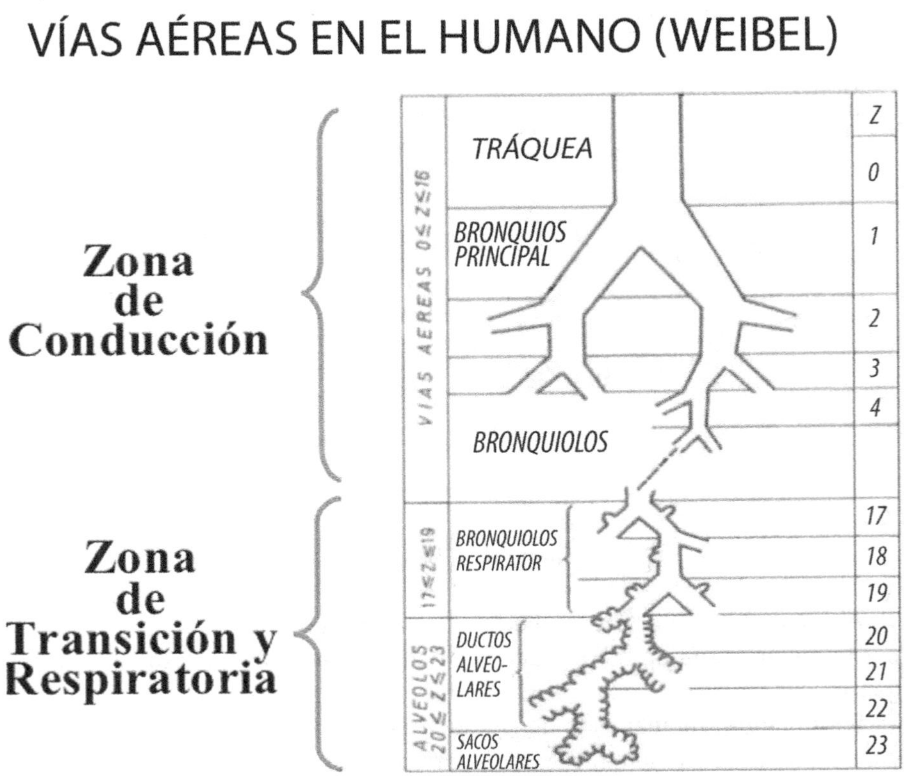

Figura Nro. 73: Árbol bronquial

Los diminutos tubos denominados bronquíolos se subdividen en tubos microscópicos denominados conductos alveolares, que se asemejan a un tallo de un racimo de uvas. Cada conducto alveolar termina en varios sacos alveolares y la pared de cada uno está constituida por alvéolos. En los pulmones, existen millones de alvéolos, cada alvéolo presenta una pared extremadamente fina en contacto con una red capilar. (Figura 74).

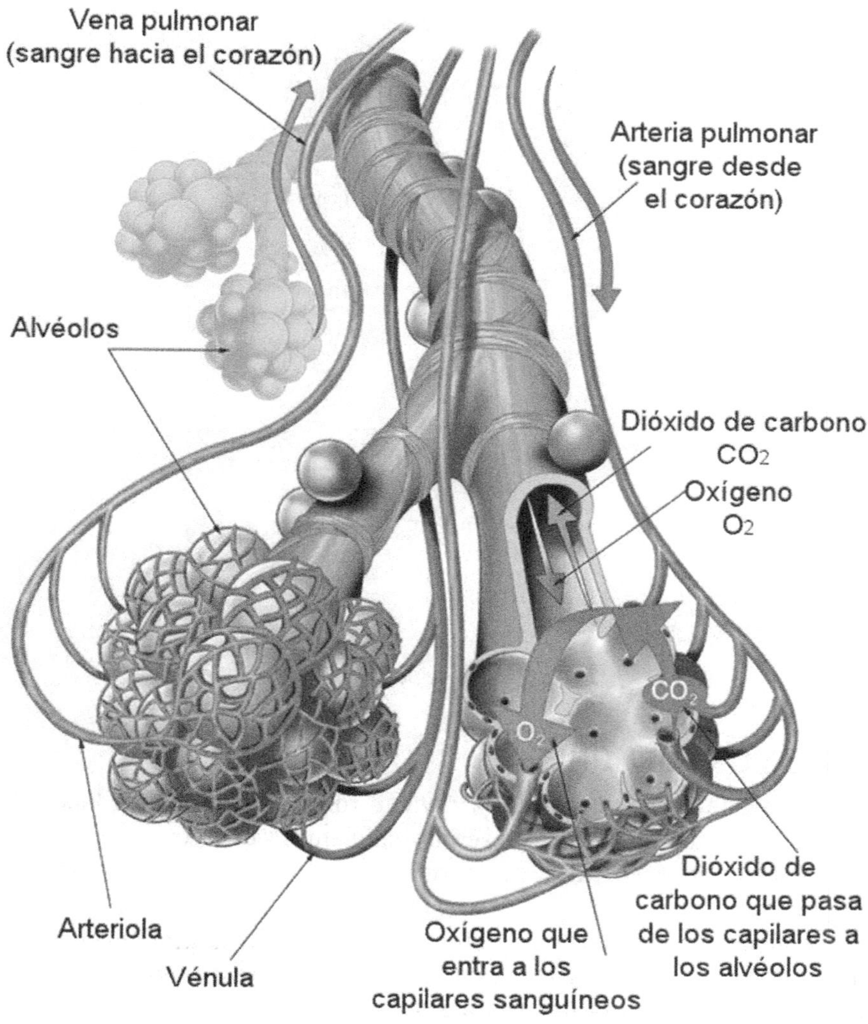

Figura Nro. 74 Saco alveolar

La superficie interna de la membrana se encuentra tapizada por una sustancia llamada Surfactante. Esta sustancia ayuda a reducir la tensión superficial en los alvéolos y evita que los mismos se colapsen durante la entrada y salida del aire. (Figura 75).

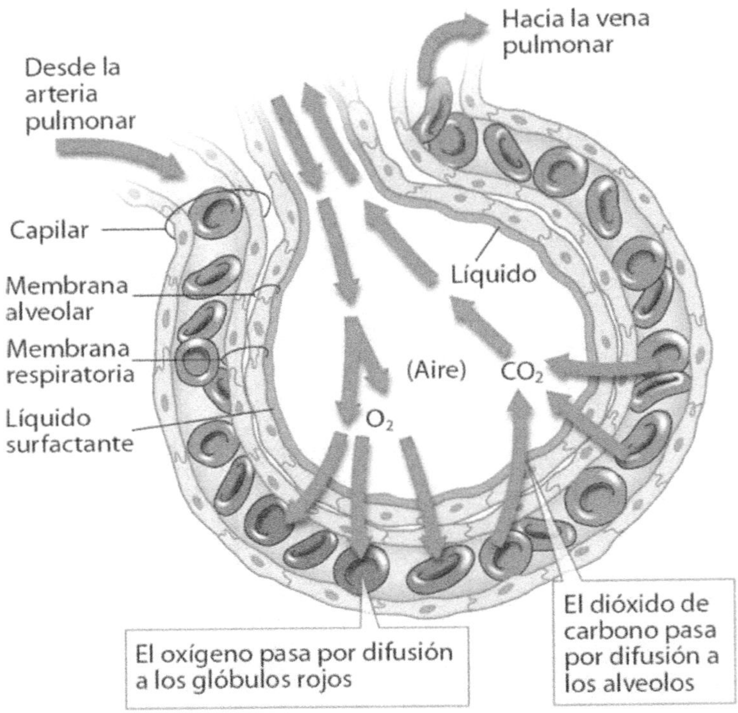

Figura Nro. 75 Hematosis

6.2.3 LOS PULMONES

Los pulmones se ubican en la cavidad torácica, uno a cada lado. Dicha cavidad está limitada por el esternón, adelante, por la columna vertebral, por detrás, por las costillas, hacia los laterales, y por el músculo Diafragma, por debajo.

La mecánica ventilatoria se efectúa aumentando y disminuyendo el tamaño de la cavidad torácica. Esta cavidad se encuentra revestida por una doble membrana serosa llamada **pleura**.

La Pleura Visceral se adhiere a los pulmones, se repliega a la altura del hilio pulmonar y recubre la parrilla costal pasando a denominarse Pleura Parietal. Entre ambas pleuras existe un espacio virtual por donde circula el líquido pleural que lubrica ambas membranas y crea una especie de vacío (debido a la menor presión) permitiendo que se desplacen juntas a pesar de no estar unidas (a este fenómeno se lo denomina "complacencia toraco pulmonar"). (Figura 76).

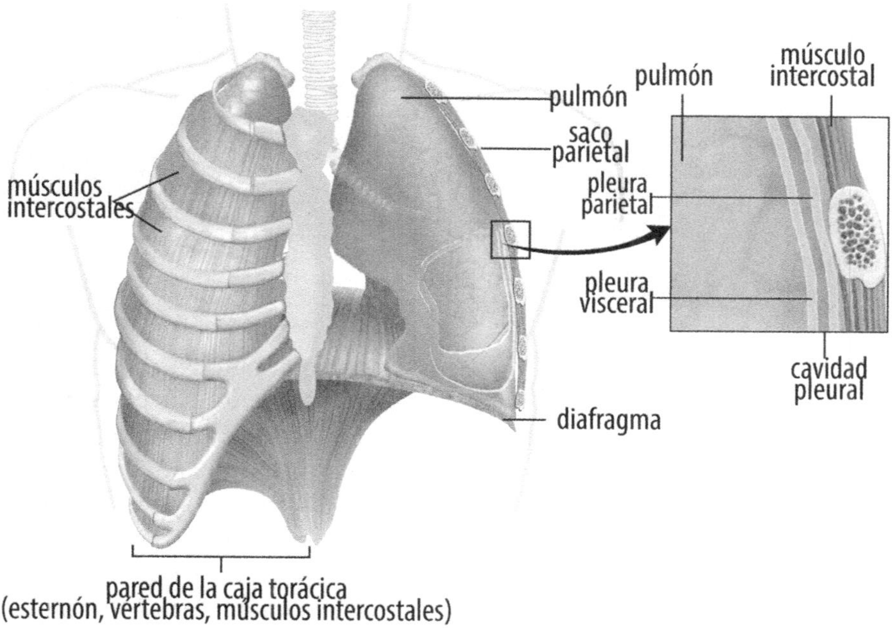

Figura Nro. 76 Pleuras pulmonares

Cada pulmón presenta cisuras, que lo dividen en diferentes lóbulos. El pulmón derecho se encuentra dividido en **tres lóbulos** (superior, medio e inferior), separado por dos cisuras: Cisura Oblicua y Cisura Transversa. El pulmón izquierdo se divide en **dos lóbulos** (superior e inferior) separado por una cisura: Cisura Oblicua.

Cada lóbulo, a su vez, se subdivide en diferentes segmentos que reciben ramas bronquiales y ramas vasculares de la arteria pulmonar. Las divisiones segmentarias de los bronquios determinan la existencia de 10 segmentos en el pulmón derecho y 9 en el izquierdo. (Figura 77).

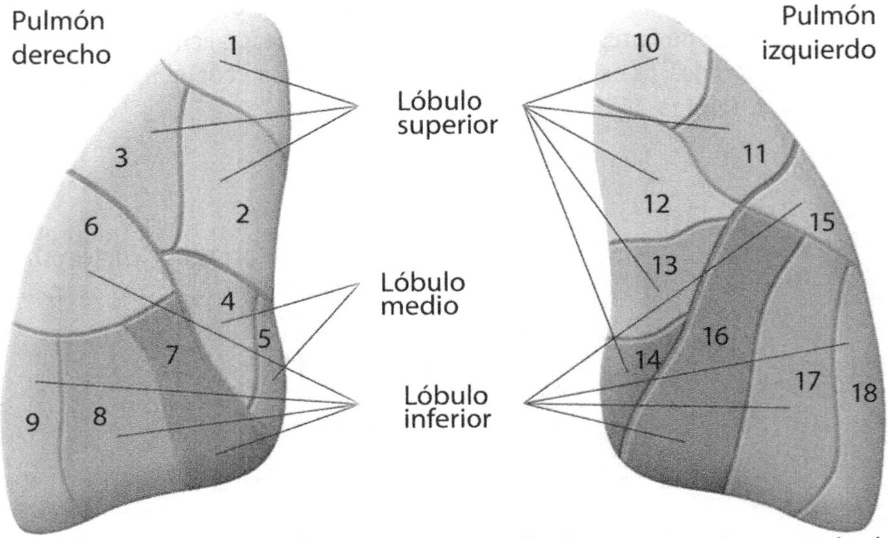

1 Segmento apical
2 Segmento posterior
3 Segmento anterior
4 Segmento lateral
5 Segmento medio
6 Segmento superior
7 Segmento basal anterior
8 Segmento basal lateral
9 Segmento basal posterior

10 Segmento apicoposterior I
11 Segmento apicoposterior II
12 Segmento anterior
13 Segmento lingual superior
14 Segmento lingual inferior
15 Segmento superior
16 Segmento basal anterior
17 Segmento basal lateral
18 Segmento basal posterior

Figura Nro. 77: Segmentos bronquiopulmonares

6.3 COMPOSICIÓN DEL AIRE

La presión que ejerce un gas en una mezcla de gases (es decir, su presión parcial) es igual a la suma de las presiones que cada gas ejercería si estuviera solo.

La composición del aire seco es 20.98% de oxígeno, 0.04% de dióxido de carbono, 78.06% de nitrógeno (N_2) y 0.92% de otros constituyentes inertes, como el argón y el helio.

La presión barométrica (PB) al nivel del mar es de 760 mmHg (una atmósfera). Por consiguiente, la presión parcial (indicada por el símbolo P) del oxígeno en el aire seco es de 0.21 × 760, o 160 mmHg al nivel del mar. La presión de nitrógeno (Pn_2) y de los otros gases inertes es de 0.79 × 760, o 600 mmHg, y la PCO_2 es de 0.0004 × 760, o 0.3 mmHg.

El vapor de agua en el aire de la mayoría de los climas disminuye un poco estos porcentajes y, por ende, las presiones parciales. El aire equilibrado con agua se halla saturado con vapor de agua, y el aire inspirado está saturado para cuando llega a los pulmones.

La presión de agua (PH2O) a temperatura corporal (37°C) es de 47 mmHg. Por tanto, las presiones parciales a nivel del mar de los otros gases en el aire que llega a los pulmones son PO2, 149 mmHg; Pco2, 0.3 mmHg y Pn2 (incluidos los otros gases inertes), 564 mmHg. El gas se difunde desde las áreas de presión alta a las de baja presión, y la velocidad de difusión depende del gradiente de concentración y la naturaleza de la barrera entre las dos regiones.

6.4 MECÁNICA VENTILATORIA, RESPIRACIÓN PULMONAR Y CELULAR

Antes de comenzar este segmento, vamos a describir dos procesos que en la jerga cotidiana se denominan igual pero que difieren bastante uno de otro.

En primer lugar, cuando hablemos de "mecánica ventilatoria" nos vamos a referir al mecanismo por el cual se producen ciclos en los cuales se alternan la generación de presión negativa, para que el aire entre a los pulmones, y la presión positiva, para que salga de los mismos (lo que llamamos coloquialmente respiración).

La respiración alude al proceso de intercambio gaseoso. La respiración pulmonar o externa, es el intercambio gaseoso que se produce entre el medio externo y el medio interno, a nivel de la membrana alveolocapilar, luego éste será distribuido por todas las células del organismo a través del sistema circulatorio.

Por otro lado, la respiración celular o interna, es el proceso por el cual las células obtienen energía química de los nutrientes. Este proceso se produce en las mitocondrias generándose un intercambio de gases entre la célula y el fluido extracelular.

En síntesis, la función del sistema respiratorio consiste en absorber el oxígeno (O2) del aire atmosférico, distribuido hacia todas las células del organismo y eliminar el dióxido de carbono (CO2) producto de desecho de la respiración celular. Por lo tanto, se requiere de 2 sistemas, el respiratorio y el circulatorio.

LAS FUNCIONES DEL SISTEMA RESPIRATORIO SON:

1. **Ventilación**: Movilización del aire entre la atmósfera y los alvéolos pulmonares.

2. **Difusión:** Del CO_2 del O_2 entre los alvéolos y la sangre y viceversa.
3. **Transporte de gases:** Transporte del O_2 y del CO_2 en la sangre hacia las células de los tejidos y desde ellos hacia los alvéolos pulmonares.
4. **Difusión:** Del O_2 y CO_2 desde los capilares perisfericos a los tejidos y viceversa.

6.4.1 CICLO VENTILATORIO

El ciclo ventilatorio comprende dos fases: (Figura 78).

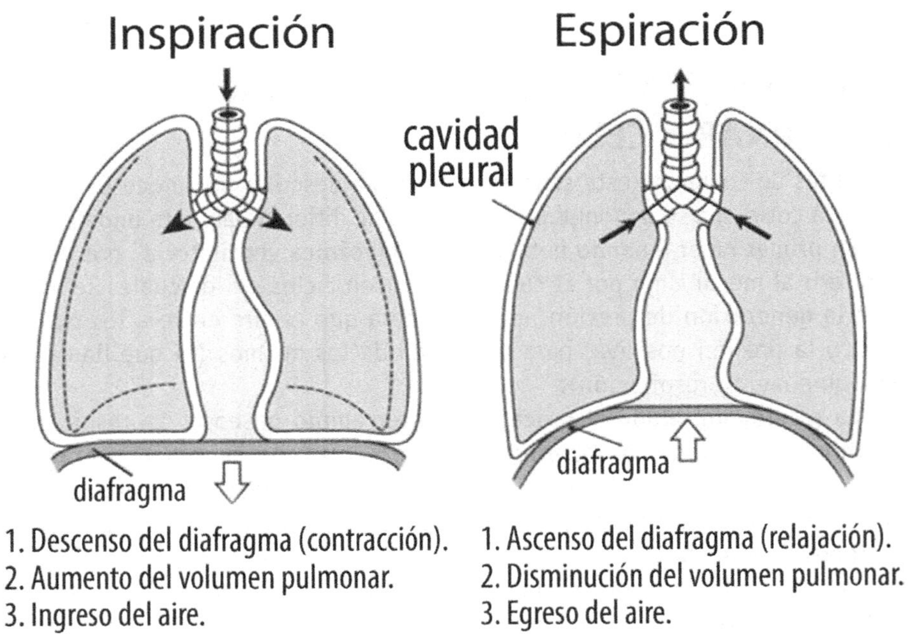

Figura Nro. 78: Fases del ciclo ventilatorio

1. **Fase Inspiratoria:** El ingreso del aire hacia los pulmones es un proceso activo que se produce gracias a la presión negativa generada en los mismos debido a la contracción de los músculos inspiratorios. El principal músculo inspiratorio es el Diafragma. Al contraerse, este músculo se desplaza hacia abajo aumentando los diámetros, vertical, transversal y anteroposterior del tórax, generando la expansión de este y los pulmones -ya que las pleuras actúan solidariamente-, produciendo la presión negativa para que el aire ingrese a los pulmones. Los músculos intercostales externos colaboran con la acción del diafragma, contribuyendo con su contracción al aumento del diámetro transversal del

tórax. En esfuerzos extremos o situaciones patológicas -ante la mayor necesidad de ingreso del aire-, pueden participar activamente los músculos accesorios de la inspiración: E.C.O.M, escalenos, Pectorales, y Serrato Mayor.

2. **Fase Espiratoria:** La espiración en reposo es un fenómeno pasivo (no hay contracción muscular), se produce por la relajación de los músculos inspiratorios y por las propiedades elásticas del tórax y los pulmones. Al cesar la contracción, retorna a su posición de reposo, y recupera su forma original, se genera asi una presión positiva intraalveolar que determina el egreso del aire.
   En situaciones donde es necesaria la expulsión del aire en forma forzada (tos, ejercicios vigorosos, etc.) ésta pasa a ser activa, produciéndose la contracción de los músculos de la faja abdominal y los intercostales internos, aumentando la presión positiva y la eliminación del aire.

En dicha situación los abdominales producen la espiración de dos maneras:

a) Tirando de la jaula torácica hacia abajo y, por lo tanto, disminuyendo el diámetro anteroposterior de la cavidad.
b) Forzando el contenido abdominal hacia arriba, lo que desplaza al diafragma en la misma dirección y, por tanto, disminuye el volumen de la cavidad torácica.

	INSPIRACIÓN	**ESPIRACIÓN**
REPOSO	ACTIVA • Contracción del Diafragma e intercostales externos. • Aumento del volumen del tórax y los pulmones. • La presión intrapulmonar es negativa, lo que facilita la entrada de aire.	PASIVA • Relajación del Diafragma e intercostales externos. • La elasticidad de los pulmones y del tórax reduce el volumen. • La presión intrapulmonar es positiva lo que genera la salida de aire.
FORZADA	ACTIVA • Contracción de los músculos accesorios de la inspiración: escalenos, E.C.O.M. serratos pectorales. • La presión intrapulmonar es más negativa, lo cual permite mayor entrada de aire.	ACTIVA • Contracción de los abdominales e intercostales internos. • La presión intrapulmonar positiva es mayor por lo que aumenta la salida de aire.

Cuadro Nro. 13: Ciclo ventilatorio

6.4.2 EL PAPEL DE LA PRESIÓN EN EL INGRESO Y EGRESO DEL AIRE

Los fisiólogos coinciden en resaltar la importancia que tienen las presiones atmosférica, intrapleural e intraalveolar en la circulación del aire, entre la atmósfera y los alvéolos pulmonares.

En estado de reposo la presión intraalveolar o intrapulmonar es igual a la atmosférica (760mmHg).

En el interior de la pleura, en cambio, la presión intrapleural es negativa (-3,7 mmHg), debido a la mayor tracción hacia adentro que ejerce el tejido pulmonar con relación a la tracción hacia afuera que ejerce la caja torácica.

Al comenzar la contracción del M. Diafragma, éste tira de la pleura parietal y ésta "arrastra" a la pleura visceral, generando una mayor presión negativa intrapleural (-5,5mmHg) que será transmitida al alvéolo atrayendo éstos aire del exterior.

Cuando el Diafragma se relaja, las fuerzas de elasticidad pulmonar y torácica producirán el retorno a la posición habitual, traccionando de las pleuras parietal y visceral, y generando la presión positiva intrapleural e intraalveolar que desplazará el aire hacia afuera.

6.4.3 DIFUSIÓN DE GASES (TRANSPORTE)

Ahora vamos a ver como atraviesa el gas las paredes alveolares.

La membrana respiratoria, llamada Membrana Pulmonar, es lo suficientemente delgada para que se difundan gases a través de ella hacia la sangre pulmonar. (Figura 79).

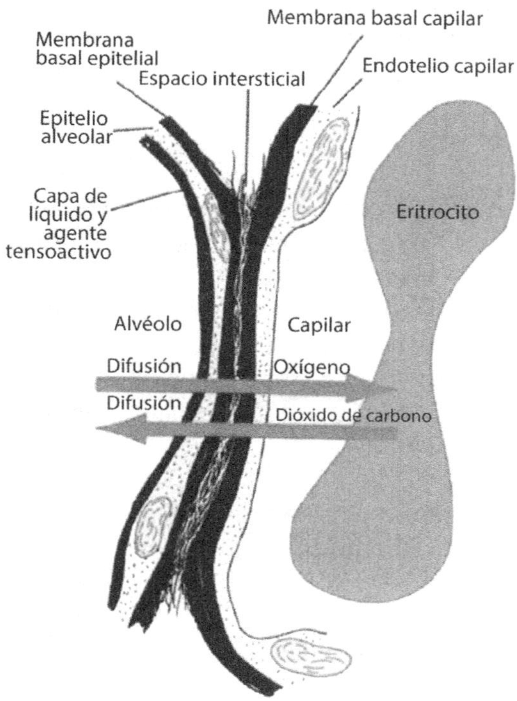

Figura Nro. 79 Difusión en la membrana alveolo capilar

En dicha membrana, se pueden observar las siguientes capas desde dentro del alvéolo hacia el glóbulo rojo o eritrocito:

a) Una capa de líquido que tapiza el alvéolo y que contiene surfactante (agente tensioactivo).
b) El epitelio alveolar formado por células epiteliales finas.
c) Una membrana basal epitelial.
d) Un delgado espacio intersticial entre el epitelio alveolar y la membrana capilar.
e) Una membrana basal capilar que se fusiona con la membrana basal del epitelio alveolar.
f) La membrana del endotelio capilar.

Según la ley de Fick (que describe la difusión a través de los tejidos) la celeridad del traslado de un gas a través de una membrana de tejido es directamente proporcional a la superficie del tejido y a la diferencia de concentración del gas entre los dos lados, e inversamente proporcional a su espesor.

La superficie total de la membrana pulmonar es de $70m^2$ (lo que equivale a un departamento de 3 ambientes), pero su espesor es menor a 1 micra, lo que le permite la rápida difusión de oxígeno y dióxido de carbono entre el aire alveolar y la sangre.

Esto quiere decir:

- Cuanto mayor es el gradiente de presión, mayor será su difusión.
- Cuanto mayor es el área de la membrana pulmonar, mayor la cantidad de gas que pueda difundirse a través de ella.
- Cuanto más delgada sea la membrana pulmonar, mayor su capacidad para difundir gases a través de ella.
- Cuanto mayor es la solubilidad (capacidad de disolverse al mezclarse con un líquido) de un gas en la membrana pulmonar, mayor su magnitud de difusión.

Cualquier patología en la que se altere su espesor, superficie o concentración de gases, alterará su función.

La hematosis es el proceso de intercambio de gases por difusión que ocurre a nivel pulmonar entre el aire y la sangre

La difusión pulmonar consiste en el pasaje a nivel de la membrana alveolocapilar de O2 y CO2. Ambos gases se moverán a través de dicha membrana por el mecanismo de difusión simple (pasaje de gases de una zona de mayor concentración a una de menor concentración), a favor de un gradiente (diferencia) de concentración. Al ser mayor la concentración de O2 en el alvéolo, este pasará hacia la sangre con el fin de llevarlo hacia los tejidos corporales para la respiración celular. En cambio, el CO2 lo hará en sentido inverso debido a que este gas se encuentra más concentrando en sangre. De esta manera el CO2 será eliminado del organismo al exhalar.

6.5 VOLÚMENES Y CAPACIDADES PULMONARES

VOLÚMENES

- Volumen **Corriente** (VC): es el aire que ingresa y egresa del sistema pulmonar durante un ciclo ventilatorio en reposo (0,5 litros).
- Volumen de **Reserva Inspiratorio** (VRI): es el volumen de aire adicional que puede inspirarse por encima del VC, mediante una inspiración máxima (2,5 a 3 litros).

- Volumen de **Reserva Espiratorio** (VRE): es el volumen adicional de aire que se puede espirar, por encima del VC, mediante una espiración forzada (1,2 litros).
- Volumen **Residual**: es el aire que queda en los pulmones luego de una espiración máxima (forzada). Su valor aproximado es de 1,2 litros.

CAPACIDADES

- Capacidad **Vital**: comprende la máxima cantidad de aire que podemos espirar después de una inspiración máxima. Está representada por la suma del VC + VRE + VRI (4,5 – 5 litros).
- Capacidad **Inspiratoria**: es el máximo volumen de aire que puede ser inspirado. Está representada por la suma del VC + VRI (3 – 3,5 litros).
- Capacidad **Residual Funcional**: es la cantidad de aire que queda en los pulmones luego de espirar el VC. Está representada por el VRE + VR (2,4 litros).
- Capacidad **Pulmonar Total**: es el máximo volumen de aire que alojan los pulmones luego de una inspiración máxima y está representada por la suma de los 4 volúmenes pulmonares: VC + VRI + VRE + VR (5,7 – 6,2 litros).

La capacidad vital forzada (FVC) se refiere a la mayor cantidad de aire que puede expulsarse después de un esfuerzo inspiratorio máximo, a menudo se mide en clínica como un índice de la función pulmonar. Aporta información útil acerca de la fuerza de los músculos respiratorios y otros aspectos de la función pulmonar.

La fracción de la capacidad vital espirada durante el primer segundo de una espiración forzada se conoce como FEV1 (antes llamada capacidad vital cronometrada).

El cociente entre FEV1 y la capacidad vital forzada (FEV1/FVC) es una herramienta útil para el diagnóstico de la enfermedad de vías respiratorias.

La cantidad de aire inspirado por minuto (ventilación pulmonar, volumen respiratorio por minuto **VRM**) normal es de 6 L (500 ml por respiración por 12 respiraciones por minuto).

La **ventilación voluntaria máxima** (MVV) corresponde al volumen más grande de gas que puede desplazarse dentro y fuera de los pulmones en un minuto mediante un esfuerzo voluntario. La ventilación voluntaria máxima normal es de 125 a 170 L/min.

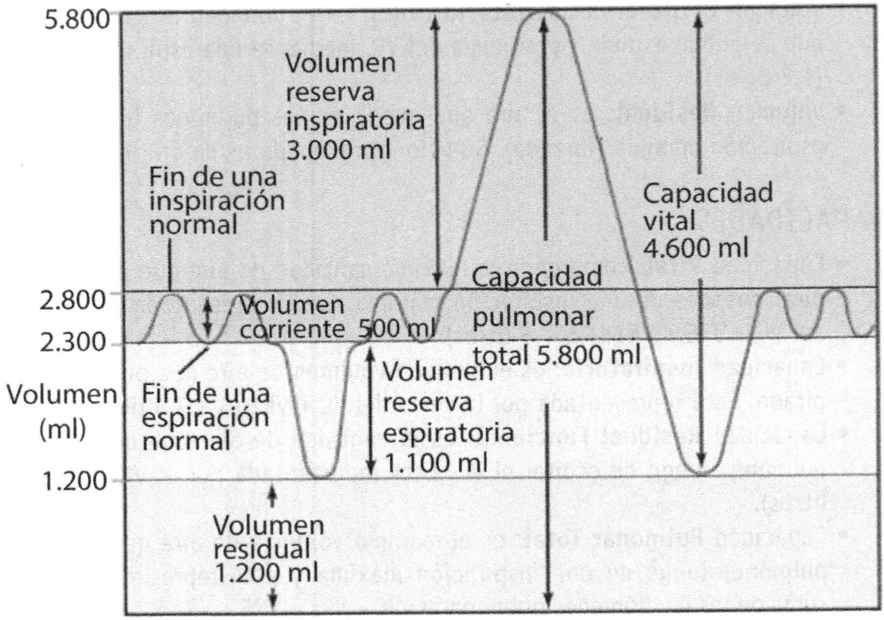

Figura Nro. 80: Volúmenes y capacidades pulmonares

6.6 ESPACIO MUERTO

El espacio muerto es considerado como el volumen del aire que queda en las vías de conducción (es decir donde el aire circulante no realiza intercambio de gases).

Podemos, por lo tanto, diferenciar el espacio muerto anatómico del fisiológico.

ESPACIO MUERTO ANATÓMICO

En condiciones de reposo el aire que entra a nuestros pulmones es de aproximadamente 500 ml., de los cuales 350ml llegan a los alvéolos y los restantes **150 ml quedan en las vías de conducción (o espacio muerto anatómico)** que luego serán eliminados en la siguiente espiración.

ESPACIO MUERTO FISIOLÓGICO

Es el volumen de gas alveolar que no se equilibra con la sangre capilar. Esto puede deberse a dos causas:

1. Exceso de ventilación respecto a la perfusión capilar.
2. Alvéolos afuncionales (patología pulmonar, ej. E.P.O.C., enfisema, etc.)

En una persona en condiciones normales, el espacio muerto anatómico y fisiológico es casi igual, ya que todos los alvéolos son funcionales, pero en una persona que tiene alvéolos que son parcialmente funcionales o que no funcionan, el espacio muerto fisiológico puede ser mayor que el anatómico, esta situación se da en algunas enfermedades pulmonares.

6.7 FRECUENCIA Y AMPLITUD RESPIRATORIA

La **frecuencia respiratoria** (FR) es el número de veces que se realiza un ciclo ventilatorio (inspiración y su espiración) por minuto en reposo. Es aproximadamente de 12 a 18 veces por minuto, siendo éste es un valor promedio pues varía con la edad, sexo y condiciones fisiológicas.

Dentro de las variaciones de la frecuencia respiratoria encontramos:

- Taquipnea: Aumento de la FR.
- Bradipnea: Disminución de la FR.
- Apnea: Falta de movimientos respiratorios
- Disnea: Dificultad respiratoria.

La **Amplitud respiratoria** es el volumen de aire que ingresa en el aparato respiratorio, valor normal en reposo: 500 ml de aire, también llamado volumen corriente (VC).

Ventilación Pulmonar (VP) o Volumen minuto respiratorio (VMR): Representa la cantidad de aire ventilado en 1 minuto mediante el ciclo respiratorio. Se obtiene de multiplicar el VC (500 ml de aire) por la frecuencia respiratoria (en reposo: 12 a 16 respiraciones x minuto).

Volumen minuto respiratorio = frecuencia respiratoria x volumen corriente

VMR = 12 respiraciones / l´ x 500 ml de aire
VMR = 6000 ml de aire / l´ o 6 litros / l´

6.8 RELACIÓN V/Q

Se llama relación ventilación-perfusión a la relación entre la ventilación alveolar por minuto y el flujo circulatorio pulmonar por minuto.

La ventilación y la perfusión (irrigación) pulmonar no son homogéneas en todas las zonas pulmonares, produciéndose variaciones debido al efecto de la acción de la fuerza de gravedad sobre ellas. Para lograr un correcto intercambio gaseoso se requiere una adecuada ventilación y una suficiente perfusión y una relación funcional entre ambas, en cada unidad funcional del pulmón.

En una persona erguida y en reposo el pulmón tiene poco flujo sanguíneo en la parte superior, pero 5 veces más en la parte inferior.

- La V/Q resulta de dividir la ventilación alveolar (VA: 4,2 litros /min.) sobre la perfusión pulmonar (VMC: 5 l/min.) y es igual a 0,8.

VA = FR x aire que hace hematosis (alvéolos)
VA = 12 resp. xl´ x 350 ml de aire = 4,2 litros / l´
V/Q = 4,2 litros / l´ ÷ 5 litros / l´ = 0,8

La relación ventilación/perfusión idónea (o máxima) en un pulmón, en condiciones normales, se alcanza a una altura media de éste. Por encima, en dirección al vértice pulmonar, tendríamos alveolos muy ventilados y poco perfundidos, y cuando nos acercamos a la base pulmonar, sucede justo lo contrario, alvéolos muy perfundidos y poco ventilados. (Figura 81).

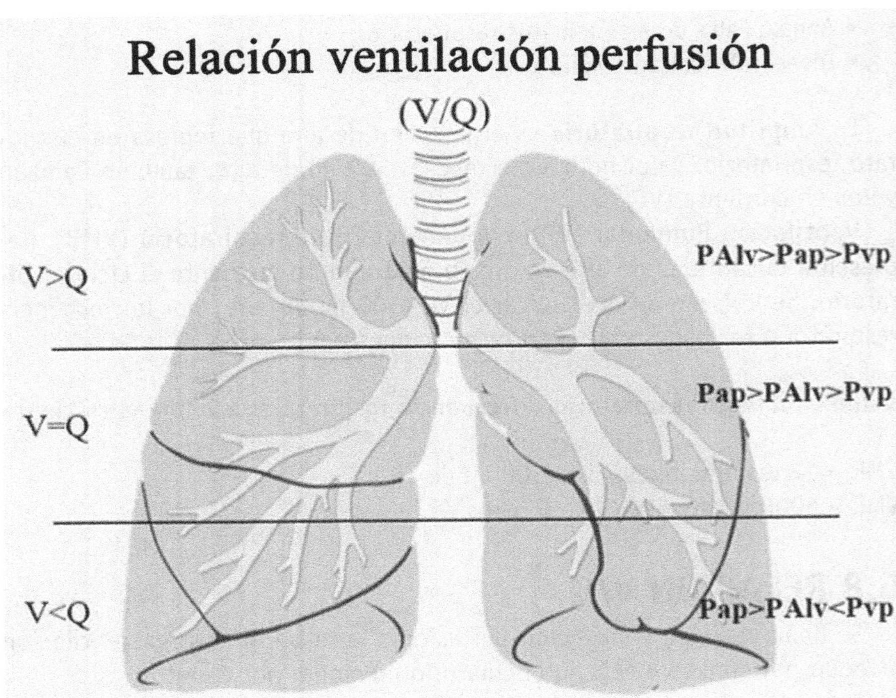

Figura Nro. 81: Relación ventilación/perfusión

El valor de 0,8 es la relación óptima y se produce en las zonas medias del pulmón. Las variaciones que produce el efecto de la gravedad son mayores en la perfusión que en la ventilación. En las zonas superiores, la ventilación y perfusión disminuyen, pero al hacerlo en mayor proporción la perfusión, la relación V/Q se incrementa, es decir mayor a 0,8.

En las zonas basales, en cambio, la ventilación y perfusión se incrementan, haciéndolo en mayor medida la perfusión, por lo que la relación V/Q disminuye, es decir menor a 0,8. (Cuadro 14). El desequilibrio entre la relación entre V/Q es la causa más frecuente de hipoxemia.

VA (L/MIN)	Q (L/MIN)	V/Q
2,4	0,7	3,4
4,2	5	0,8
7	12	0,6

Cuadro Nro. 14: Relación V/Q

6.9 TRANSPORTE DE GASES EN SANGRE

Los gases solo pueden moverse por difusión (de donde hay más presión hacia donde hay menos). Eso hace que oxigeno difunda de los alveolos hacia la sangre y desde la sangre hacia las células y el dióxido de carbono haga lo mismo desde las células hacia la sangre y desde la sangre a los alveolos.

Una vez que el oxígeno ha difundido de los alveolos a la sangre, se transporta principalmente combinado con hemoglobina para llegar a los capilares tisulares. Ya en los tejidos, el oxígeno reacciona con diversos nutrientes para formar energía y grandes cantidades de dióxido de carbono que deben ser transportadas al pulmón.

TRANSPORTE DE O_2 EN SANGRE

El O_2 se transporta en la sangre únicamente de dos formas:

O_2 Disuelto: Constituye en 2% del O_2 transportado.

A pesar de ello, la fracción disuelta presenta es importante, pues determina la presión parcial de O2 en la sangre (PPO2). La cantidad de O2 disuelto en el plasma es directamente proporcional a su presión parcial.

O_2 Combinado con la Hemoglobina (Hb): Constituye el 98%

La hemoglobina es una proteína presente en el glóbulo rojo. Está formada por cuatro estructuras globulares llamadas globinas, con un átomo de hierro cada uno (grupo Hemo). El grupo hemo de la hemoglobina se combina laxa y reversiblemente con el oxígeno, y asi cada molécula de Hb puede combinarse y transportar 4 moléculas de O_2 formando la Oxihemoglobina (4 Hb + 4 O_2: HbO_2). (Figura 82).

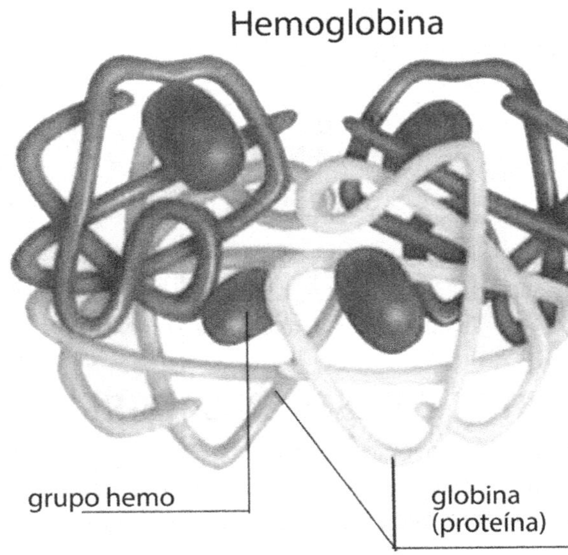

Figura Nro. 82: Hemoglobina

La combinación del oxígeno con la hemoglobina depende de la presión O2 de la sangre y la fuerza de enlace o afinidad entre el oxígeno y la hemoglobina, y eso dará la saturación de la hemoglobina.

Cuando la Po2 es elevada (como en los capilares pulmonares) el oxígeno se liga a la hemoglobina, pero cuando es baja -como en el caso de los capilares de los tejidos-, el oxígeno se libera de la hemoglobina.

6.10 CURVA DE DISOCIACIÓN DE LA HEMOGLOBINA

La hemoglobina se satura en los pulmones, donde la presión parcial de O_2 (PPO_2) es alta. En los tejidos, en especial cuando están en actividad, la presión de O_2 es baja, por lo que la Hb libera el O_2.La relación entre la PPO_2 y la saturación de la Hb queda expresada en la "Curva de Saturación de la Hemoglobina" o "Curva de disociación de la Hb": (Figura 83).

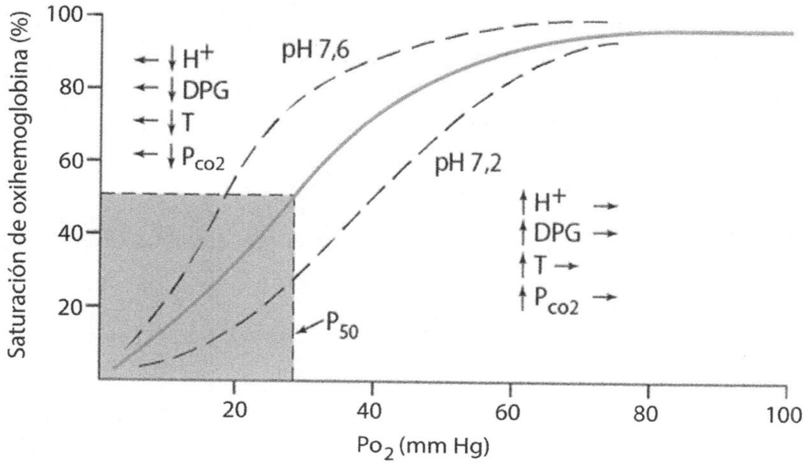

Figura No.83: Curva de disociación hemoglobina

A partir de dicha curva podemos observar que:

- Con una PPO2 de 40 mm Hg, se satura el 75% de la Hb. Esto ocurre en los capilares de los tejidos y significa que la Hb cedió a los mismos 25 % del O2 que transportaba.
- Con una PPO2 de 100 mm Hg, se satura el 97% de la Hb. Esto ocurre en los capilares pulmonares.

La saturación de la hemoglobina con O2 puede ser influenciada por diversos factores que aumentan o disminuyen la afinidad entre la Hb y el O2.

Estos factores son: PPCO2 (presión parcial del CO2), el PH (grado de acidez o alcalinidad de una sustancia -es ácido, muchos H+, cuando el PH es menor de 7 y alcalino, cuando el PH es mayor que 7), la temperatura y el 2-3 DPG (difosfoglicerato), que es un metabolismo de la cadena enzimática anaeróbica de obtención de energía en el glóbulo rojo.

Cuando aumentan la PPCO2, la temperatura y el 2-3 DPG, y disminuye el PH (Aumento de los H+), la afinidad de la Hb por el O2 disminuye, desplazándose la curva de saturación hacia la derecha, lo que se conoce como Efecto Bohr. Esto ocurre cuando la Hb entra en contacto con un tejido en actividad (Ej.: el músculo durante la realización de ejercicio) y favorece la descarga de O2 hacia el tejido.

- El descenso de la PPCO2, de la temperatura y del 2-3 DPG y el aumento del PH, producen el efecto contrario, denominado Efecto Haldane, desplazándose la curva hacia la izquierda y aumentando la afinidad de la Hb por el O2. Estas condiciones se dan en el tejido pulmonar, en un medio de características alcalinas, por ejemplo, en la altura.

TRANSPORTE DE CO_2

El CO_2 se transporte en la sangre mediante 3 mecanismos diferentes:

1. Disuelto en el plasma: (7%)
2. Formando Bicarbonato (70%)

En la sangre, el CO_2 se combina con el H_2O formando ácido carbónico (H_2CO_3). Este ácido debe neutralizarse para evitar el aumento peligroso de la acidez, por lo que el ácido se disocia en H^+ y CO_3 (bicarbonato).

$$CO_2 + H_2O \leftrightarrow H_2CO_3 \text{ (ácido carbónico)} \leftrightarrow H^+ + CO_3 \text{ (bicarbonato)}$$

3.Combinado con la hemoglobina (23%)

El hidrógeno se combina con la hemoglobina. Luego el H^+ se combina con la Hb de la sangre y neutraliza la acidez, por lo que la Hb actúa como buffer (amortiguador). El CO_3H- sale del glóbulo rojo y pasa al plasma donde se une al Na+ (sodio) y forma bicarbonato de sodio (CO_3HNa) y así viaja por la sangre hasta el pulmón (la sangre tiene un PH de 7,4, -ligeramente alcalino- por lo tanto, no hay peligro que viaje como bicarbonato, pues el bicarbonato también es alcalino).

$$CO_3^- + Na^+ \longleftrightarrow CO_3HNa$$

Todas estas reacciones son reversibles, es decir, que cuando el CO_3HNa llega al pulmón se disocia hasta llegar a $CO_2 + H_2O$

6.11 REGULACIÓN DE LA RESPIRACIÓN

6.11.1 REGULACIÓN NERVIOSA

El sistema nervioso ajusta el ritmo de la ventilación a las necesidades del organismo, de manera de poder mantener la PO_2 y PCO_2 en sangre dentro de sus valores normales y con pocas alteraciones.

Para poder realizar esta función, el organismo presenta diversos tipos de receptores o "sensores", que informan acerca de las distintas etapas del proceso respiratorio. Esta información es utilizada para que los centros respiratorios ajusten el ritmo respiratorio a las demandas de los tejidos.

Los centros respiratorios son varios núcleos, o grupos de neuronas, ubicados en el sistema nervioso central que controlan la acción de los músculos respiratorios.

Existen dos grandes "sitios" de control de la respiración:

a. Los centros autónomos del tallo encefálico (bulbo protuberancia)
b. El hipotálamo y centros de la corteza cerebral.

Los veremos a continuación en mayor detalle.

A-CENTROS RESPIRATORIOS DEL TALLO ENCEFÁLICO

Son los encargados de mantener el ritmo respiratorio de forma involuntaria. Se agrupan en:

1) **Centro respiratorio bulbar:** Son un grupo de neuronas ubicadas en el bulbo y que a su vez se subdividen en:
   a) Un **grupo dorsal**, formado por neuronas inspiratorias que se conectan con las motoneuronas alfa correspondientes a los músculos inspiratorios (Diafragma e Intercostales externos). (Ver Figura 84)
   b) Un **grupo ventra**l, formado por neuronas espiratorias que se conectan con las motoneuronas alfa correspondientes a los músculos espiratorios (Abdominales e Intercostales internos). Estas neuronas se encuentran inactivas durante la respiración en "reposo" (es pasiva) y se activan durante la espiración forzada.
2) **Centro respiratorio Protuberancial:** Encontramos 2 núcleos o centros respiratorios:
   a) El **centro apnéustico**, que presenta neuronas que actúan durante la inspiración y espiración prolongadas
   b) El **centro neumotáxico,** que cumple con la función de limitar la inspiración y dar paso a la espiración, regulando la frecuencia respiratoria. (Figura 84).

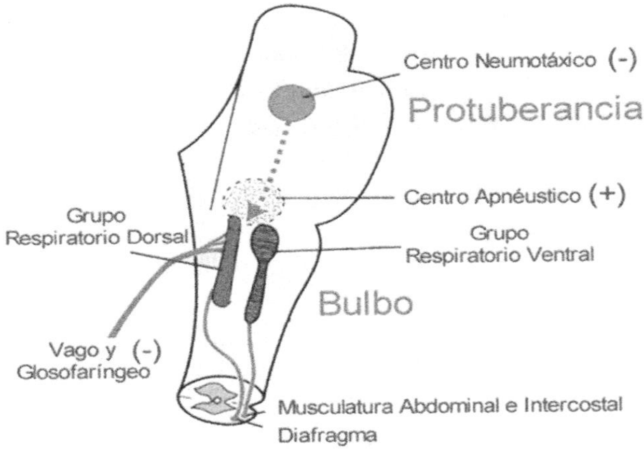

Figura Nro. 84: Centros respiratorios bulboprotuberanciales

B- EL HIPOTÁLAMO Y LA CORTEZA CEREBRAL

El **hipotálamo** regula los cambios ventilatorios necesarios para adaptar la ventilación a las necesidades de los tejidos, pudiendo incrementar el ritmo y la profundidad de la respiración. Además, el hipotálamo es responsable de los cambios ventilatorios durante las emociones, la risa, el llanto, etc.

La **corteza cerebral** estaría involucrada en el control voluntario de la respiración, pudiendo incrementarla, por ejemplo, durante la fonación, a través de la vía cortico espinal.

6.11.2 REGULACIÓN QUÍMICA

Los receptores (sensores): Son los encargados de informar a los centros respiratorios acerca de cómo se está produciendo el proceso respiratorio y sus diferentes etapas. Estos receptores también forman parte de los mecanismos de defensa del sistema pulmonar.

Hay sensores de diferentes tipos:

Quimiorreceptores: Son receptores especializados en "captar" cambios en sustancias químicas. Informan a los centros respiratorios acerca de la PO_2, la PCO_2 y el PH orgánicos. A su vez, se subdividen en dos tipos:

Los *quimiorreceptores centrales,* ubicados en el bulbo raquídeo, informan los cambios en la PCO_2, y en el PH del líquido céfalo raquídeo: Si aumenta la PCO_2, o desciende el PH en el LCR (líquido céfalo raquídeo), los quimiorreceptores lo "censan" y se incrementa la ventilación para corregir esto. (Figura 85).

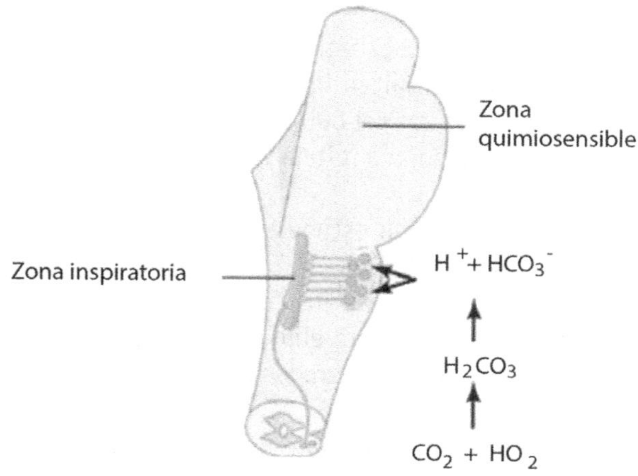

Figura Nro. 85: Control químico de la respiración

Los *quimiorreceptores periféricos* están ubicados en la bifurcación arteria carótida y en el cayado de la arteria aorta, e informan cambios en la PCO_2 y PO_2 de la Sangre: Si desciende la PO_2 o aumenta la PCO_2 los quimiorreceptores periféricos lo "censan" y se incrementa la ventilación para corregir esto.

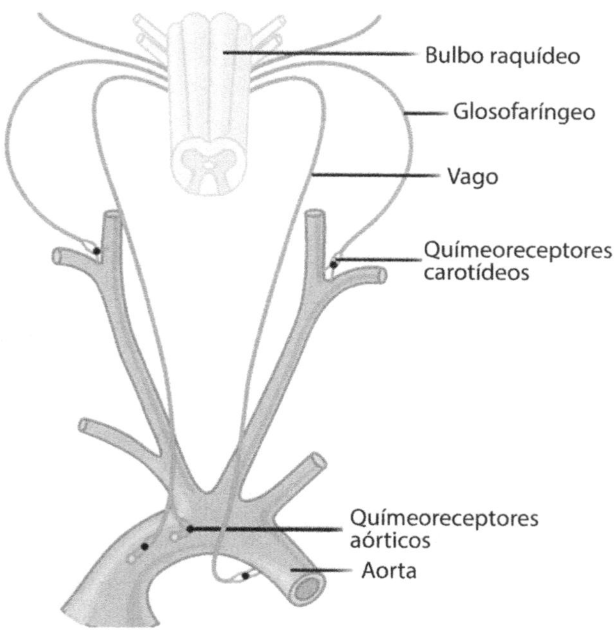

Figura Nro. 86: Quimioreceptores aórticos y carotideos

6.11.3 OTROS RECEPTORES QUE REGULAN LA RESPIRACIÓN

- Receptores de **distensión:** localizados en las paredes musculares de bronquios y bronquíolos y transmiten información por el nervio vago hacia el grupo de las neuronas dorsal del bulbo cuando los pulmones se distienden en exceso. favoreciendo por vía refleja la espiración (reflejo de insuflación de Hering Breuer).
- Receptores de **irritación**: Son estimulados por la presencia de partículas extrañas (gases, polvos, nicotina, etc.). Están en el epitelio de la vía aérea y la información captada viaja a los centros respiratorios produciéndose 3 tipos de respuesta: la tos (para eliminar las partículas extrañas), broncoconstricción (reducir el diámetro de la vía aérea) e hiperventilación (aumento de la FR).
- Receptores del **dolor**: Receptores que producen aumento de la FR (hiperventilación) ante el dolor.
- Receptores de **temperatura**. El aumento de esta produce aumento de la FR (hiperventilación).

CAPÍTULO [7]

SISTEMA ENDÓCRINO U HORMONAL

Prof. Matias Tinganelli y Prof. Fernando Krasnov

7.1 INTRODUCCIÓN

El cuerpo humano se encuentra regulado por 2 sistemas de control, que actúan de forma interrelacionada, pero de diferente forma: el sistema nervioso y el sistema endócrino.

El *sistema nervioso* regula las funciones corporales de forma directa e inmediata a través de los nervios periféricos. Al alcanzar las terminales axonales, los impulsos nerviosos provocan la liberación de neurotransmisores y el resultado es la contracción o relajación de fibras musculares, el aumento o disminución de la secreción de células glandulares, etc.

En cambio, el *sistema endócrino* regula las funciones corporales de manera indirecta y mediata, a través de la liberación a la sangre de sustancias químicas denominadas hormonas. Mientras que algunas hormonas pueden actuar en segundos, otras pueden tardar varias horas en llevar a cabo sus efectos. A pesar de ser más lentas en sus respuestas, estas son más duraderas y más amplias (algunas hormonas actúan sobre todas las células del cuerpo) que las del sistema nervioso.

Ambos sistemas, nervioso y el endocrino, están coordinados entre sí conformando el Sistema Neuroendocrino. Las actividades coordinadas de ambos son la clave del adecuado funcionamiento metabólico y del mantenimiento de la homeostasis del organismo (conservación del equilibrio del medio interno). Así, por ejemplo, la médula suprarrenal y la hipófisis posterior secretan sus hormonas en respuesta a estímulos nerviosos.

CARACTERÍSTICA	SISTEMA NERVIOSO	SISTEMA ENDÓCRINO
Moléculas mediadoras	Neurotrasmisores liberados localmente en respuesta a impulsos nerviosos.	Hormonas distribuidas a los tejidos de todo el cuerpo por la sangre.
Sitio de acción del mediador	Cerca del sitio de liberación, en una sinapsis; se una a receptores en la membrana postsináptica.	Lejos del sitio de liberación (lo usual); se une a receptores sobre o dentro de las células diana.
Tipos de células diana	Células musculares (lisas, cardíacas y esqueléticas), células glandulares, otras neuronas.	Células de todo el cuerpo.
Tiempo de comienzo de la acción	Por lo general en milisegundos (milésimas de segundo)	Segundos a horas o días.
Duración de la acción	Por lo general más breve (milisegundos).	Por lo general más largo (segundos a días).

Cuadro Nro. 15: Comparación de Sistema Endócrino y Sistema Nervioso)

El Sistema Endócrino incluye a todas las células, tejidos o glándulas endócrinas y a las hormonas por ellas producidas. Las glándulas endócrinas secretan hormonas a la sangre, donde actúan como señales químicas siendo transportadas específicamente hacia otras células u órganos "blanco" donde ejercen su acción.

7.2 GLÁNDULAS DE SECRECIÓN INTERNA O ENDÓCRINAS

Las glándulas son un conjunto de células especializadas cuya función es secretar sustancias químicas no relacionadas con su propio metabolismo. Si las sustancias que sintetizan son volcadas al exterior del cuerpo o al tubo digestivo, se las denomina *glándulas de secreción externa o exocrina.*

Las glándulas exocrinas incluyen las glándulas sudoríparas (sudor), las sebáceas (sebo), las mucosas y las digestivas. En cambio, si vuelcan el producto de su secreción a la sangre, se las denomina *glándulas de secreción interna o endócrina.*

Las glándulas endocrinas están formadas por grupos de células secretoras rodeados por tejido conectivo que les proporciona vasos sanguíneos, capilares linfáticos y nervios. Las células secretoras están constituidas por epitelio especializado y los productos secretados (hormonas) pasan al espacio extracelular situado a su alrededor.

Las glándulas endocrinas del cuerpo humano incluyen: la hipófisis o glándula pituitaria, la glándula tiroides, las glándulas paratiroides, las glándulas suprarrenales y la glándula pineal. Además, varios órganos contienen tejido endocrino que, aunque no constituye una glándula endocrina, sintetizan hormonas. Así sucede en el hipotálamo, el timo, el corazón, el páncreas, el estómago, el hígado, el intestino delgado, los riñones, los ovarios, los testículos, la placenta, etc. Las glándulas endocrinas y el tejido endocrino constituyen el Sistema Endocrino.

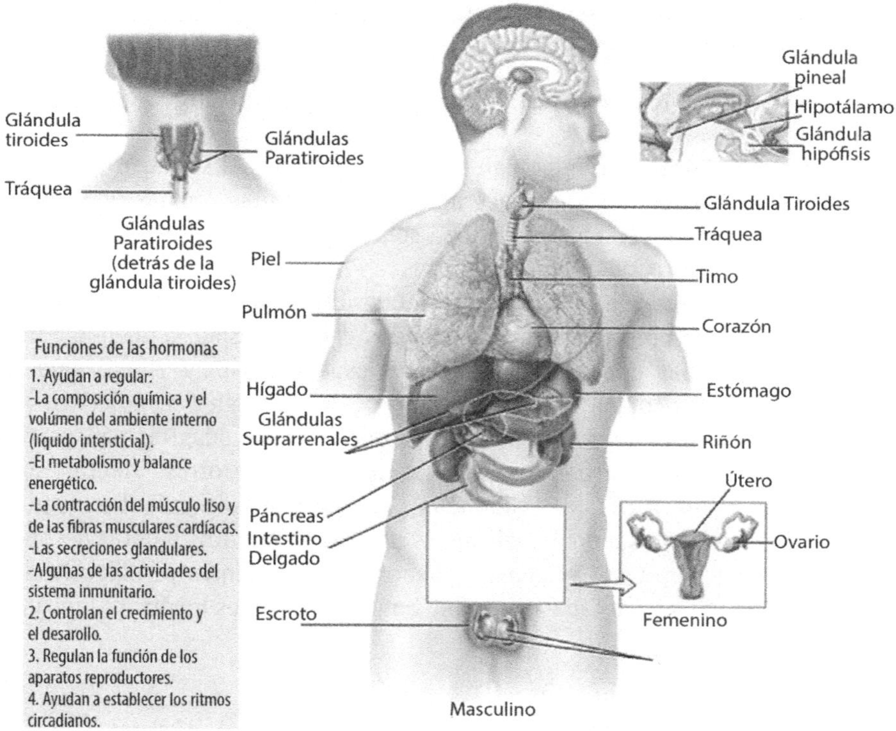

Figura Nro. 87: Sistema Endócrino

7.3 HORMONAS

Las hormonas son sustancias químicas formadas en una célula o una glándula endócrina y que, una vez secretadas a la sangre, viajarán a través de ella hacia los órganos que tienen receptor para dicha hormona (órgano blanco o diana), en donde ejercerán su acción. Las hormonas actúan a distancia de donde se sintetizan constituyéndose en verdaderos mediadores químicos, ya sea regulando procesos metabólicos de otras células, como así también la composición y el volumen del medio interno, la velocidad de las reacciones químicas, la secreción y el transporte de sustancias a través de las membranas, causando la contracción del músculo liso o cardíaco, el crecimiento celular, la función reproductora, etc.

7.3.1 CLASIFICACIÓN DE LAS HORMONAS SEGÚN EL LUGAR DE ACCIÓN

Podemos dividir a las hormonas, según su lugar de acción, en dos grupos:

- **Hormonas Locales**: Que actúan en células próximas a su lugar de liberación. Pueden ser *Parácrinas,* que actúan sobre células vecinas (gastrina y secretina), o *Autócrinas,* que actúan sobre la misma célula que la secretó (interleucina-2 o las prostaglandinas).
- **Hormonas Generales o circulantes**: Que difunden a los capilares y son transportadas por la sangre a los tejidos del organismo, actuando sobre aquellas células que poseen receptores específicos para ellas y que se llaman células "diana" o "células blanco" "target cells" u objetivo. Algunas hormonas generales afectan a todas o casi todas las células del organismo (hormona del crecimiento), mientras que otras, afectan solo a tejidos específicos (Parathormona). Las hormonas circulantes pueden permanecer en la sangre y realizar sus efectos en minutos u horas después de su secreción. Con el tiempo, las hormonas circulantes son inactivadas por el hígado y excretadas por la bilis o por los riñones mediante la orina.

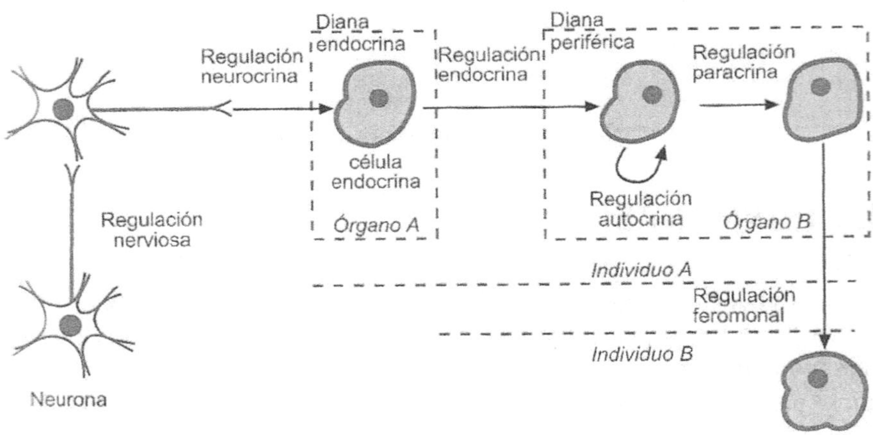

Figura Nro. 88: Hormonas Generales y Locales

7.3.2 CLASIFICACIÓN DE LAS HORMONAS SEGÚN SU ESTRUCTURA QUÍMICA

Podemos clasificar a las hormonas, según su estructura química, en tres grupos:

- **Proteicas y Peptídicas:** Consisten en cadenas de aminoácidos que se sintetizan en el núcleo, donde el gen para la hormona es transcrito al ARN mensajero que lo transfiere a los ribosomas del retículo endoplasmático rugoso de las células endocrinas, para ser almacenadas en el aparato de Golghi. Cuando son volcadas a la sangre, circulan de forma libre debido a su naturaleza hidrofílica, siendo hormonas hidrosolubles. Ejemplos: Hormonas de la Hipófisis, Insulina y Glucagon, Parathormona, etc.

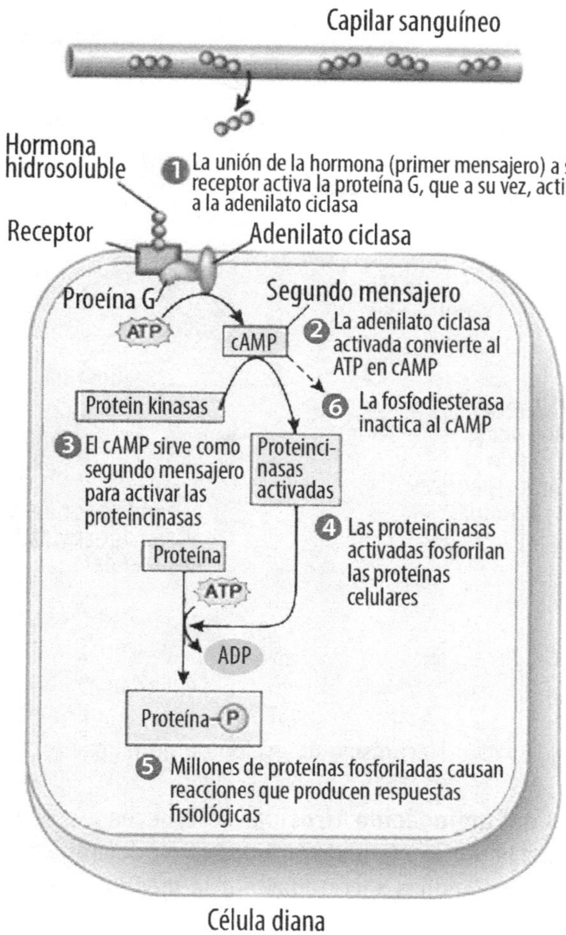

Figura Nro. 89: Mecanismo de acción de hormonas peptídicas

- **Esteroides:** Son derivadas del colesterol. Se sintetizan en el retículo endoplasmático liso de las células endocrinas y se liberan a la sangre sin almacenamiento en vesículas. Cuando son volcadas a la sangre, se transportan unidas a proteínas específicas (globulinas), debido a su naturaleza hidrofóbica, siendo hormonas liposolubles. Ejemplos: Hormonas de la Corteza Suprarrenal (Cortisol), Estrógenos, Progesterona, Testosterona, etc.

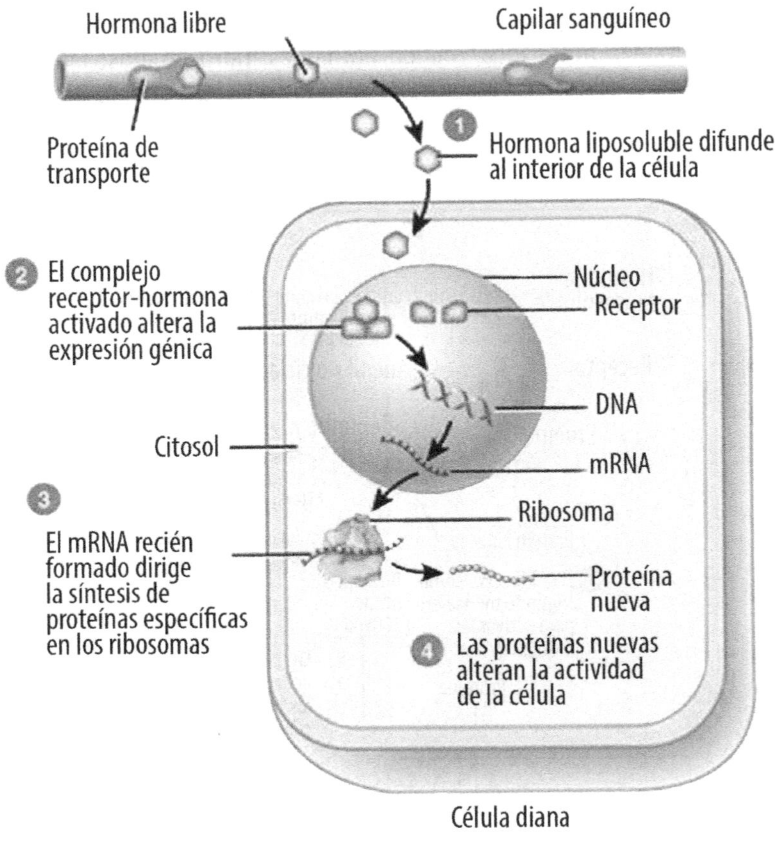

Figura Nro. 90: Mecanismo de acción de hormonas esteroideas.

- **Derivadas del aminoácido Tirosina:** Pertenecen a este grupo las hormonas secretadas por la glándula tiroides (Triyodotironina o T3 y Tiroxina o T4) y las catecolaminas secretadas por la médula suprarrenal (Adrenalina y Noradrenalina).

Las hormonas T3 y T4, se sintetizan agregando yodo al aminoácido tirosina, gracias a la acción de enzimas situadas en el citoplasma de las células glandulares, y se acoplan a la proteína tiroglobulina. Son liposolubles, por lo que viajan en sangre unidas a proteínas. Las catecolaminas, al ser sintetizadas, son captadas en vesículas preformadas donde se almacenan hasta su secreción, al ser liberadas al plasma, permanecen de forma libre debido a que son Hidrosolubles.

7.3.3 CLASIFICACIÓN DE LAS HORMONAS SEGÚN SU MECANISMO DE ACCIÓN: COMPLEJO HORMONA – RECEPTOR

Los órganos o tejidos "diana" que se ven afectados por una hormona, son los que contienen los receptores específicos para dicha hormona. Por lo tanto, para responder, un tejido diana ha de poseer receptores específicos que reconozcan la hormona. Ejemplo: la Tirotrofina (TSH) se une a receptores en las células de la glándula tiroides pero no se une a células de los ovarios porque estas células no tienen receptores para TSH. La formación del complejo hormona-receptor inicia una serie de reacciones en la célula diana, produciendo las acciones o efectos de la hormona en dichas células.

La variedad de efectos que generan las hormonas es posible gracias a que una sola hormona puede desencadenar diversas respuestas celulares en diferentes tejidos y diferentes células diana pueden responder de modo diferente a una misma hormona. Ejemplo: la insulina estimula la síntesis de glucógeno en el hígado y de triglicéridos en los adipocitos.

La formación del complejo hormona–receptor y el mecanismo de acción puede diferenciar en dos grupos a las hormonas, en relación a su naturaleza hidrofóbica (hormonas liposolubles) o a su naturaleza hidrofílica (hormonas hidrosolubles):

- **Hormonas Liposolubles (Esteroideas y Tiroideas):** Las moléculas de la hormona liposoluble difunden desde la sangre atravesando con facilidad la bicapa lipídica de la membrana plasmática de las células diana. Los receptores se encuentran dentro del citoplasma o en el núcleo de las mismas, Una vez dentro de la célula, el complejo hormona-receptor penetra en el núcleo y se une al ADN celular. En respuesta a ello se sintetiza ARN mensajero que se dirige al citoplasma y se transcribe a nuevas proteínas que ponen en marcha las acciones específicas de cada hormona.
- **Hormonas Hidrosolubles (Péptidos, Proteínas y Catecolaminas):** Al llegar a la membrana plasmática de las células "diana", no pueden atravesarla ya que no son liposolubles, por lo que se unen a receptores en la superficie externa de dicha membrana, dejando su "mensaje" y denominándose por ello "Primer mensajero". Se necesita la activación de un 2° mensajero para trasladar el mensaje dentro de la célula. Entonces, al unirse la hormona a su receptor, se activa una proteína de membrana llamada Proteína G, que a su vez activa la adenilciclasa, que transforma el ATP en AMP cíclico

(AMPc), activándose el 2° Mensajero. Una vez activado el 2° mensajero, se dirige al citoplasma donde produce las acciones específicas de la hormona a través de la activación de enzimas denominadas proteincinasas. El 2° mensajero mayormente utilizado es el AMPC, utilizándose también el DAG (diacilglicerol) IP3 (inositol trifosfato) y los iones calcio.

En relación a la sensibilidad de un tejido diana a una hormona, ésta se expresa mediante la relación dosis-respuesta, en la que la magnitud de la respuesta se relaciona con la concentración hormonal. A medida que se incrementa la concentración hormonal, la respuesta suele aumentar y luego se estabiliza.

La sensibilidad de un tejido diana puede variar de dos modos: cambiando el número de receptores o cambiando la afinidad de los receptores por la hormona. Cuanto mayor sea el número de receptores para una hormona, mayor será la respuesta máxima. Cuanta mayor sea la afinidad del receptor por la hormona, mayor será la probabilidad de respuesta.

Si hay un exceso de hormona, el número de receptores puede decrecer, efecto llamado regulación por decremento (Down Regulation). Ejemplo: cuando se exponen ciertas células testiculares a una concentración alta de hormona Luteinizante (LH), el número de receptores de LH decrece.

La regulación por decremento hace que la célula diana se vuelva menos sensible a una hormona. Al contrario, cuando hay poca hormona, el número de receptores puede aumentar. Este fenómeno, conocido como regulación por incremento (Up Regulation), hace que una célula diana se vuelva más sensible a la hormona. Ejemplo: la prolactina aumenta el número de sus receptores en la mama o la hormona de crecimiento aumenta el número de sus receptores en el músculo esquelético

7.3.4 CONTROL DE LA SECRECIÓN HORMONAL

La secreción de las distintas hormonas se encuentra regulada por varios mecanismos que aseguran en su conjunto un elevado nivel de control. Cuando es estimulada una glándula endocrina, liberará su hormona a la sangre y el nivel de esta aumentará. En ausencia de estimulación, las descargas son mínimas y el nivel de hormona en sangre disminuye. La magnitud de la secreción de cada hormona está regulada de modo que se evita el exceso o la ausencia de la producción de la misma.

La secreción hormonal es estimulada o inhibida, ya sea por el sistema nervioso (ej.: liberación de adrenalina por la glándula suprarrenal estimulada por el sistema simpático), por cambios químicos en la sangre (ej.:

aumento del Calcio plasmático), o por la acción de otras hormonas (ej.: la hormona TSH de la hipófisis anterior controla la secreción de hormona T3 y T4 de la tiroides).

Los sistemas más comunes en el control de la secreción hormonal son los mecanismos de retroalimentación o feedback, que son mecanismos mediante los cuales la variable controlada influye sobre su propio control. Es decir, si una sustancia u hormonal «X», estimula a la hormona «Y» esta, a su vez, será capaz de regular la producción de «X». La retroalimentación puede ser positiva o negativa.

En el primer caso (A), el exceso de «Y» estimulará la secreción de «X» (*feed-back positivo*), con lo cual se obtiene un efecto de amplificación. Ejemplo: durante el parto, la oxitocina estimula las contracciones del útero, y a su vez las contracciones del útero estimulan más liberación de oxitocina. En el segundo caso (B), que es el más común en la naturaleza, los niveles elevados de «Y» frenarán la producción de «X» y a la inversa, la disminución de los valores de «Y» estimulará a «X», para que esta fuerce la producción de más «Y» (feedback negativo).

Es decir que, en el mecanismo de retroalimentación negativa, la respuesta producida por la hormona en el órgano diana, tiene un efecto inhibidor sobre el estímulo inicial. En la mayor parte de los casos, la regulación de la secreción hormonal se ejerce por *feedback negativo*. Ejemplo: los niveles elevados de calcio en sangre determinarán la secreción de calcitonina por el tiroides que conseguirá disminuir los niveles calcémicos. En el momento en que el calcio alcanza por acción de la calcitonina unos niveles suficientemente bajos, se interrumpe la secreción de calcitonina.

Además de estos sistemas de regulación, las hormonas se encuentran sometidas a unos patrones secretores rítmicos, relacionados en muchas ocasiones con los ciclos de luz-oscuridad, sueño-vigilia, o con las distintas estaciones del año conocidos como ritmos circadianos. La liberación rítmica de hormonas es un rasgo común de casi todos los sistemas endocrinos. Estos ritmos pueden variar de minutos a horas (secreción pulsátil de GH y prolactina), días (variabilidad circadiana en la secreción de cortisol), semanas (ciclo menstrual con variaciones en los niveles de estradiol y progesterona) y hasta períodos más prolongados (variación estacional en la producción de tiroxina).

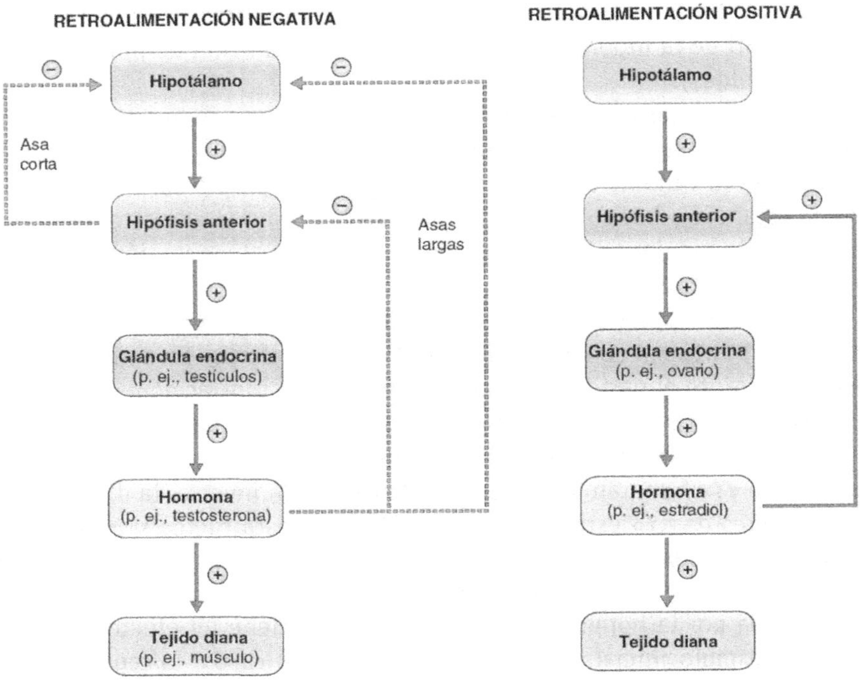

Figura Nro. 91: Mecanismo de Retroalimentación Negativa y Positiva

7.4 ORGANIZACIÓN GLOBAL DEL SISTEMA ENDÓCRINO U HORMONAL

Podemos dividir a las hormonas generales o circulantes del sistema endócrino en dos grupos diferentes en cuanto a su control y regulación:

- **Hormonas dependientes del eje Hipotálamo- Hipofisiario**: Es un sistema controlado por núcleos del hipotálamo que regulan la actividad de la glándula Hipófisis. La unidad hipotalámico-hipofisaria regula funciones de las glándulas tiroides, de la corteza suprarrenal y las gónadas o glándulas reproductoras, controlando el crecimiento, la reproducción, la producción y eyección de leche, el balance hídrico corporal, el metabolismo, etc.
- **Hormonas independientes del eje Hipotálamo- Hipofisiario:** No están bajo el control regulatorio del Hipotálamo. Por ejemplo, las hormonas Pancreáticas (Insulina, Glucagón), la Parathormona de la Paratiroides, la Calcitonina de la Tiroides, las catecolaminas de la Médula Suprarrenal y otras como la Eritropoyetina del Riñón.

7.5 EL HIPOTÁLAMO

El hipotálamo es un núcleo nervioso situado en el diencéfalo, por debajo de los dos tálamos. Se comunica con la hipófisis a través del tallo hipofisiario o infundíbulo. Es el principal centro regulador del homeostasis corporal, controlando la actividad del sistema nervioso autónomo y endócrino (Sistema Neuroendócrino), cumpliendo funciones como regular la temperatura corporal, el hambre, la sed, el sueño y la vigilia, etc.

El hipotálamo controla la actividad de la glándula Hipófisis a través de dos tipos de mecanismos: neurales y hormonales:

Un grupo de neuronas del hipotálamo, pertenecientes a los núcleos supraóptico y paraventricular, sintetizan dos hormonas (Antidiurética y Oxitocina) que son transportadas a través de sus axones hasta la hipófisis posterior, o Neurohipófisis, donde se almacenan hasta su secreción (comunicación neural o a través de nervios).

Otro grupo de neuronas especiales del hipotálamo sintetizan hormonas llamadas "factores liberadores" y "factores inhibidores" de las hormonas de la hipófisis anterior o adenohipófisis. Estas hormonas son transportadas a través de un sistema de pequeños vasos sanguíneos (Sistema Porta-Hipofisiario) hacia la hipófisis anterior para facilitar o inhibir la función secretora de sus hormonas (comunicación hormonal). Las hormonas del hipotálamo que regulan la actividad de la hipófisis anterior son las siguientes:

- Hormona liberadora de la tirotrofina y de la prolactina (CRH)
- Hormona liberadora de las gonadotropinas (GnRH)
- Hormona liberadora (GHRH) de la hormona del crecimiento
- Hormona liberadora de la Adenocorticotrofina (CRH)
- Hormona inhibidora de la prolactina (PIH)
- Hormona inhibidora (somatostatina o GHIH) de la hormona de crecimiento que también puede inhibir a la tirotrofina, a la insulina y al glucagon.

7.6 GLÁNDULA HIPÓFISIS O PITUITARIA

La hipófisis es una pequeña glándula que se encuentra dentro de la silla turca del esfenoides, en la base del cráneo. Está unida al hipotálamo por el llamado tallo de la hipófisis o infundíbulo. Se divide en 2 lóbulos o porciones donde encontramos diferentes hormonas:

7.6.1 HORMONAS DE LA HIPÓFISIS ANTERIOR O ADENOHIPÓFISIS

La Adenohipófisis secreta varias hormonas controladas por los factores estimuladores e inhibidores del hipotálamo. A su vez, la Adenohipófisis, gobierna la actividad de otras tres glándulas endócrinas: tiroides, suprarrenales y gónadas. Las hormonas de la Adenohipófisis que actúan sobre otras glándulas endocrinas se denominan hormonas tróficas o tropas.

La elevación del nivel de hormonas secretado por dichas glándulas inhibirá, a su vez, la liberación de los factores estimuladores del hipotálamo y de las hormonas "tropas" de la hipófisis (sistema de retroalimentación negativo). La Adenohipófisis produce, además, otras hormonas que no regulan a otras glándulas, sino que se dirigen directamente a la circulación y sus tejidos diana para ejercer su acción: la Hormona de crecimiento y la Prolactina.

HORMONA DE CRECIMIENTO (GH) O SOMATOTROFINA (STH)

Es sintetizada por células somatotropas de la hipófisis anterior.

Es una hormona proteica que estimula el crecimiento (Anabolismo) de todos los tejidos del cuerpo hasta la maduración, siendo necesario para el desarrollo normal del niño y del adolescente. Además, tiene múltiples acciones metabólicas sobre el hígado, el músculo, el tejido adiposo.

Algunas de sus acciones las realiza, ya sea de forma *directa*, actuando directamente sobre receptores ubicados en los órganos diana, o de manera *indirecta*, promoviendo la liberación por parte del hígado de Somatomedinas o factores de crecimiento similares a la insulina (IGF, insulin-like growth factor) que potencian principalmente sus efectos anabólicos.

Las acciones o efectos de la Hormona de Crecimiento en los diferentes tejidos, son:

- Estimular el crecimiento en largo de los huesos, actuando a nivel del cartílago de crecimiento y aumentando la fijación de calcio y fósforo en los huesos.
- Estimular el desarrollo muscular aumentando el transporte de aminoácidos al músculo, la síntesis proteica y el número de células (hipertrofia muscular).
- Disminuir la captación y utilización de glucosa por las células (principalmente en el músculo) y acelerar la transformación del glucógeno hepático en glucosa (Glucogenolisis). Como consecuencia de estos efectos, aumenta el nivel de glucosa en sangre (Hiperglucemia), efecto anti-insulina o diabetógeno.
- Estimular la degradación de triglicéridos en el tejido adiposo (Lipólisis), aumentando la liberación de ácidos grasos libres al plasma para obtener energía.

La GH se secreta durante toda la vida de forma pulsátil, regulada por dos hormonas hipotalámicas, la hormona estimuladora de la GH y la hormona inhibidora de la GH o Somatostatina.

Durante los períodos de sueño se producen picos de secreción cada 1 ó 2 horas.

La hipoglucemia, la inanición, las emociones, el estrés y la actividad física intensa son estímulos para la secreción de GH. Mientras que la obesidad, el aumento de la glucosa y el embarazo, la inhiben.

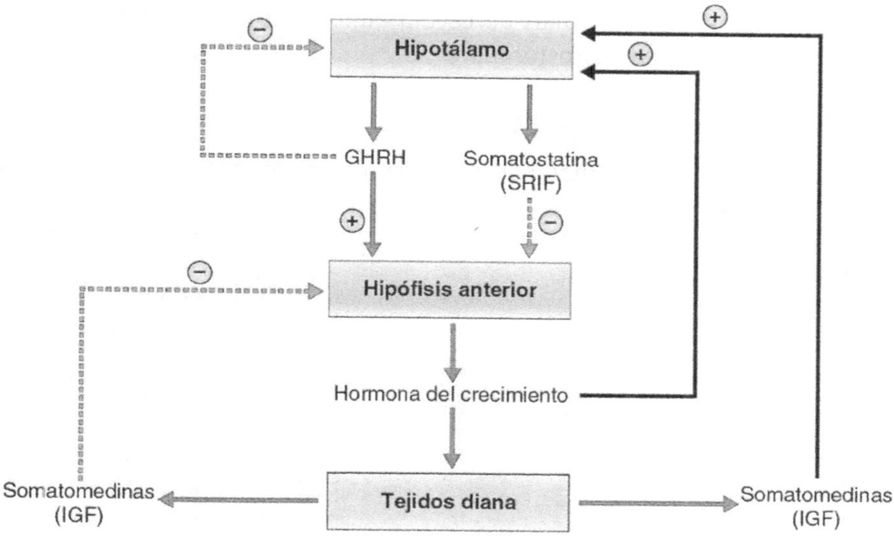

Figura Nro. 92: Control de la secreción de la Hormona de Crecimiento

PROLACTINA (PRL)

Es sintetizada por células lactotropas de la hipófisis anterior. Promueve el desarrollo y la diferenciación de las glándulas mamarias en la pubertad y el aumento de la masa mamaria durante el embarazo. Tras el parto, la prolactina (junto con el cortisol y la insulina), es necesaria para la síntesis y secreción de la leche (lactogénesis). El embarazo y la lactancia son los estímulos más importantes para su secreción.

TIROTROFINA (TSH)

Es sintetizada por células tirotropas de la hipófisis anterior. Controla la actividad de la glándula Tiroides, estimulando la liberación de las hormonas T3 y T4.

GONADOTROPINAS (GN)

Son sintetizadas por células gonadotropas de la hipófisis anterior y actúan ambas sobre las gónadas. La *hormona Folículo estimulante (FSH)* promueve el crecimiento del folículo ovárico y la secreción de estrógenos antes de la ovulación en la mujer, mientras que en el hombre estimula la espermatogénesis actuando sobre las células de Sértoli de los testículos.

La *hormona Luteinizante (LH)* estimula en las gónadas femeninas la función del cuerpo lúteo, facilitando la secreción de hormonas ováricas (estrógenos y progesterona) y desencadena la ovulación, mientras que, en el hombre, actúa sobre las células de Leydig de los testículos, estimulando la síntesis de la hormona Testosterona.

ADRENOCORTICOTROFINA (ACTH)

Es sintetizada por células corticotropas de la hipófisis anterior. Actúa sobre la corteza suprarrenal regulando la formación y liberación a la sangre de los corticoesteroides sintetizados por dicha glándula como, por ejemplo, los glucorticoides (Cortisol).

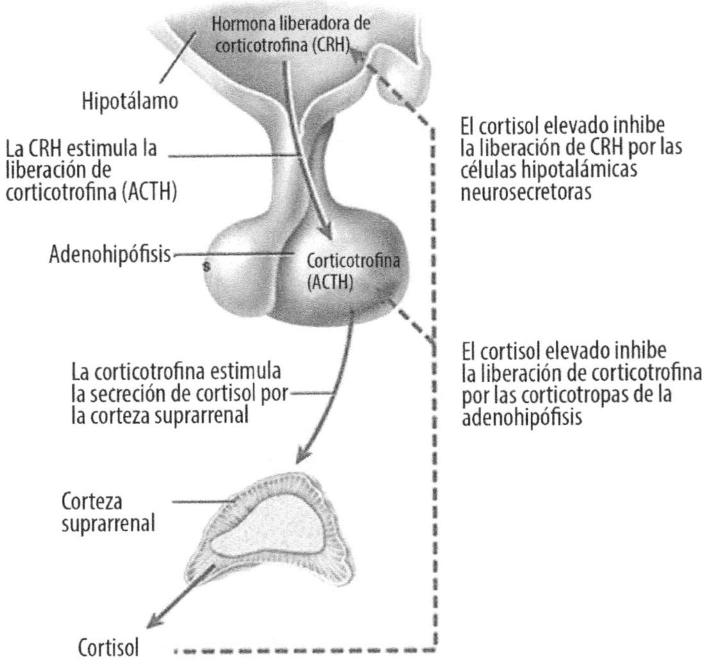

Figura Nro. 93: Control de la secreción de Cortisol

ENDORFINAS

Son péptidos que se encuentran en la hipófisis anterior y en el SNC. Se unen a los mismos receptores que la morfina, y son capaces de inhibir a las fibras nerviosas que transmiten el dolor. Además, se los relaciona con experiencias subjetivas de disminución de la ansiedad y de sensación de bienestar.

7.6.2 HORMONAS DE LA HIPÓFISIS POSTERIOR O NEUROHIPÓFISIS

La hipófisis posterior es formada por tejido nervioso, ya que contiene un conjunto de prolongaciones axonales correspondientes a neuronas situadas en núcleos del hipotálamo (supratalámico y paraventricular) que llegan a la parte posterior de la hipófisis por el tallo neural. Las hormonas se sintetizan en el hipotálamo y son conducidas por medio de los axones hacia vesículas ubicadas en las terminales nerviosas de la neurohipófisis, donde son almacenadas hasta su secreción. Por lo tanto estas hormonas, la Antidiurética (ADH) y la Oxitocina (OXT), funcionan como neuropéptidos. Veremos este punto en mayor detalle a continuación.

ANTIDIURÉTICA O VASOPRESINA (ADH)

La principal acción de esta hormona es su efecto antidiurético, de ahí su nombre. Aumentos en la osmolaridad del plasma (aumento del sodio), descensos en el volumen plasmático (hipovolemia o deshidratación), el stress u algunos fármacos, producen la liberación de la ADH por la hipófisis.

Tiene receptores en el riñón produciendo donde aumenta la permeabilidad al agua en el túbulo colector del nefrón, y permite que se reabsorba y conserve agua en el organismo. Como consecuencia, se produce orina de tipo concentrada.

La ADH también es un potente vasoconstrictor, que actúa principalmente sobre el músculo liso de las arteriolas de la dermis y de las vísceras. Ante la disminución o ausencia de ADH, el túbulo colector se hace impermeable al agua y la orina eliminada es de tipo diluida o líquida.

El alcohol, por el contrario, inhibe la secreción de ADH, de ahí su efecto diurético, la sed y cefalea típica de la resaca. Durante el ejercicio, minimiza el riesgo de deshidratación cuando la sudoración es intensa.

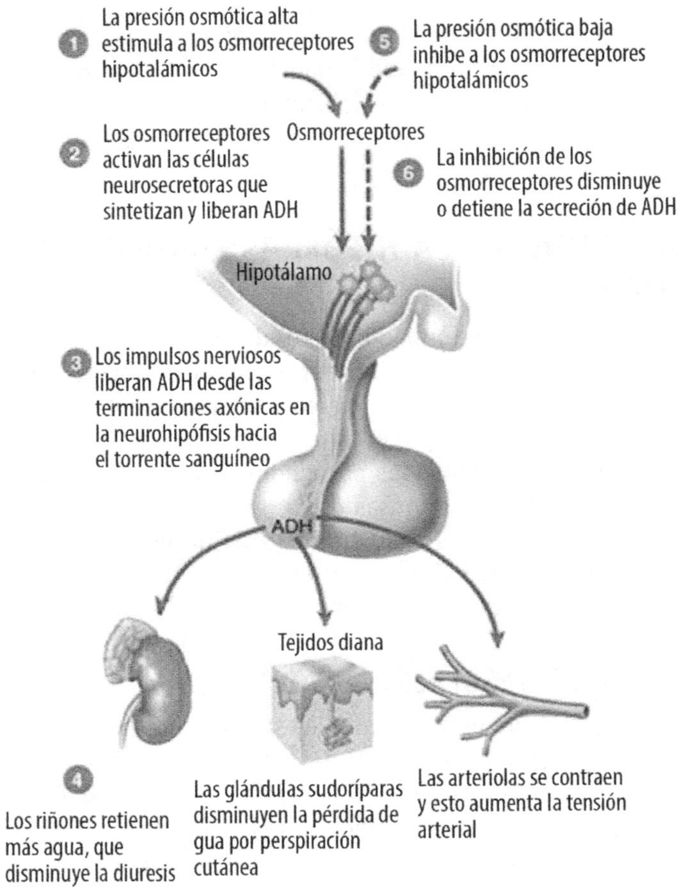

Figura Nro.94: Regulación y acciones de la hormona Antidiurética

OXITOCINA (OXT)

Durante el parto, la disminución del cuello del útero produce la liberación de la hormona OXT, que estimula las contracciones de los músculos del útero, contribuyendo a la expulsión del feto.

También estimula la contracción de células mioepiteliales de las mamas durante la succión del pezón por parte del bebe para que secrete leche (reflejo eyecto-lácteo). No se conoce la función de la oxitocina en los hombres ni en las mujeres no embarazadas.

7.7 GLÁNDULA TIROIDES

La glándula tiroides está localizada en la región anterior del cuello por debajo de la laringe y delante de la tráquea. Está formada por dos lóbulos simétricos conectados entre sí por el istmo tiroideo.

Se compone de células epiteliales dispuestas en folículos cerrados denominados "folículos tiroideos" con una cavidad en su interior donde se almacena una sustancia proteica llamada tiroglobulina (TG), glucoproteína producida por células foliculares y liberada luego a la luz del folículo.

Las *hormonas tiroideas* requieren para su síntesis la presencia de Yodo, ingerido por la dieta. El Yodo es absorbido por el intestino delgado, liberado a la sangre y captado por las células foliculares tiroideas. El yodo captado es oxidado (I2) y liberado a la luz del folículo para reaccionar con las tirosinas que son parte de la molécula de tiroglobulina y sintetizar las hormonas tiroideas: Triyodotironina (T3) y Tetrayodotironina o Tiroxina (T4). La T4 por lo general se secreta en mayor cantidad que la T3, pero al entrar en las células diana, la T4 se convierte en T3 por remoción de un átomo de yodo.

Además, existe otra variedad de células denominadas células parafoliculares (células C) que sintetizan la hormona Calcitonina, que participa en la homeostasis del calcio.

La T3 y T4 son hormonas liposolubles y se transportan en sangre unidas a una proteína específica (Globulina fijadora de tiroxina o TBG). Cuando las hormonas llegan a los tejidos "diana", se separan de las proteínas y entran en las células por difusión o por transportador. Los receptores se ubican en el núcleo donde, al unirse a ellos, aumentan los niveles intracelulares de enzimas, generando un incremento generalizado de la actividad funcional de todas las células del organismo.

La *regulación* de la secreción de las hormonas Tiroideas se realiza a través del hipotálamo que secreta la hormona liberadora de tirotrofina (TRH), que actúa sobre la adenohipófisis, que secreta la tirotrofina hipofisaria (TSH). Esta incrementa la secreción de T3 y T4 por la Tiroides, que a su vez influyen en la tasa de secreción de TSH y TRH por mecanismo de feedback negativo. Las condiciones que incrementan la demanda de ATP como el frío, la hipoglucemia, la altura, el embarazo etc., causan un incremento de la secreción de TRH, TSH y por ende de T3 y T4.

7.7.1 ACCIONES DE LA T3 Y T4

- Son esenciales para la maduración normal del sistema nervioso y del esqueleto. Estimulan el crecimiento lineal del hueso, la osificación y la maduración de zonas de crecimiento epifisiario, estimulando la síntesis de proteínas estructurales y funcionales específicas.

- Estimulan la síntesis de bombas de Na+/K+ adicionales (ATPasa Na+/K+), las cuales emplean grandes cantidades de ATP y, a medida que las células producen y usan más ATP, más calor se libera aumentando la temperatura corporal (efecto calorígeno), el consumo de 02 celular (procesos oxidativos mitocondriales) y la tasa metabólica basal (TMB).
- En la regulación del metabolismo, las hormonas tiroideas estimulan la síntesis y la degradación de proteínas, pero su balance es catabólico. Aumentan el empleo de glucosa y ácidos grasos para la producción de ATP. Incrementan el ritmo del lipólisis y aceleran la excreción de colesterol, reduciendo así el nivel sanguíneo de este. Incrementa la absorción intestinal de glucosa, la captación de la misma por las células musculares, y estimulan la Glucogenolisis y la Gluconeogénesis.
- Potencian algunas acciones de las catecolaminas (adrenalina y noradrenalina) porque regulan el incremento de los receptores beta (β). Por esta razón, aumentan la frecuencia cardíaca y la contractilidad miocárdica incrementando el Gasto Cardiaco y la Tensión Arterial.

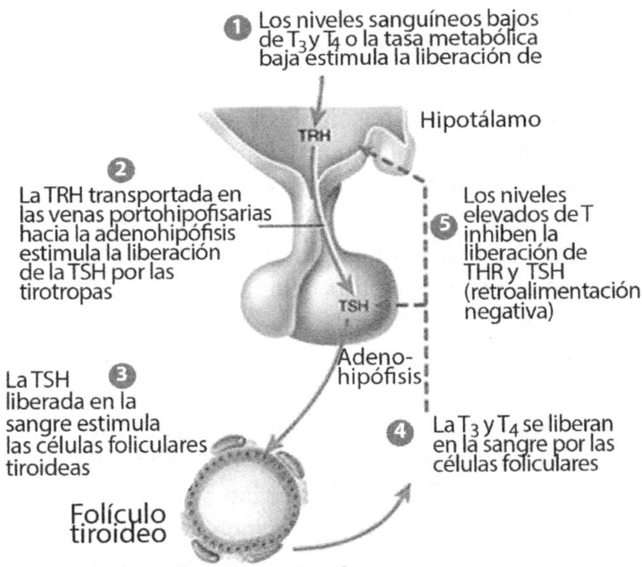

Acciones de las hormonas tirodeas:
-Aumentan la tasa metabólica basal
-Estimulan la síntesis de la Na^+/K^+ATPasa
-Aumentan la temperatura corporal (efecto calorigénico)
-Estimulan la síntesis proteica
-Aumentan el uso de glucosa y ácidos grasos para la producción de ATP
-Estimulan la lipófisis
-Potencian algunas acciones de las catecolaminas
-Regulan el desarrollo y crecimiento del tejido nervioso y de los huesos

Figura Nro. 95: Regulación y acciones de las hormonas Tiroideas

7.8 GLÁNDULAS SUPRARRENALES

Las glándulas suprarrenales son dos, cada una de las cuales descansa en el polo superior de cada riñón en el espacio retroperitoneal. Se diferencian desde los puntos de vista estructural y funcional, en 2 regiones distintivas: una grande y localizada periféricamente, la *corteza suprarrenal* (que conforma el 80 de la glándula), otra pequeña y localizada centralmente, la *médula suprarrenal* (que representa el 20% de la glándula).

7.8.1 HORMONAS DE LA CORTEZA SUPRARRENAL

La corteza suprarrenal se subdivide en tres zonas, cada una de las cuales secreta distintas hormonas esteroides que derivan del colesterol:

1) La capa más externa o *Glomerular* sintetiza *Mineralcorticoides*: llamados así porque regulan la homeostasis corporal, como por ejemplo la Aldosterona.
2) La capa intermedia o *Fascicular* sintetiza *Glucocorticoides,* principalmente el Cortisol, llamados así porque afectan la homeostasis de la glucosa.
3) La capa interna o *Reticular* sintetiza cantidades pequeñas de andrógenos débiles como la deshidroepiandrosterona (DHEA) y la androstenediona.

La hormona de la adenohipófisis ACTH (Adrenocorticotrofina) regula la actividad de las hormonas de la corteza suprarrenal, salvo el caso de la hormona Aldosterona, donde los niveles de ACTH constituye un regulador muy leve de su secreción, siendo regulada principalmente por el sistema de la renina-angiotensina-aldosterona.

Cuando los esteroides suprarrenales son volcados a la sangre, se transportan unidos a proteínas plasmáticas: un 80% a una globulina llamada transcortina (CGB) y un 15% a la albúmina. Una vez realizada su función, los corticoides se degradan en el hígado. Luego un 25% se excretan en la bilis y en las heces y un 75% en la orina.

MINERALOCORTICOIDES

La *Aldosterona* es la hormona principal y regula la homeostasis de 2 iones minerales, sodio (Na+) y potasio (K+), y ayuda a ajustar la presión y el volumen sanguíneos. Su acción es aumentar la reabsorción de sodio (Na+) en la nefrona distal en el riñón, con lo que el Na+ no se pierde por la orina.

Este efecto se realiza mediante un intercambio con el potasio (K+) e Hidrogeniones (H+) que incrementan su excreción hacia la orina. La reabsorción de sodio contribuye al mantenimiento de agua en el organismo, mediante lo cual la aldosterona evita la depleción de Na+ y controla los niveles de K+ en el LEC, imprescindibles para el normal funcionamiento celular.

Los principales reguladores de la liberación de aldosterona son los niveles de K+ en plasma y el aumento de la actividad del sistema renina-angiotensina (RAA). Un incremento del K+ extracelular aumenta la secreción de aldosterona, que incrementa la excreción de K+ por la orina y un descenso del K+ extracelular produce el efecto contrario.

Respecto del mecanismo del sistema de la RAA, este es más complejo y se realiza mediante los siguientes pasos:

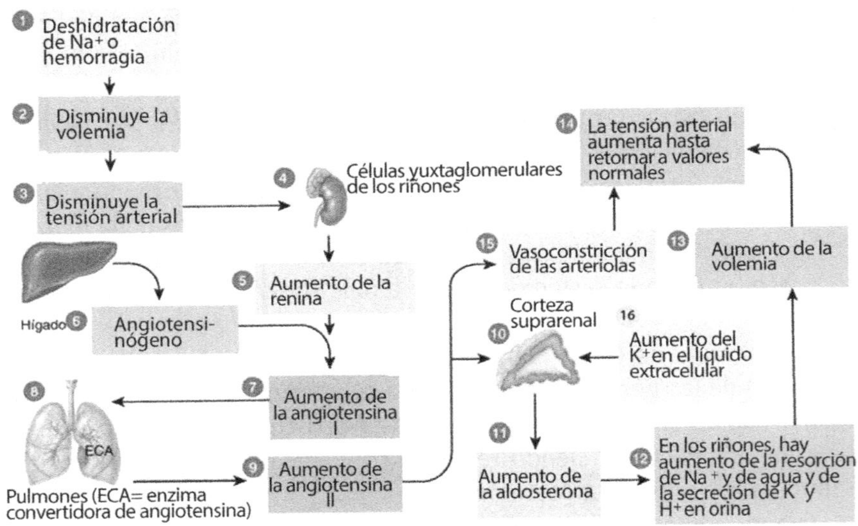

Figura Nro. 96: Sistema Renina - Angiotensina - Aldosterona

Algunas consideraciones sobre el Sistema de la Renina-Angiotensina-Aldosterona:

- Los estímulos que desencadena el sistema RAA son la deshidratación, el déficit de Na+ y la hemorragia. Estas situaciones causan la disminución del volumen sanguíneo.
- El volumen sanguíneo bajo conduce a una disminución de la tensión arterial (TA). La TA baja estimula a las células yuxtaglomerulares renales a secretar la enzima renina a la sangre.
- La renina en la sangre, se combina con el angiotensinógeno, proteína plasmática producida en el hígado, convirtiéndola en angiotensina I.

- Al fluir la sangre por los capilares pulmonares, la enzima convertidora de angiotensina (ECA o convertasa pulmonar) convierte la angiotensina I en la hormona angiotensina II.
- La angiotensina II estimula a la corteza suprarrenal a secretar aldosterona. Además, estimula la contracción del músculo liso en las paredes de las arteriolas, con lo que aumenta la tensión arterial ayudando a elevarla hasta el valor normal.
- En el riñón, la aldosterona aumenta la reabsorción de Na+ y agua e incrementa la secreción de K+ y H+ hacia la orina. Con el incremento de la reabsorción de agua por el riñón, el volumen sanguíneo aumenta y la tensión arterial se eleva hasta el valor normal.

GLUCOCORTICOIDES

Los glucocorticoides son el cortisol (hidrocortisona), la corticosterona y la cortisona. El cortisol es el más abundante y se le atribuye alrededor del 95% de la actividad glucocorticoidea. Aunque se clasifique como un glucocorticoide, el cortisol afecta a muchos más tejidos aparte de los dedicados a regular la glucosa (hígado, grasa y músculo). Tanto el hueso, como la piel, el tejido hematopoyético y linfático tienen receptores para el cortisol y son "dianas" para su acción.

Actúa fundamentalmente en respuesta al estrés físico y emocional, ejerciendo su acción sobre el metabolismo de los hidratos de carbono, lípidos y proteínas. Posee efecto hiperglucemiante, disminuyendo la utilización de glucosa en los tejidos (Inhibe el glucólisis) y aumentando la gluconeogénesis y la glucogenolisis en el hígado. Disminuye la síntesis y aumenta el catabolismo de las proteínas y el traslado de los aminoácidos hacia el hígado para ser convertidos en nuevas proteínas o en glucógeno. Estimula la lipólisis o degradación de triglicéridos y la liberación de los ácidos grasos del tejido adiposo al plasma

Además, posee efectos antiinflamatorios, es inmunosupresor (ya que disminuye el número de linfocitos T y B circulantes) e inhibe la osteogénesis y la síntesis de colágeno. Por otra parte, el cortisol disminuye la duración del sueño y el tiempo de vigilia, encontrándose en el cerebro receptores de glucocorticoides sobre todo en el sistema límbico.

La secreción de glucocorticoides está regulada exclusivamente por el eje hipotalámico-hipofisario. La hormona liberadora de corticotrofina (CRH) es secretada por el hipotálamo y actúa sobre las células corticotropas de la hipófisis anterior para producir la secreción de adrenocorticotrofina (ACTH). A su vez, la ACTH actúa sobre las células de la corteza suprarrenal para estimular la síntesis y la secreción de hormonas corticoesteroideas. El cortisol un feedback negativo sobre la secreción de CRH y ACTH por el hipotálamo y la adenohipófisis respectivamente, disminuyendo la secreción de estas hormonas lo que inhibe la secreción de cortisol por la corteza suprarrenal.

ANDROCORTICOIDES

En los hombres y en las mujeres, la corteza suprarrenal secreta pequeñas cantidades de andrógenos débiles, como el dehidroepiandrosterona (DHEA) la androstenediona, que son convertidos a testosterona principalmente en los testículos.

En hombres, después de la pubertad, la cantidad de andrógenos secretados por la glándula suprarrenal suele ser tan baja que sus efectos son insignificantes, ya que la síntesis de testosterona en los testículos es muy superior a la producida a partir de los precursores androgénicos de las glándulas suprarrenales.

En las mujeres, en cambio, los andrógenos suprarrenales juegan un papel importante, siendo responsables del desarrollo del vello púbico y axilar, así como de la libido (conducta sexual). Estos son convertidos en estrógenos (esteroides feminizantes) por otros tejidos. Luego de la menopausia, cuando la secreción ovárica de estrógenos cesa, todos los estrógenos femeninos provienen de la conversión de los andrógenos suprarrenales. Aunque el control de la secreción de andrógenos suprarrenales no se conoce completamente, la principal hormona que estimula su secreción es la ACTH.

7.8.2 HORMONAS DE LA MÉDULA ADRENAL

La médula suprarrenal, es un ganglio simpático modificado del sistema nervioso autónomo, pero sus células, llamadas células cromafines, carecen de axones y se dedican a la producción de hormonas. Están inervadas por neuronas simpáticas y debido a que el SNA ejerce un control directo sobre las células cromafines, la liberación hormonal puede producirse de manera muy rápida.

Las hormonas sintetizadas por dichas células se denominan, en conjunto, Catecolaminas, y son la Adrenalina (A) y la Noradrenalina (NA), secretadas en diferente cantidad: 80% de adrenalina y un 20% de noradrenalina.

Los efectos de estas hormonas intensifican la respuesta del sistema simpático, pero con una duración aproximada de 10 veces mayor. Ante una situación de estrés (ejercicio, temor, hemorragia, etc.), aumenta la actividad del sistema simpático, y en respuesta a ello la médula suprarrenal libera Adrenalina y Noradrenalina, que actúan produciendo respuestas orgánicas mediadas por diferentes receptores adrenérgicos que se llaman α y β ($\alpha 1$, $\alpha 2$, $\beta 1$ y $\beta 2$.). Las diferentes clases de receptores proporcionan un mecanismo mediante el cual la misma hormona puede ejercer efectos diferentes sobre diversos tejidos.

ACCIONES DE LA ADRENALINA Y NORADRENALINA

A nivel cardíaco, la adrenalina y la noradrenalina aumentan la frecuencia cardíaca (efecto cronotrópico), la contractilidad (efecto inotrópico) y, por ende, aumentan el gasto cardíaco y la tensión Arterial.

A nivel pulmonar, aumentan la frecuencia respiratoria y producen broncodilatación. Elevan los niveles de glucosa en sangre (hiperglucemia), estimulando la glucogenolisis y neoglucogénesis hepática.

En el tejido adiposo aumenta la lipólisis (efecto lipolítico) con liberación de ácidos grasos libres al plasma.

En los músculos, por su parte, generan vasodilatación elevando el aporte sanguíneo a los mismos, mientras que en territorio esplácnico (hígado, riñón, tubo digestivo) producen vasoconstricción, economizan sangre para aumentar la irrigación muscular y redistribuir de esta forma el flujo sanguíneo hacia los músculos, efecto muy relevante en la respuesta al ejercicio físico.

7.9 GÓNADAS (OVARIOS Y TESTÍCULOS)

Las gónadas (testículos y ovarios) realizan una función endocrina que está regulada por el eje hipotálamo-hipófisis-gonadal. Las gónadas se diferencian de otras glándulas endocrinas en que realizan también una función exocrina (gametogénesis). La gametogénesis normal, el desarrollo y la fisiología del aparato reproductor dependen por completo de la función endocrina. Las hormonas gonadotrofinas de la hipófisis anterior, Foliculoestimulante (FSH) y Luteinizante (LH), ejercen su acción sobre dichas glándulas sexuales controlando la síntesis de diversas hormonas que actúan en los mecanismos de diferenciación y maduración sexual. Estas hormonas de la hipófisis son a su vez, controladas por la hormona liberadora de gonadotrofinas (GnRH) del hipotálamo.

7.9.1 OVARIOS

Los ovarios son la glándula sexual femenina de actividad endócrina (síntesis de hormonas femeninas) y exocrina (formación de óvulos cada ciclo de 28 días). Constituyen dos cuerpos ovalados de forma de almendra, situados a cada lado de la cavidad pelviana, unidos a la cara posterior del ligamento ancho del útero. La región externa o corteza contiene los folículos de Graff en cuyo interior se alojan los óvulos. Los folículos poseen ovocitos rodeados de células granulosas y tecales que secretan las hormonas femeninas tras la pubertad. También proporcionan un óvulo posible de ser fecundado en períodos cíclicos de 28 días (Ciclo Sexual Femenino). La actividad de las células granulosas es controlada por la hormona LH y la actividad de los ovocitos por la FSH.

ESTRÓGENOS

En el ciclo sexual estimulan la proliferación de la mucosa interna del útero o endometrio haciendo viables las condiciones para la sobrevida de los espermatozoides. Durante la pubertad, promueven el desarrollo de las características sexuales secundarias como la distribución de la grasa, amplitud de la pelvis, crecimiento del vello púbico y axilar, el desarrollo mamario y el desarrollo de los genitales externos e internos. Además, el estradiol (principal estrógeno) favorece el crecimiento de los huesos y la retención de sodio y agua por parte del riñón.

PROGESTERONA

Ejerce su acción principal sobre el endometrio, preparándolo para la implantación de un ovocito fertilizado mediante la secreción de glucógeno y proteínas específicas y aumentando el desarrollo de los capilares del estroma endometrial. Estimula la secreción glandular durante el embarazo, permitiendo mantener la implantación del óvulo fecundado y la gestación hasta el final del embarazo. Produce aumento de la temperatura corporal.

ANDRÓGENOS

Son precursores de los estrógenos con origen en las células tecales. Además, estimulan la libido y tienen efectos sobre el vello pubiano y axilar, y el desarrollo del clítoris. La transformación de andrógenos a estrógenos tiene lugar en las células intersticiales del folículo ovárico.

RELAXINA

Producida por el cuerpo lúteo y la placenta. Durante el parto, relaja los músculos del cuello uterino y los ligamentos pelvianos para facilitar la dilatación y el alumbramiento.

INHIBINA

Formada por el cuerpo lúteo. Inhibe la secreción de GnRH y de FSH impidiendo la maduración de otro folículo. Importante papel en la disminución de FSH y LH que se observa al final del ciclo ovárico.

7.9.2 TESTÍCULOS

Los testículos son la glándula sexual masculina, con actividad endócrina (síntesis de hormonas masculinas) y también exocrina (síntesis de espermatozoides).

De forma ovoide, se encuentran dentro de la bolsa escrotal, localización que permite mantener una temperatura testicular de unos 2 °C por debajo de la corporal, algo esencial para el desarrollo óptimo de los espermatozoides.

Cada testículo humano está cubierto de una cápsula de tejido conjuntivo y se divide en unos 300 lobulillos mediante tabiques fibrosos. Dentro de cada lobulillo se encuentran los túbulos seminíferos. La presencia de los túbulos seminíferos genera dos compartimentos dentro de cada lobulillo:

1. Un compartimento intratubular, constituido por las células espermáticas (en diversos estadios de la espermatogénesis) y las células de Sértoli (esenciales para la viabilidad y desarrollo de las células espermáticas), encargadas de guiar a las células espermáticas hacia la luz de los túbulos seminíferos. Se necesita tanto de la hormona foliculoestimulante (FSH) como de la Testosterona para conseguir una producción adecuada de espermatozoides. Son las células de Sértoli las que presentan los receptores para ambas hormonas, en lugar de las células espermáticas. Por lo tanto, dichas hormonas apoyan la espermatogénesis de forma indirecta, mediante la estimulación de la función de las células de Sértoli.
2. Un compartimento peritubular, que presenta elementos neurovasculares, células del tejido conjuntivo, células inmunitarias y las células intersticiales de Leydig, cuya principal función es producir testosterona reguladas por la acción de la hormona Luteinizante (LH).

ANDRÓGENOS

Los Andrógenos (Testosterona, Androsterona y derivados) centran su acción en el desarrollo del fenotipo masculino durante la pubertad, y en la maduración de la función sexual estimulando el desarrollo de los caracteres sexuales secundarios y de los genitales externos e internos (influyen sobre el crecimiento de la próstata y vesículas seminales).

La testosterona estimula la maduración de los espermatozoides, mantiene la función eréctil y la libido. Tiene también acciones anabólicas: estimula la síntesis proteica a nivel muscular, aumentan el espesor de la piel y la secreción de las glándulas sebáceas, aumentan el espesor de los huesos por depósito de calcio, etc.

7.10 PÁNCREAS ENDÓCRINO

El páncreas es una glándula mixta (endócrina y exocrina) ubicada en la región supraumbilical del abdomen, en el marco del duodeno, detrás del estómago y a la derecha del bazo. Tiene forma alargada y está constituida por tres sectores: cabeza, cuerpo y cola. La parte exocrina de la glándula se encuentra constituida por los acinos pancreáticos, que forman el jugo pancreático, con funciones digestivas, volcado al duodeno por medio del conducto excretorio de Wirzung.

Las células endocrinas del páncreas se hallan dispuestas en agrupaciones denominadas islotes de Langerhans, que comprenden del 1 al 2% de la masa pancreática y que contienen cuatro tipos de células:

- Las células beta (B) comprenden el 65% del islote y secretan la hormona insulina.
- Las células alfa (A) comprenden el 20% del islote y secretan la hormona glucagón.
- Las células delta (D) comprenden el 10% del islote y secretan la hormona somatostatina.
- Las restantes células, (células F) secretan el polipéptido pancreático

7.10.1 INSULINA

Hormona polipeptídica, que se secreta principalmente en respuesta a niveles elevados de glucosa en sangre, circula libre en el plasma, tiene un tiempo de sobrevida plasmática de unos 10 a 15 minutos y se degrada en el hígado, en menor medida en el riñón y en otros tejidos.

Se la conoce como la hormona de la "abundancia" ya que, cuando la disponibilidad de nutrientes supera las demandas del organismo, la insulina asegura que el exceso de nutrientes se almacene como glucógeno en el hígado, como grasa en el tejido adiposo, y como proteína en el músculo.

Las principales acciones o efectos de la Insulina sobre los órganos "blanco" u objetivo son:

- Disminuye los niveles de glucosa en sangre, uniéndose a receptores (GLUT 4) de la superficie celular de las células "diana" o "blanco", dando lugar a la acción de transportadores que aumentan la captación de glucosa por dichas células (efecto Hipoglucemiante).
- En el hígado, estimula la captación de glucosa sanguínea y la formación de glucógeno a partir de glucosa (Glucogenogénesis) para ser almacenado. Inhibe la degradación del glucógeno a glucosa (Glucogenolisis) y

la formación de glucógeno a partir de aminoácidos o del ácido láctico (Gluconeogénesis)

- En el músculo esquelético, estimula el ingreso de la glucosa luego de las comidas y su depósito como glucógeno (Glucogenogénesis)
- En el tejido adiposo, aumenta la lipogénesis con conversión de ácidos grasos en triglicéridos, aumentando sus depósitos en el tejido adiposo. Además, inhibe la lipólisis.
- Estimula el transporte activo de aminoácidos al interior de las células y la síntesis proteica (efecto anabólico) y disminuye el catabolismo proteico, favoreciendo el almacenamiento de proteínas en las células, (especialmente en hígado, músculo y corazón).
- Estimula el crecimiento y la diferenciación celular en forma sinérgica con la hormona de crecimiento.

7.10.2 GLUCAGÓN

Hormona polipeptídica cuyo principal estímulo para la liberación es los bajos niveles de glucosa en plasma. Actúa principalmente en el hígado, aunque también lo hace en tejido adiposo, promoviendo la metabolización o utilización de los combustibles o nutrientes energéticos.

Las principales acciones o efectos del Glucagon sobre los órganos "blanco" u objetivo son:

- Su principal acción es elevar el nivel de glucosa en sangre (Hiperglucemiante).
- En el Hígado, estimula la degradación de glucógeno para formar glucosa (Glucogenolisis) y la formación de glucógeno a partir de aminoácidos o ácido láctico (Gluconeogénesis) liberando gran cantidad de glucosa a la sangre. Además, inhibe la síntesis de glucógeno a partir de glucosa (Glucogenogénesis)
- En el tejido adiposo, aumenta la lipólisis, movilizando ácidos grasos y glicerol desde el tejido adiposo, lo que aporta sustratos metabólicos, ahorrando glucosa para el cerebro.
- Durante el ejercicio, disminuye la glucemia lo suficiente como para estimular la secreción de glucagón, aunque su estimulación también podría deberse a los estímulos simpático-adrenérgicos.

De modo que la insulina y el glucagón actúan en sentido contrario siendo hormonas de tipo antagónico.

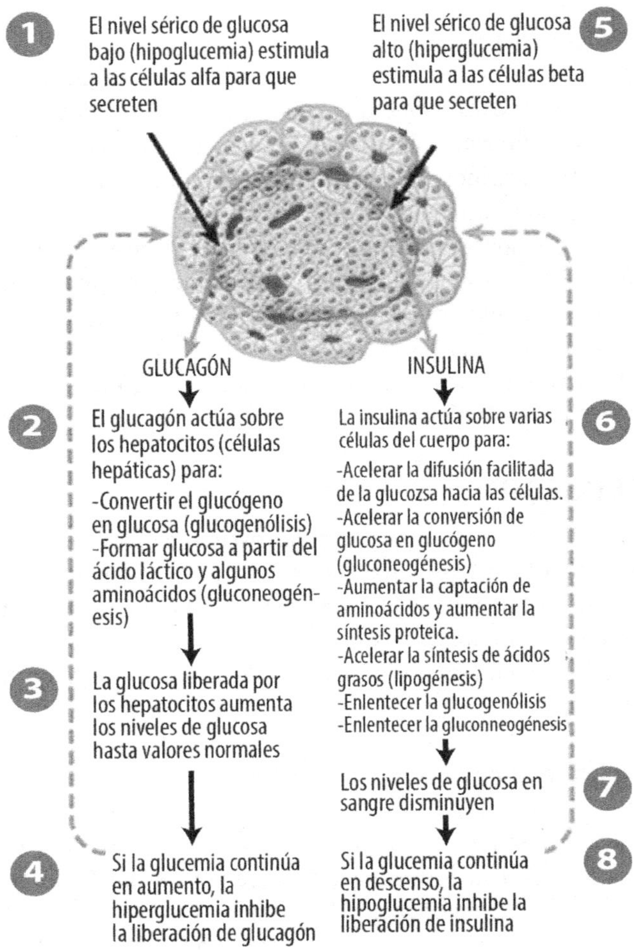

Figura Nro. 97: Mecanismo de regulación de las hormonas Insulina y Glucagon.

7.10.3 SOMATOSTATINA (SST)

Es una hormona sintetizada tanto por el hipotálamo como por las células delta del páncreas. Es llamada también "factor inhibidor de la hormona de crecimiento" (GH-IH).

Tiene una acción inhibidora sobre la Somatotrofina, sobre la secreción de hormonas gastrointestinales y sobre la insulina y el glucagón. Por otro lado, reduce el flujo sanguíneo a nivel intestinal y disminuye la absorción de nutrientes.

Si antes de la actividad física se ingieren alimentos, aumentarán los niveles de secreción de la hormona somatostatina, los nutrientes quedarán en el intestino pero a las células intestinales no les llegará suficiente O_2, quedando en hipoxia y haciendo trabajo anaerobio, lo que produce calambres.

7.10.4 POLIPÉPTIDO PANCREÁTICO

Las comidas ricas en proteínas, el ayuno, el ejercicio y la hipoglucemia aguda estimulan la secreción, mientras que la somatostatina y el nivel elevado de glucosa sanguínea la inhiben. Sus acciones son inhibir la secreción de somatostatina, la contracción de la vesícula biliar y la secreción de enzimas digestivas pancreáticas.

7.11 CONTROL DEL METABOLISMO DEL CALCIO

Las concentraciones plasmáticas de calcio están bajo un fino control, con sistemas reguladores que mantienen concentraciones normales en el plasma. El calcio es fundamental para multitud de funciones, incluida la contracción del músculo cardíaco, esquelético y liso; la mineralización ósea; la transmisión del impulso nervioso, y la coagulación de la sangre. Por tanto, su variación de concentración en plasma (aumento o disminución) puede causar graves consecuencias.

El intestino, el riñón y el hueso son los sitios integrantes del homeostasis del calcio y las hormonas 1,25 dihidroxicolecalciferol (forma activa de la vitamina D), la Parathormona (PTH), sintetizada en las glándulas Paratiroides y la hormona Calcitonina, sintetizada por la glándula tiroides, controlan dicha homeostasis.

7.11.1 PARATHORMONA (PTH)

Las glándulas paratiroides son cuatro glándulas, dos superiores y dos inferiores, que se encuentran situadas en la cara posterior de cada uno de los dos lóbulos tiroideos. Son muy pequeñas y sintetizan la paratohormona (PTH).

La PTH es una hormona proteica con un papel fundamental en la regulación del metabolismo del calcio. Su secreción es inversamente proporcional a los niveles de Calcio en plasma: si disminuye el Ca^+ plasmático se libera la PTH y tiene efectos sobre el riñón, los huesos y el intestino delgado.

A nivel del riñón, promueve la reabsorción de calcio, disminuye la reabsorción de fósforo y aumenta la síntesis de 1,25-dihidroxicolecalciferol (Vitamina D activa), con lo que disminuye la cantidad de Calcio eliminado por la orina y aumenta los niveles en plasma, aumentando los niveles de fosfato en orina y bajando sus niveles en plasma.

A nivel óseo, aumenta la resorción ósea estimulando la actividad osteolítica del osteoclasto, siendo el resultado de esta acción, aumentar el calcio y el fosfato en plasma a expensas de una pérdida de mineralización del hueso.

A nivel intestinal, los efectos son producidos por la activación de la 1,25 dihidroxicolecalciferol (Vitamina D activa), que aumenta la absorción calcio y fósforo con lo que niveles altos de calcio y Pi pasan a la sangre.

7.11.2 VITAMINA D O COLECALCIFEROL

La vitamina D o colecalciferol es un esterol que entra en la sangre y el líquido extracelular (LEC) desde las fuentes de la dieta y por la acción de la luz ultravioleta sobre el 7-dehidroxicolesterol en las células de la piel.

La forma inicial de la vitamina D se convierte a 25-hidroxicolecalciferol en el hígado y después sufre una hidroxilación final a la forma activa, 1,25-dihidroxicolecalciferol, en los riñones.

Cuando las concentraciones de calcio en plasma disminuyen, la PTH aumenta y estimula la 1-a-hidroxilasa renal para incrementar la formación de vitamina D activa.

Las acciones efectos del la vitamina D activa son:

A nivel intestinal, aumenta la absorción de calcio y fosfato, siendo el exceso de fosfato plasmático excretado por los riñones (por la acción de la PTH).

A nivel óseo, aumenta el remodelado y la mineralización a través de efectos tanto sobre los osteoblastos como los osteoclastos.

Así, mientras en las concentraciones de calcio plasmático a corto plazo están reguladas por la PTH, la activación de la vitamina D por la PTH es importante en la homeostasis del calcio a largo plazo.

7.11.3 CALCITONINA

La calcitonina es una hormona peptídica que se produce en las células parafoliculares (células C) de la glándula tiroides. Se libera al plasma cuando se produce un aumento en los niveles de calcio extracelular, mientras que la disminución del mismo la inhibe.

Tiene efecto *Hipocalcemiante* (disminuye el Calcio en plasma): a nivel óseo inhibe la actividad de los osteoclastos enlenteciendo el remodelado óseo y, a nivel renal, aumenta la excreción de calcio y fosfato por la orina.

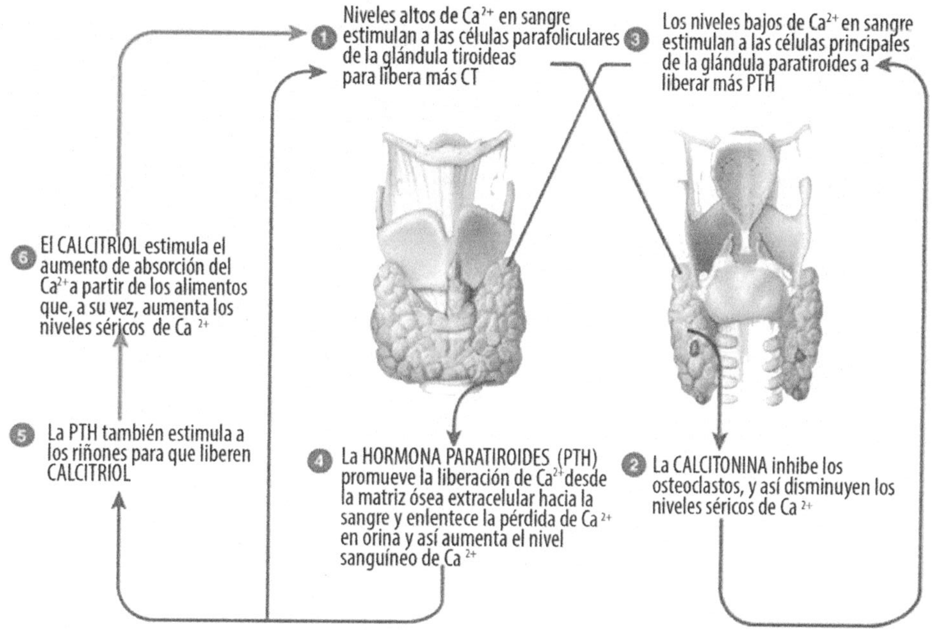

3. Un nivel de Ca^{2+} sérico por debajo de los valores normales estimulan a las células principales de la glándula paratiroides a liberar más PTH.
4. La PTH estimula la resulación de la matriz ósea extracelular, que libera Ca^{2+} hacia la sangre y enlentece la pérdida de Ca^{2+} en orina y aumenta el nivel sérico de Ca^{2+}.
5. La PTH también estimula a los riñones para que sinteticen calcitrol, la forma activa de vitamina D.
6. El calcitriol estimula el aumento de la resorción de Ca^{2+} desde los alimentos en el tubo digestivo, que ayuda a aumentar los niveles séricos.

Figura Nro. 98: Regulación de la homeostasis del Calcio

CAPÍTULO [8]

SISTEMA NERVIOSO

Prof. Diego César Fornés

El sistema nervioso es un tejido especializado en el procesamiento de información y control de las actividades de los otros tejidos. Entre sus funciones generales encontramos:

COMUNICACIÓN, INTEGRACIÓN, CONTROL Y COORDINACIÓN DE LAS ACTIVIDADES CORPORALES

- Medio principal de comunicación entre las partes del cuerpo para la integración de sus muchas y diversas actividades.
- Recibe estímulos externos e internos y envía órdenes (respuestas) a varios órgano.s

PROCESO DE APRENDIZAJE

- Registra y relaciona ciertos estímulos y respuestas.
- Medio directo de contacto con el medio externo vivo y no vivo que nos rodea.
- Interviene en el pensamiento, sensación y movimiento.

El tejido nervioso está formado por dos tipos de células, las neuronas y las células gliales.

8.1 NEURONAS

Las neuronas son la unidad histológica y fisiológica del sistema nervioso. Son las células responsables de las funciones atribuidas al sistema nervioso: pensar, razonar, control de la actividad muscular, sentir, etc. Son células excitables que conducen los impulsos que hacen posibles todas las funciones del sistema nervioso. El encéfalo humano contiene alrededor de 100.000 millones de neuronas.

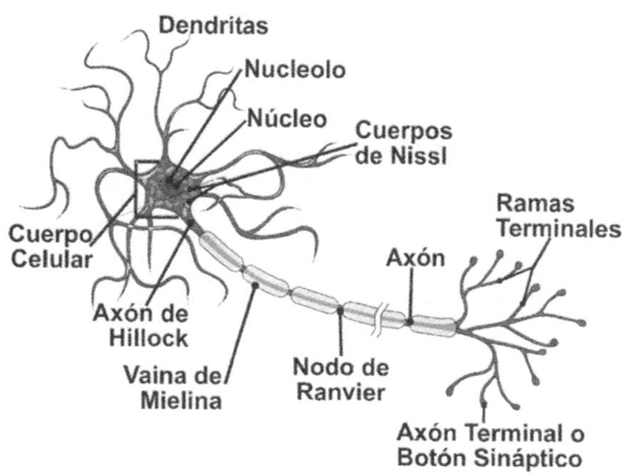

Figura Nro. 99: Neurona

Aunque pueden tener distintas formas y tamaños, todas las neuronas tienen una estructura básica y constan de tres partes esenciales: cuerpo neuronal, dendritas y axones.

1. **Cuerpo Neuronal**: El cuerpo o soma neuronal contiene el núcleo y el citoplasma, con todos sus orgánulos intracelulares, rodeado por la membrana plasmática.
2. **Las dendritas**: Las dendritas son prolongaciones cortas ramificadas, en general múltiples, a través de las cuales la neurona recibe estímulos procedentes de neuronas vecinas con las cuales establece una sinapsis o contacto entre células.
3. **Los axones**: El axón es una prolongación, generalmente única y de longitud variable, a través de la cual el impulso nervioso se transmite desde el cuerpo celular a otras células nerviosas o a otros órganos del cuerpo. Cerca del final, el axón, se divide en terminaciones especializadas que contactarán con otras neuronas u órganos efectores.

8.1.1 FISIOLOGÍA DE LAS NEURONAS

Las neuronas se comunican entre sí a través de potenciales de acción o impulsos nerviosos. La producción de potenciales de acción depende de dos características básicas de la membrana plasmática: el potencial de membrana en reposo y canales iónicos específicos.

Cómo en muchas otras células del cuerpo, la membrana plasmática de las neuronas posee un potencial de membrana, es decir, una diferencia de potencial entre el interior y el exterior de la membrana. El potencial de membrana es como la carga almacenada en una batería. Cuando la neurona está en reposo este potencial se denomina potencial de membrana en reposo.

El potencial de acción, o impulso nervioso, es una secuencia rápida de fenómenos que invierten el potencial de membrana, para luego restaurarlo a su estado de reposo. Se produce tras la llegada a la célula de un estímulo y, gracias a la excitabilidad de las neuronas, éste se transforma en potencial de acción. Durante un potencial de acción, se abren y después se cierran dos tipos de canales iónicos:

1. Primero se abren canales que permiten la entrada de Na+ a la célula, lo cual provoca su despolarización.
2. Después se abren canales de K+, con lo que ocurre la salida de estos iones y se genera la repolarización.

Los potenciales de acción siguen el principio o ley del todo o nada: si la despolarización alcanza el valor umbral (-55mV), se abren los canales de Na+ y se produce un potencial de acción que siempre tiene la misma amplitud.

El potencial de acción se genera en muchas ocasiones al inicio del axón y se propaga a través del axón hasta las terminales sinápticas. De esta forma, las neuronas pueden comunicarse entre sí o con los órganos efectores. La conducción a través de las fibras mielínicas se produce a través de los nódulos de Ranvier.

Cuando un impulso nervioso se propaga en un axón mielínico, la despolarización de la membrana plasmática en un nódulo de Ranvier ocasiona un flujo de iones (Na+ y K+) en el citosol y líquido extracelular que abren los canales de Na+ del siguiente nódulo, desencadenando un nuevo potencial de acción, y así sucesivamente.

Puesto que la corriente fluye por la membrana sólo en los nódulos, el impulso parece saltar de nódulo a nódulo. Este tipo de transmisión de impulsos se denomina conducción saltatoria y condiciona un aumento en la velocidad de propagación de los impulsos nerviosos. En los axones amielínicos la conducción es continua. La conducción nerviosa en los axones mielínicos puede ser 100 veces más rápida que en los axones amielínicos.

8.2 CÉLULAS DE LA GLÍA

Las células de la glía cumplen la función de sostén, nutrición y mantenimiento del espacio donde se encuentran las células.

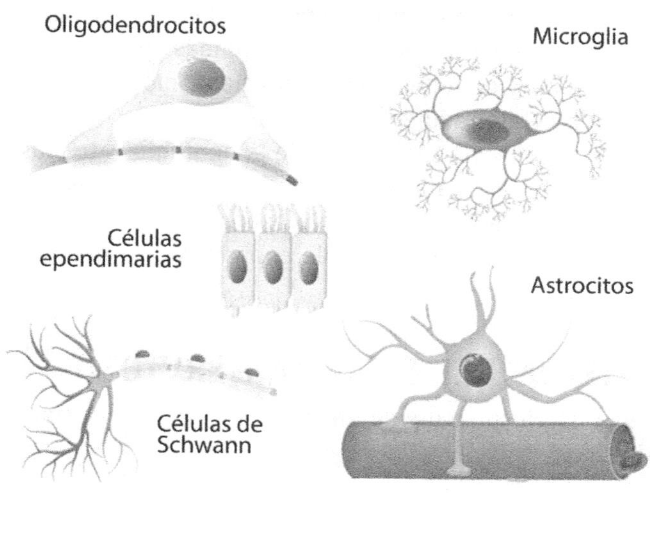

Figura Nro.100: Células de la Glia

Los *astrocitos* son pequeñas células de aspecto estrellado que se encuentran en todo el SNC. Desempeñan muchas funciones importantes dentro del SNC, ya que no son simples células de sostén pasivas. Forman un armazón estructural y de soporte para las neuronas y los capilares gracias a sus prolongaciones citoplasmáticas. Asimismo, mantienen la integridad de la barrera hemo encefálica, una barrera física que impide el paso de determinadas sustancias desde los capilares cerebrales al espacio intersticial. Cumplen, adicionalmente, una función de apoyo mecánico y metabólico a las neuronas. Dicho apoyo consiste en la síntesis de algunos componentes utilizados por estas, y la ayuda en la regulación de la composición iónica del espacio extracelular que rodea a las neuronas.

Los *oligodendrocitos* son células más pequeñas, con menos procesos celulares. Su principal función es la síntesis de mielina y la mielinización de los axones de las neuronas en el SNC. Cada oligodendrocito puede rodear con mielina entre 3 y 50 axones. La mielina se dispone formando varias capas alrededor de los axones, de forma tal que los protege y aísla eléctricamente.

La mielinización, además, contribuye de forma muy importante a aumentar la velocidad de conducción de los impulsos nerviosos a través de los axones. A intervalos en toda la longitud del axón, hay interrupciones de la vaina de mielina, llamadas nódulos de Ranvier. Los axones rodeados de mielina se denominan axones mielínicos, mientras que los que carecen de ella se llaman amielínicos.

La *microglía* son células pequeñas con función fagocitaria, importantes en la mediación de la respuesta inmune dentro del SNC. Tienen su origen en las células madre hematopoyéticas embrionarias.

Las *células ependimarias* son células ciliadas que tapizan la pared del sistema ventricular y del epéndimo. Son células móviles que contribuyen al flujo del líquido cefalorraquídeo.

Las *células de Schwann* son células de la neuroglia situadas en el sistema nervioso periférico, las cuales sintetizan la mielina que recubre los axones a este nivel. Cada célula rodea a un solo axón.

Las *células satélites* son células de soporte de las neuronas de los ganglios del SNP.

8.3 DIVISIÓN DEL SISTEMA NERVIOSO

El sistema nervioso se divide en sistema nervioso central y sistema nervioso periférico.

8.3.1 SISTEMA NERVIOSO CENTRAL

Dentro del sistema nervioso central, encontramos el encéfalo que está formado por el cerebro, cerebelo, tronco cerebral y la médula espinal.

CEREBRO

El cerebro es el órgano más voluminoso del sistema nervioso central. Se aloja en la región más anterior y superior de la caja craneana, tiene forma ovoide y sus dimensiones aproximadas son 17 cm de longitud, 14 cm de ancho y 13 cm de altura. Pesa aproximadamente 1250 gramos.

MORFOLOGÍA EXTERNA

La superficie cerebral presenta una gran cantidad de hendiduras de distintas profundidades, las más profundas se llaman cisuras y las menos profundas, surcos. Los espacios comprendidos entre las cisuras se denominan lóbulos y, los delimitados entre los surcos, giros o circunvoluciones. Si miramos el cerebro desde arriba vemos una fisura, que es la cisura interhemisférica que divide al cerebro en dos hemisferios cerebrales.

Los hemisferios se encuentran unidos por una formación de sustancia blanca denominada *cuerpo calloso.*

La cara externa del cerebro presenta tres cisuras: la de Silvio, la de Rolando y la perpendicular externa. Estas cisuras dividen al cerebro en cuatro lóbulos: lóbulo frontal, lóbulo parietal, lóbulo occipital y lóbulo temporal.

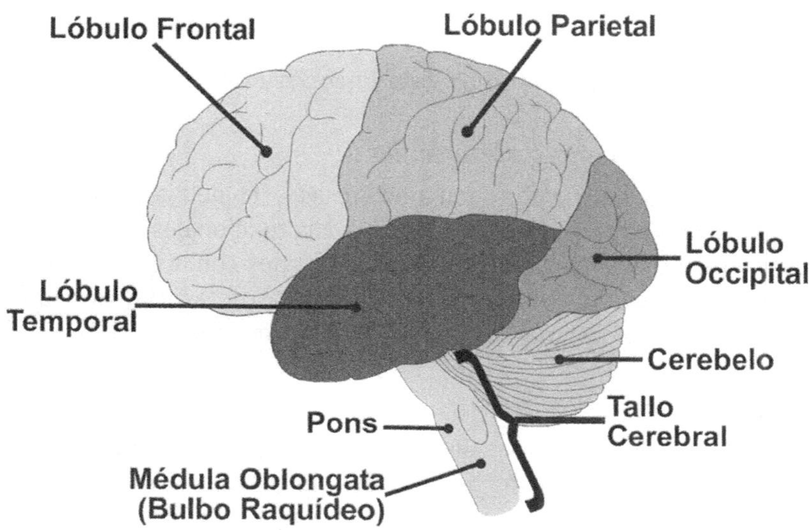

Figura Nro. 101: Cara externa del cerebro

MORFOLOGÍA INTERNA

Observamos a simple vista dos sustancias; la sustancia gris y la sustancia blanca.

La sustancia gris es periférica y constituye la corteza cerebral. La sustancia Blanca es central

Los Hemisferios cerebrales poseen en su interior fibras que según su dirección se clasifican en:

1. **Fibras asociación**: Vinculan las distintas partes de un mismo hemisferio.
2. **Fibras inter-hemisféricas**: Van de un hemisferio al otro hemisferio y al otro.
3. **Fibras de proyección**: Unen el cerebro con los demás órganos del sistema nervioso central.

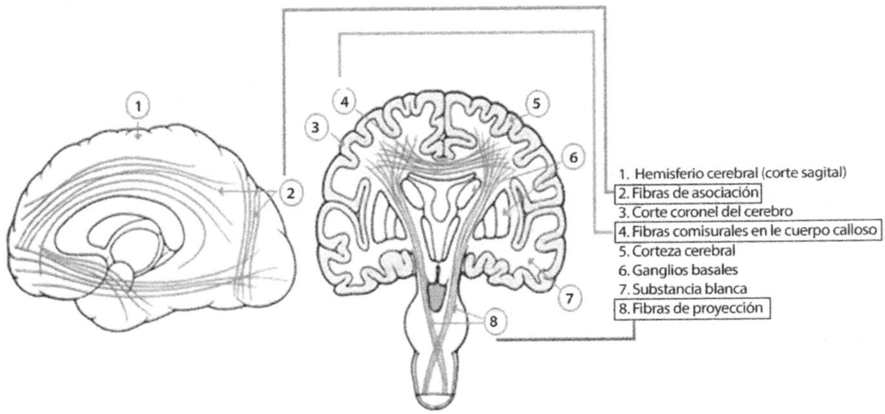

Figura Nro. 102: Vista Interna del cerebro

Áreas funcionales de la corteza cerebral

Las funciones del cerebro son numerosas y complejas. En general, el córtex se divide en tres grandes tipos de áreas funcionales: las áreas sensoriales (reciben e interpretan impulsos relacionados con las sensaciones), las áreas motoras (inician movimientos), y las áreas de asociación (funciones de integración más complejas, como memoria, emociones, etc.).

Áreas sensoriales

Las áreas sensoriales están situadas principalmente en la parte posterior de la corteza cerebral, detrás de la cisura central. En la corteza, las áreas sensoriales primarias tienen la conexión más directa con receptores sensoriales periféricos.

1. **Área somatosensorial primaria:** Se localiza en la circunvolución parietal ascendente, inmediatamente detrás de la cisura central o de Rolando. Recibe sensaciones de receptores sensoriales somáticos relativos al tacto, propioceptivos (posición articular y muscular), dolor y temperatura. Cada punto en el área capta sensaciones de una parte específica del cuerpo, el cual está representado espacialmente por completo en ella. Hay algunas partes corporales, por ejemplo, labios, cara, lengua y pulgar, que están representadas por áreas más grandes de la corteza somatosensorial, mientras que el tronco tiene una representación mucho menor. El tamaño relativo de estas áreas es proporcional al número de receptores sensoriales en la parte corporal respectiva. La función principal del área somatosensorial es localizar con exactitud los puntos del cuerpo donde se originan las sensaciones.
2. **Área visual:** Se localiza en la cara medial del lóbulo occipital y recibe impulsos que transmiten información visual (forma, color y movimiento de los estímulos visuales).
3. **Área auditiva:** Se localiza en el lóbulo temporal e interpreta las características básicas de los sonidos, como su tonalidad y ritmo.
4. **Área gustativa:** Se localiza en la base de la circunvolución parietal ascendente, por encima de la cisura de Silvio y percibe estímulos gustativos.
5. **Área olfatoria:** Se localiza en la cara medial del lóbulo temporal y recibe impulsos relacionados con la olfacción.

Áreas motoras

Las áreas motoras están situadas en la corteza cerebral de las regiones anteriores de los hemisferios cerebrales. Entre las áreas motoras más importantes destacamos:

1. **Área motora primaria:** Se localiza en la circunvolución prerrolándica, inmediatamente delante de la cisura central o de Rolando. Cada región del área controla la contracción voluntaria de músculos o grupos musculares específicos. Al igual que en la representación sensorial somática en el área somatosensorial, los músculos están representados de manera desigual en el área motora primaria. La magnitud de su representación es proporcional al número de unidades motoras de un músculo dado. Por ejemplo, los músculos del pulgar, resto de dedos de la mano, labios, lengua y cuerdas vocales tienen una representación mayor a la región del tronco.
2. **Área de Broca:** Se localiza en uno de los lóbulos frontales (el izquierdo en la mayoría de las personas), en un plano superior a la cisura de Silvio. Controla el movimiento de los músculos necesarios para hablar y articular correctamente los sonidos.

Áreas de asociación

Las áreas de asociación comprenden algunas áreas motoras y sensoriales, además de grandes áreas en la cara lateral de los lóbulos occipital, parietal y temporal, así como en el lóbulo frontal por delante de las áreas motoras. Las áreas de asociación están conectadas entre sí mediante fascículos de asociación. Entre las áreas de asociación destacamos:

1. **Área de asociación somatosensorial:** Se localiza justo posterior al área somatosensorial primaria, recibe impulsos del tálamo y su función es integrar e interpretar las sensaciones (determinar la forma y textura de un objeto sin verlo).
2. **Área de asociación visual:** Se localiza en el lóbulo occipital y su función es relacionar las experiencias visuales previas y actuales, además de ser esencial para reconocer y evaluar lo que se observa.
3. **Área de asociación auditiva:** Se localiza en un plano posterior al área auditiva y permite discernir si los sonidos corresponden al habla, la música o ruido.
4. **Área de Wernicke:** Se localiza en la región frontera, entre los lóbulos temporal y parietal, y permite interpretar el significado del habla y el contenido emocional del lenguaje hablado (enfado, alegría).
5. **Área promotora:** Se localiza inmediatamente por delante del área motora primaria y permite la ejecución de actividades motoras de carácter complejo y secuencial (poner una carta dentro de un sobre).
6. **Área frontal del campo visual:** Regula los movimientos visuales voluntarios de seguimiento (leer una frase).

CEREBELO

Es el órgano del sistema nervioso central que está situado en la región posterior e inferior del encéfalo. Mide 10 cm de ancho por 5 cm de longitud y 6 cm de espesor, y pesa alrededor de 140 gramos.

Morfología externa

En la superficie del cerebelo se pueden observar, una parte central llamada vermis y dos hemisferios. En la superficie encontramos surcos curvos y concéntricos que dividen el cerebelo en láminas y laminillas. El cerebelo posee tres lóbulos (anterior, posterior y floconodular) está sujeto al sistema nervioso central por tres partes llamadas pedúnculos cerebelosos:

- *Pedúnculos cerebelosos inferiores* que vienen del bulbo.
- *Pedúnculos cerebelosos medios* que vienen de la protuberancia.
- *Pedúnculos cerebelosos superiores* que vienen del cerebro.

Morfología interna

El cerebro está formado por sustancia blanca y sustancia gris. La sustancia gris es periférica y forma la corteza cerebelosa. La sustancia blanca ocupa la parte central y está formada por fibras nerviosas.

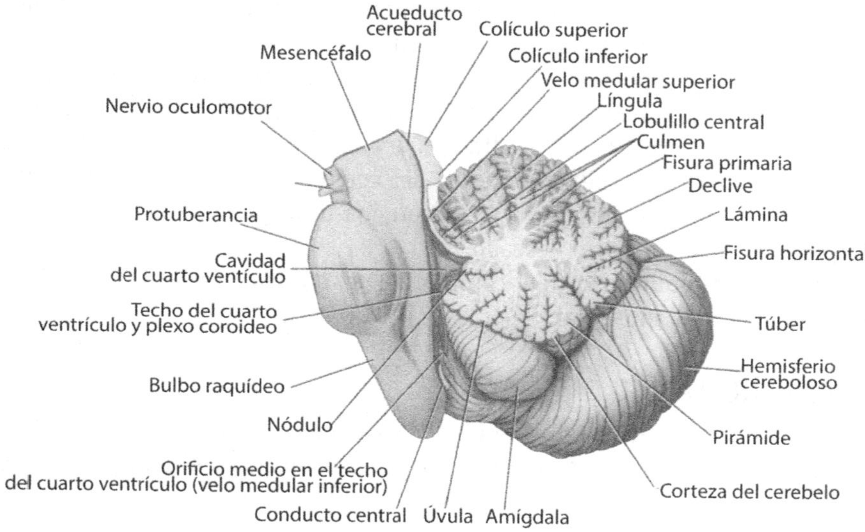

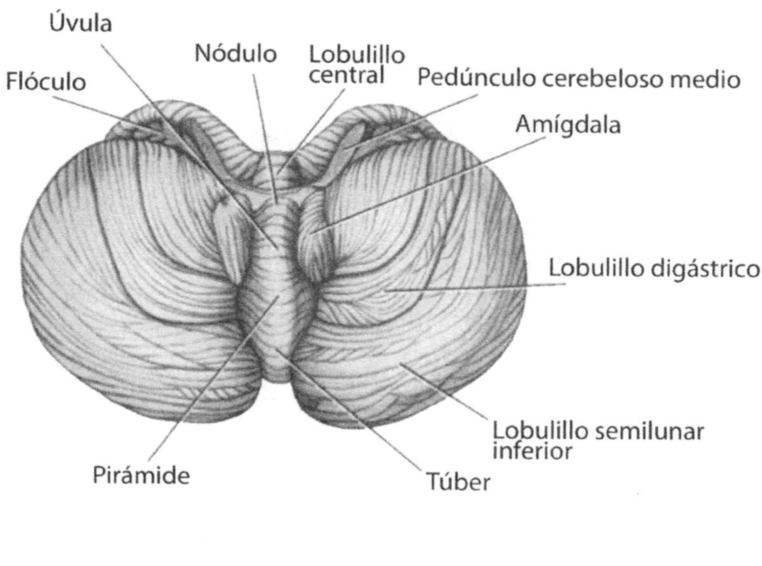

Figura Nro. 103: Cerebelo vista lateral Figura Nro. 104: Lóbulos del Cerebelo

Funciones

Las funciones del cerebelo son:

1. **Coordina los movimientos de los músculos agonistas y antagonistas:** Interviene en todos los procesos de movimientos rápidos y complejos. Ayuda a la corteza motora primaria. Como centro de integración, decide el mejor modo para ejecutar el movimiento dado. Compara la actividad programada y lo que se desea desarrollar con los verdaderos cambios que tienen lugar en nuestro cuerpo. Como resultado, inicia ajustes correctivos mediante el sistema motor. Recibe información del cerebro (y otras partes del encéfalo) y de los propioreceptores. Determina el mejor plan de acción para producir el movimiento deseado.
2. **Mantiene el equilibrio** (leer capítulo de postura)
3. **Regula el tono muscular**

TRONCO ENCEFÁLICO

El tronco encefálico (tallo cerebral) se conforma por el mescencéfalo (cerebro medio), la protuberancia (o puente de varolio) y el bulbo raquídeo

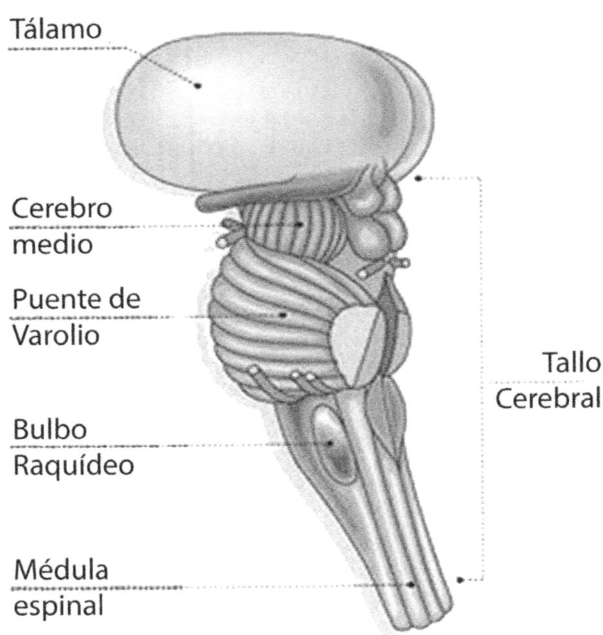

Figura Nro. 105: Tronco Encefálico

MESENCÉFALO O CEREBRO MEDIO

El mesencéfalo es la porción superior del tallo cerebral. Une el puente y el cerebelo con el diencéfalo.

La fosa interpeduncular separa el mesencéfalo en dos pedúnculos, llamados pedúnculos cerebrales ya que está formado por fibras que se dirigen hacia el cerebro.

Por el pasa el acueducto cerebral, una cavidad que une el tercer ventrículo con el cuarto.

Se encuentran núcleos de los nervios craneales.

En el mesencéfalo se distinguen dos estructuras:

Téctum

El téctum es la zona dorsal del mesencéfalo, en él se hallan los tubérculos cuadrigéminos o colículos.

El *tegmentum* es la zona ventral al téctum.

Contiene tres estructuras coloreadas:

- Sustancia gris periacueductal que se ubica alrededor del acueducto cerebral.
- Sustancia negra: Tiene funciones sensitiva-motoras
- Sustancia roja: También tiene funciones sensitivo-motoras

Funciones del mesencéfalo

La función principal del mesencéfalo consiste en transmitir impulsos motores desde la corteza cerebral hacía el puente troncoencefálico. Así mismo, se encarga de conducir impulsos sensitivos desde la médula espinal hacía el tálamo.

Los tubérculos cuadrigéminos superiores coordinan los movimientos de los globos oculares en respuesta a estímulos visuales y a otro tipo de estímulos. Los tubérculos cuadrigéminos inferiores se encargan de coordinar los movimientos de la cabeza y el resto del organismo en respuesta a estímulos auditivos.

Finalmente, el mesencéfalo también se relaciona con algunos aspectos de la visión, la audición, el sueño y la vigilia.

El mesencéfalo percibe y transmite estímulos de diferentes modalidades sensoriales y se encarga de regular funciones corporales importantes como la temperatura del organismo, el ciclo del sueño y los procesos homeostáticos.

PROTUBERANCIA

Ubicada entre el mesencéfalo y el bulbo, la protuberancia tiene forma de cubo y mide 3 cm de altura por 4 cm de ancho y 2,5 cm de espesor.

Morfología externa

En su cara anterior, presenta una depresión media llamada surco basilar, las superficies laterales se continúan hacia atrás con los pedúnculos cerebelosos medios.

Morfología interna

La sustancia gris es interna y la sustancia blanca, que es externa, está formada por las fibras nerviosas que proceden de los demás órganos del sistema nervioso central.

Funciones

La protuberancia cumple dos funciones, la primera, conducir los estímulos sensitivos hacia el cerebro y el cerebelo y la segunda, conducir los estímulos motores hacia los órganos efectores. En ella residen los centros de la locomoción, de la emoción y los fenómenos que la acompañan.

BULBO RAQUÍDEO

Está ubicado por encima y a continuación de la médula espinal, tiene forma de cono truncado y mide 3 cm de largo por 1 a 2 cm de ancho.

Morfología externa

En su cara anterior, el bulbo raquídeo presenta el surco medio anterior. A ambos lados del surco medio, se encuentra las pirámides anteriores, donde se distinguen dos prominencias llamadas Olivas bulbares.

La cara posterior del bulbo presenta dos regiones: una región inferior a la cara posterior de la médula -con un surco medio posterior y dos surcos colaterales posteriores-, y una región superior en la que los cordones posteriores se separan hacia afuera, formando un espacio triangular que forma la mitad inferior del cuarto ventrículo.

Morfología interna

En la morfología del bulbo raquídeo, también intervienen la sustancia gris -que es central y receptora-, y la sustancia blanca, que es periférica y conductora.

Funciones

El bulbo raquídeo cumple una doble función: es vía conductora de los estímulos nerviosos, y en él residen los centros respiratorio, cardíaco, vasomotor, de la masticación, de la deglución, del vómito, de la fonación, la secreción salival, de la secreción sudoral y otros.

PEDÚNCULOS CEREBRALES

Los pedúnculos cerebrales son nexo de unión entre la protuberancia y el cerebro. Miden 2 cm de longitud por 1,5 cm de ancho y 2 cm de espesor.

Morfología externa

Los pedúnculos cerebrales son dos órganos voluminosos y cilíndricos que unen a la protuberancia con el cerebro, llevando hacia éste las fibras nerviosas que provienen de la protuberancia, del bulbo raquídeo, de la médula espinal y del cerebelo.

Morfología interna

Interiormente, los pedúnculos cerebrales están formados por sustancia gris; la sustancia blanca la encontramos en la periferia. En la sustancia gris se encuentran los centros nerviosos. La sustancia blanca, por su parte, está formada por fibras que conducen los estímulos hacia los centros nerviosos y hacia los órganos efectores.

Funciones

Los pedúnculos cerebrales cumplen dos funciones: por un lado son órganos de conducción de estímulos nerviosos y en ellos están localizados los centros que rigen la motilidad del cuerpo y los que coordinan los movimientos masticatorios.

MÉDULA ESPINAL

La médula espinal se encuentra alojada en el conducto raquídeo. Va desde la región cervical hasta la dorsal o primera lumbar, continuando hasta la base del coxis por la cola de caballo y luego por el filum terminale. Mide aproximadamente 45 cm de largo por 1 cm de diámetro.

Morfología externa

En su cara anterior, la médula espinal presenta un surco muy profundo, el surco medio anterior y, a ambos costados, dos menos profundos llamados surcos colaterales anteriores, dónde se encuentran las raíces anteriores motoras de los nervios raquídeos.

El espacio entre los surcos se denomina cordón anterior o ventral. En su cara posterior también se encuentra un surco medio, el surco medio posterior, y dos surcos laterales llamados surcos colaterales posteriores, donde penetran las raíces posteriores sensitivas. Entre los surcos posteriores, se encuentran los cordones posteriores o dorsales. El espacio comprendido entre los surcos posterior y anterior se denomina cordón lateral.

Morfología interna

En un corte transversal puede observarse que la médula está constituida por dos zonas, una interna de sustancia gris, que forma una H, y otra externa de sustancia blanca que rodea la anterior.

Los extremos anteriores de la sustancia gris se denominan astas anteriores y están vinculados con las raíces motoras de los nervios raquídeos. Los extremos posteriores se denominan astas posteriores y se vinculan con las raíces sensitivas. La sustancia gris es receptora y la sustancia blanca es conductora.

Funciones

La médula espinal es la encargada de la transmisión de información vía los haces de las neuronas que entran (ascendentes, aferentes o sensoriales) y que salen (descendentes, eferentes o motoras) hacia el encéfalo. Podemos agruparlas en tres tipos:

1. *Función sensitiva:* Estímulos que viajan desde los Nervios Periféricos hacia el Encéfalo.
2. *Función motora:* Estímulos que viajan desde el Encéfalo hacia los Nervios Periféricos.
3. *Función refleja:* Sirven de centro para los reflejos raquídeos.

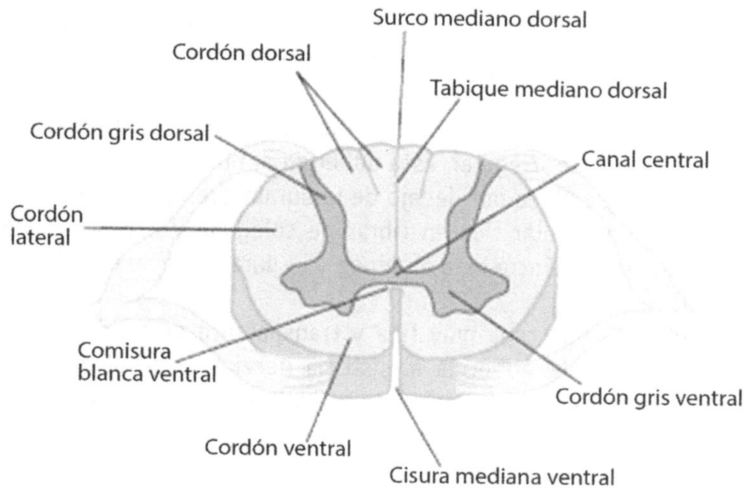

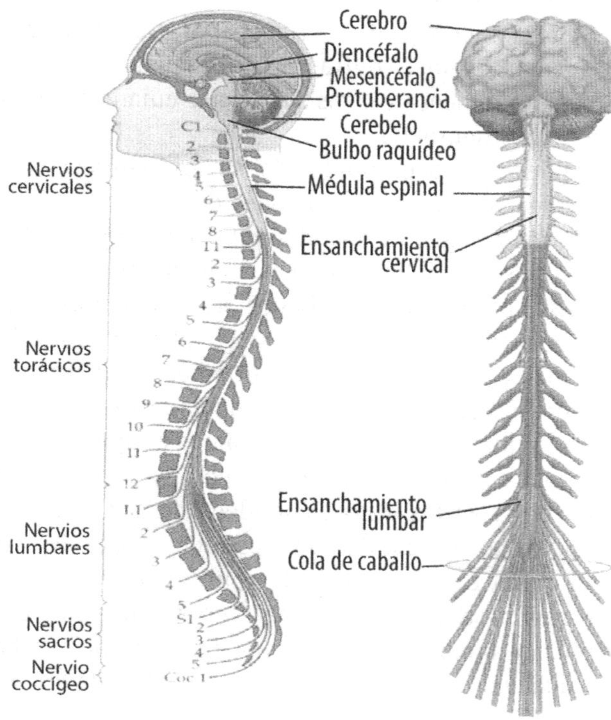

Figura Nro. 106: Corte Transversal Figura Nro. 107: Vista lateral y posterior

MENINGES

El SNC (encéfalo y médula espinal) está rodeado por tres capas de tejido conjuntivo denominadas meninges. Podemos distinguir tres capas meníngeas:

1. **Duramadre:** Es la capa más externa y la más fuerte. Está formada por tejido conjuntivo denso irregular. Está adherida al hueso.
2. **Aracnoides:** Se ubica por debajo de la duramadre. Está formada por tejido conjuntivo avascular rico en fibras de colágeno y elásticas, que forman como una malla. Entre esta meninge y la duramadre se encuentra el espacio subdural.
3. **Piamadre:** Es una capa muy fina y transparente de tejido conectivo que está íntimamente adherida al sistema nervioso central al cual recubre. Entre la aracnoides y la piamadre se halla el espacio subaracnoideo, que contiene líquido cefalorraquídeo.

LÍQUIDO CEFALORAQUÍDEO Y SISTEMA VENTRICULAR

El líquido cefalorraquídeo (LCR) es transparente e incoloro; protege al encéfalo y a la médula espinal contra lesiones químicas y físicas, además de transportar oxígeno, glucosa y otras sustancias químicas necesarias de la sangre a las neuronas y neuroglia.

El líquido cefalorraquídeo es producido en los plexos coroideos, unas estructuras vasculares situadas en las paredes de los ventrículos. Son redes de capilares cubiertas de células ependimarias que forman el LCR a partir de la filtración del plasma sanguíneo. El LCR circula de manera continua a través de los ventrículos (cavidades del encéfalo), epéndimo y espacio subaracnoideo. Los ventrículos cerebrales son cavidades comunicadas entre sí, por donde se produce y circula el LCR. Encontramos un ventrículo lateral en cada hemisferio cerebral que se comunica, cada uno de ellos, con el III ventrículo, situado en la línea media entre los tálamos y superior al hipotálamo. El IV ventrículo se localiza entre el tronco cerebral y el cerebelo.

El LCR que se forma en los plexos coroideos de cada ventrículo lateral fluye al III ventrículo por un par de agujeros (agujeros de Monro). A partir del III ventrículo el LCR circula hacia el IV ventrículo a través del acueducto de Silvio. De aquí pasa al espacio subaracnoideo que rodea el encéfalo y la médula espinal y también al epéndimo. En el espacio subaracnoideo se reabsorbe gradualmente en la sangre por las vellosidades aracnoideas, prolongaciones digitiformes de la aracnoides que se proyectan en los senos venosos. El LRC proporciona protección mecánica al SNC, dado que evita que el encéfalo y la médula espinal puedan golpearse con las paredes del cráneo y la columna vertebral. Es como si el encéfalo flotase en la cavidad craneal.

8.3.2 SISTEMA NERVIOSO PERIFÉRICO

Dentro del sistema nervioso periférico encontramos el sistema nervioso de relación formado por los nervios craneales que son 12 pares, los nervios periféricos y el sistema nervioso autónomo.

NERVIOS CRANEALES

Los nervios craneales pueden dividirse en:

- Sensitivos: Olfatorio, Óptico y Vestibulococlear.
- Motores: Oculomotor, Troclear, Motor ocular externo, Espinal e Hipogloso.
- Mixtos (sensitivos y motores): Trigémino, Facial, Glosofaríngeo y Vago.

A continuación veremos en profundidad las funciones de los 12 nervios craneales:

1. Olfatorio: Conduce las impresiones olfativas a la corteza cerebral.
2. Óptico: Conduce las sensaciones luminosas a la corteza cerebral.
3. Motor ocular común: Conduce el impulso motor a los músculos del ojo excepto el recto externo y el oblicuo mayor.
4. Troclear (Patético): Conduce el impulso motor al músculo oblicuo mayor del ojo.
5. Trigémino: La rama motora inerva los músculos masticadores; la rama sensitiva da sensibilidad a la cara.
6. Motor ocular externo: Conduce el impulso motor al músculo recto externo del ojo.
7. Facial: Es el nervio de la expresión.
8. Vestibulococlear (auditivo): es el nervio de la audición y el equilibrio.
9. Glosofaringeo: La rama motora se relaciona con los músculos de la deglución, mientras que la rama sensitiva conduce las impresiones gustativas.
10. Vago (neumogástrico): Es el más largo e importante. Inerva órganos de los aparatos circulatorio, respiratorio y digestivo.
11. Espinal: Interviene en la fonación porque inerva los músculos de la laringe.
12. Hipogloso: Inerva los músculos de la lengua.

Recordemos que los nervios están formados por axones mielinizados, que cumplirían la misma función que un cable eléctrico, salvando las distancias de conformación y funciones.

NERVIOS RAQUÍDEOS O ESPINALES

Los nervios periféricos o espinales son 31 pares de nervios que conectan la médula espinal con los elementos periféricos del sistema nervioso, receptores y efectores.

Los nervios periféricos se originan por la unión de varias raíces que salen de los segmentos medulares.

La médula espinal se encuentra segmentada y cada segmento da origen a una rama motora y una sensitiva, que se unen en un nervio mixto.

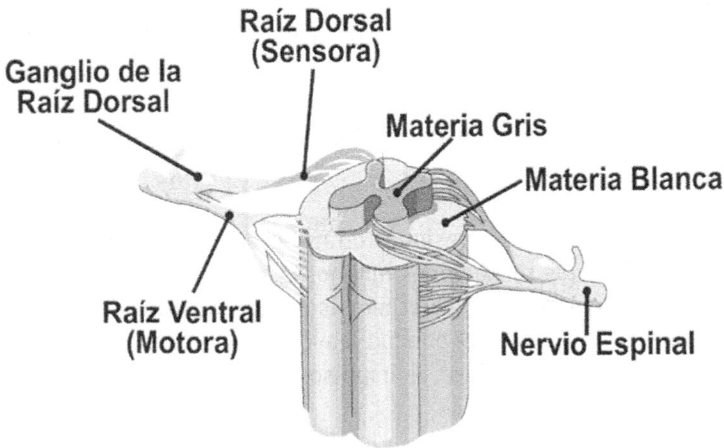

Figura Nro. 108: Rama motora y sensitiva

8.3.3 SISTEMA NERVIOSO AUTÓNOMO

El sistema nervioso autónomo se ocupa de regular los diferentes órganos buscando lograr un equilibrio del medio interno denominado homeostasis. Tiene una parte central y una periférica.

La parte central está formada por el hipotálamo, núcleos autonómicos del tronco cerebral y astas de la médula.

La parte periférica está constituida por los ganglios autonómicos de los pares craneales y los nervios autonómicos, y se divide en sistema simpático y sistema parasimpático.

Las fibras del sistema simpático se originan en neuronas situadas en la parte lateral de la sustancia gris de la médula torácica y lumbar (desde T1 hasta L2). Estas fibras, denominadas preganglionares, salen de la médula espinal a través de los nervios raquídeos y pasan hacia los ganglios de la cadena simpática paravertebral.

Las fibras preganglionares pueden seguir dos cursos:

1. Hacer sinapsis en los ganglios simpáticos paravertebrales y de aquí las fibras postganglionares se dirigen básicamente a órganos situados por encima del diafragma.
2. Pasar a través de la cadena simpática, sin hacer sinapsis, para dirigirse a uno de los ganglios prevertables situados dentro del abdomen (el ganglio celiaco y el ganglio hipogástrico). Sus fibras postganglionares se distribuyen en órganos infradiafragmáticos.

Las fibras del sistema nervioso parasimpático se originan en el cráneo y en el sacro. La parte craneal se origina en los núcleos parasimpáticos de los pares craneales III, VII, IX y X. La parte sacra, por su parte, se origina en la región lateral de la sustancia gris de la medula sacra, en los niveles S-2 y S-3.

Los ganglios parasimpáticos se sitúan cerca de los órganos que van a inervar, por lo cual las fibras parasimpáticas preganglionares son largas, mientras que las fibras parasimpáticas postganglionares tienen un recorrido corto.

El neurotransmisor liberado, tanto en las fibras parasimpáticas preganglionares como postganglionares, es la acetilcolina. Por lo tanto, todas las fibras parasimpáticas son fibras colinérgicas.

Los receptores colinérgicos de los órganos efectores pueden ser de dos tipos: nicotínicos y muscarínicos. Los receptores nicotínicos son siempre excitadores, mientras que los receptores muscarínicos pueden ser excitadores o inhibidores, según el tipo celular específico en que se localicen.

Aproximadamente el 75% de todas las fibras parasimpáticas del organismo se localizan en el nervio vago, el cual proporciona inervación parasimpática a las vísceras torácicas y abdominales (corazón, pulmones, el tubo digestivo excepto el colon descendente y el recto, hígado, vesícula biliar, páncreas y las porciones superiores de los uréteres).

Funciones

El sistema simpático tiene como función preparar al organismo para la lucha o huida (situaciones de estrés).

Lo que vamos a observar es un aumento en la entrega de oxígeno, cantidad de nutrientes en los músculos, aumento de la actividad cardíaca, vasodilatación arterial muscular, vasoconstricción en el tubo digestivo, inhibición de la actividad del sistema digestivo y el sistema urinario, etcétera. Este proceso es la consecuencia de la liberación de las hormonas noradrenalina y adrenalina.

El sistema parasimpático actúa en reposo, o después de situaciones estresantes y está mediado por la acetilcolina.

Efectos de los sistemas simpático y parasimpático sobre diferentes órganos:

ÓRGANOS/SISTEMA OBJETIVO	EFECTOS SIMPÁTICOS	EFECTOS PARASIMPÁTICOS
Musculo Cardiaco	Incrementa la Frecuencia y contracción	
Vasos sanguíneos	Vasodilatación	Vasoconstricción
Pulmones	bronco dilatación	Bronco constricción
Hígado	Liberación de glucosa	Ningún efecto
Metabolismo celular	Incrementa la tasa metabólica	Ningún efecto
Tejido Adiposo	Estimula la lipolisis	Ningún efecto
Glándulas Sudoríparas	Incrementa la sudoración	Ningún efecto
Medula Adrenal	Estimula secreción de epinefrina y norepinefrina	Ningún efecto
Sistema Digestivo	Reduce la actividad de las glándulas y los músculos	Estimula secreción glandular
Riñones	Reduce la formación de orina	Ningún efecto

8.4 SINAPSIS

Las complejas funciones del sistema nervioso se logran gracias a las complejas interacciones entre las células que los constituyen. La comunicación de las neuronas entre sí, y de las neuronas con otras células, se produce a través de las *sinapsis*.

Una sinapsis es una compleja especialización estructural y funcional que permite el paso de la información de una neurona a otra, de una neurona a una célula muscular, o de una célula a una neurona.

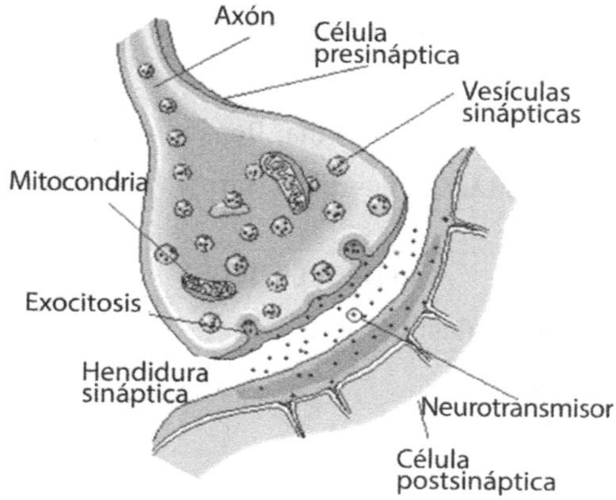

Figura Nro. 109: Sinapsis

Existen dos tipos básicos de sinapsis, las químicas y las eléctricas.

En las sinapsis químicas las células no están en contacto, la comunicación se establece cuando una de ellas libera una sustancia química que -luego de atravesar el espacio sináptico- llega a la otra célula. En cambio, en las sinapsis eléctricas, las membranas de ambas células están en contacto a través de canales sin necesidad de un mensajero químico.

8.4.1 SINAPSIS QUÍMICAS

Una neurona llamada presináptica, libera una sustancia química que es reconocida por los receptores de membrana presentes en otra neurona llamada postsináptica. Las membranas de estas células no están en contacto físico, están separadas por el espacio sináptico. El terminal del axón es el elemento presináptico, la dendrita el postsináptico.

La sustancia química conocida como neurotransmisor, es sintetizada en la neurona presináptica, almacenada en vesículas sinápticas y liberada ante una despolarización. El neurotransmisor atraviesa el espacio sináptico, interactuando con los receptores de la membrana postsináptica.

Los neurotransmisores se clasifican en tres grandes grupos:

- **Aminoácidos:** Como el ácido glutámico, glicina.
- **Acetilcolina y aminas biógenas:** Las principales aminas son la noradrenalina, adrenalina y la dopamina.
- **Péptidos:** Los más conocidos son los opioides endógenos y la sustancia P.

NEUROTRANSMISORES

MOLÉCULAS PEQUEÑAS
Clase 1: Acetilcolina
Clase 2: Aminas: noradrenalina, epinefrina, Dopamina, serotonina e histamina
Clase 3 : Aminoácidos: GABA, Glicina, Glutamato y Aspartato.

NEUROPÉPTICOS
Hormonas liberadoras hipotalámicas
Péptidos de la pituitaria
Péptidos de otros tejidos

Los cinco mecanismos básicos del funcionamiento de las sinapsis químicas son:

1. Síntesis del neurotransmisor.
2. Almacenamiento del neurotransmisor.
3. Liberación del neurotransmisor.
4. Interacción del neurotransmisor con el receptor postsináptico.
5. Desaparición del neurotransmisor del espacio sináptico.

A continuación veremos estos mecanismos en mayor detalle.

1. SÍNTESIS DEL NEUROTRANSMISOR

Existen dos mecanismos de síntesis básicos, la síntesis enzimática en el terminal presináptico, y la síntesis ribosomal en el soma neuronal.

Síntesis enzimática en el terminal presináptico: El neurotransmisor es sintetizado a partir de una molécula precursora pequeña, por acción de una o más enzimas. Como ejemplo podemos mencionar a la acetilcolina.
Síntesis ribosomal en el soma neuronal: Los péptidos son sintetizados en ribosomas asociados al retículo endoplasmático, de manera similar a las proteínas. Luego, el péptido es empaquetado en vesículas, y transportado al terminal presináptico por el axón, donde es almacenado.

2. ALMACENAMIENTO DEL NEUROTRANSMISOR

Los neurotransmisores son almacenados en vesículas en los terminales presinápticos. Se considera que las vesículas tienen las siguientes funciones:

- Conservar una cantidad de neurotransmisor almacenado como reserva.
- Proteger el neurotransmisor de la degradación por enzimas presentes en el citoplasma del Terminal.
- Proveer de un mecanismo que permita la liberación del neurotransmisor en cantidades fijas o menos semejantes.

3. LIBERACIÓN DEL NEUROTRANSMISOR

La liberación del neurotransmisor al espacio sináptico es inducida por la llegada de un potencial de acción al terminal presináptico. Se considera que, para su liberación, deben ocurrir los siguientes fenómenos:

- Despolarización del Terminal presináptico debido a la llegada de un potencial de acción.
- Apertura de canales de calcio en la membrana del Terminal presináptico.
- El calcio actúa sobre proteínas presentes en el interior terminal presináptico.

4. INTERACCIÓN DEL NEUROTRANSMISOR CON EL RECEPTOR

Luego de atravesar el espacio sináptico, el neurotransmisor se une a receptores de membrana localizados en el terminal postsináptico.

La interacción neurotransmisor-receptor, posee dos propiedades muy importantes:

- La especificidad, que indica la existencia de uno o más receptores para cada neurotransmisor. Cada receptor reconoce a su neurotransmisor.
- La reversibilidad, la interacción neurotransmisor-receptor, es un fenómeno de breve duración.

5. DESAPARICIÓN DEL NEUROTRANSMISOR DEL ESPACIO SINÁPTICO

Para que termine el mensaje, es necesario eliminar al neurotransmisor del espacio sináptico.

Existen tres mecanismos básicos de eliminación:

- **Difusión:** Es el más simple. El neurotransmisor va por gradiente de concentración hacia zonas alejadas de los receptores postsinápticos, dejando de actuar. Todos los neurotransmisores difunden del espacio sináptico.

- **Degradación enzimática:** En este caso, existe una enzima en el espacio sináptico que destruirá rápidamente al neurotransmisor, dejándolo actuar durante un tiempo breve sobre sus receptores.
- **Recaptación neuronal:** El neurotransmisor es tomado por una bomba en la membrana neuronal, y llevado al interior celular, de modo que otra vez está separado de los receptores postsinápticos.

8.5 SISTEMAS SENSORIALES

Características generales.

8.5.1 RECEPTORES

Los sistemas sensoriales son los responsables de recolectar la información del medio externo, el mundo que nos rodea, así como del medio interno. Para ello, necesitan transformar los diferentes tipos de energía (térmica, luz, mecánica o química) en variaciones de potencial eléctrico de las neuronas que lo componen.

Este proceso de transformación energética se llama transducción, y hay un componente celular capaz de llevarlo a cabo, el receptor, el cual se encarga de decodificar la señal recibida en una señal que es entendida por el sistema nervioso. Cada receptor responde a un tipo particular de estímulo.

Según el tipo de estímulo al que responden, los receptores sensoriales pueden ser clasificados en:

- Cinereceptor (movimiento): Crestas ampollares de los canales semicirculares.
- Estatoreceptor (gravedad): Máculas del oído interno.
- Fonoreceptor (sonido): Órgano de Corti de la cóclea.
- Fotoreceptor (luz): Bastoncillos y conos de la retina.
- Mecanoreceptor (presión mecánica): Corpúsculos de Meissner (tacto), corpúsculo de Pacinni (presión).
- Termoreceptor (cambio de temperatura): Corpúsculo de Ruffini (calor), corpúsculo de Krause (frío)
- Nocireceptor (estimulación fuerte de cualquier clase): Fibras de dolor.
- Baroreceptor o presoreceptores (estiramiento, presión): Receptores de la aorta, seno carotídeo, pulmones, huso muscular.
- Quimioreceptor (químico): Yemas gustativas, epitelios olfatorios, seno carotídeo.

8.5.2 CLASIFICACIÓN DE LOS SISTEMAS

Los sistemas sensoriales se clasifican según de donde provenga la fuente de estímulos, pudiendo ser agrupados en:

- **Sistema exteroceptivo:** Recibe información del medio ambiente, y se divide en: sensibilidad cutánea, sentidos especiales, sentidos químicos.
- **Sistema propioceptivo:** Informa sobre la posición de las diferentes partes del cuerpo en el espacio y sus movimientos. Proviene de los receptores vestibulares de los músculos y de las articulaciones.
- **Sistema interoceptivo:** Informa sobre las condiciones del medio interno, la homeostasis, la presión arterial, glucemia, osmolaridad, presión parcial de oxígeno etcétera.

SENSIBILIDAD CUTÁNEA

La sensibilidad cutánea forma parte del sistema somatosensorial, junto con la sensibilidad propioceptiva y la percepción del dolor. El sistema está compuesto por los receptores en la piel (aunque también se incluye los de las vísceras) que envían la información a la médula espinal por medio de fibras nerviosas de distinto tipo. A estas neuronas se las denomina aferentes, e ingresan a la médula por el asta dorsal o posterior (recordemos que las astas posteriores son sensitivas y las anteriores motoras).

La sensibilidad cutánea provee información sobre cómo la piel capta los estímulos y su procesamiento posterior. La sensibilidad cutánea puede ser *térmica*, *táctil* o *dolorosa*.

8.5.3 DIVISIÓN DE LOS SISTEMAS

Los sistemas sensoriales pueden agruparse en:

A. LEMNISCAL O DEL CORDÓN POSTERIOR

Procesa principalmente información táctil y propioceptiva. Los receptores son generalmente mecanorreceptores. Entran por la raíz dorsal a la médula y, sin realizar sinapsis en la asta posterior, se dirigen luego hacia estructuras superiores por el cordón posterior de la columna dorsal de la sustancia blanca.

Es homolateral (asciende por el mismo lado que entró), realizan su primera sinapsis en el bulbo raquídeo, donde cruzan la línea media y dejan algunas ramas en el cerebelo para terminar en la corteza somatosensorial post rolandica.

La función principal de este sistema es la percepción del tacto fino o delicado y la propiocepción, conocimiento de la posición de los miembros y el cuerpo con respecto al espacio. Esta información se da tanto en forma consciente como inconsciente.

B. EXTRALEMNISCAL O ANTEROLATERAL

Por este sistema se informa la sensibilidad dolorosa, térmica y táctil. La información entra a la médula de manera similar al sistema lemniscal, pero hace sinapsis por medio de interneuronas, cruza la línea media y asciende por la mitad contralateral de la médula espinal, para terminar en la corteza somatosensorial.

CORTEZA SOMATOSENSORIAL

La corteza somatosensorial se la divide en dos porciones, la corteza somatosensorial primaria, que abarca las áreas 3, 1 y 2 de Brodmann, y la corteza somatosensorial secundaria, ubicada en el borde superior de la cisura de Silvio.

8.5.4 PROPIOCEPCIÓN

La propiocepción es el tipo de sensibilidad que nos informa sobre nosotros mismos: la posición y movimiento de los miembros, la fuerza muscular y nuestra posición global en el espacio, en particular con respecto a la Tierra.

El Punto de partida lo constituyen los mecanorreceptores ubicados en los músculos, las articulaciones y la piel.

1. PROPIOCEPCIÓN MUSCULAR

La propiocepción muscular nos informa sobre el estado del músculo a cada instante, si quiero saber en qué situación se encuentra un músculo, necesito saber la longitud que está generando en ese momento. El sistema nervioso toma nota de estos parámetros mediante dos tipos de receptores, el huso neuromuscular -que mide longitud- y el órgano tendinoso de Golgi para la tensión muscular.

El *huso neuromuscular* es un mecanorreceptor que se activa por estiramiento, para lo cual se tiene que ubicar en paralelo respecto de las fibras principales del músculo. Está constituido por fibras musculares modificadas llamadas intrafusales. Se caracterizan por poseer elementos contráctiles solamente en sus dos extremos, en cambio -en su parte central- encontramos la bolsa nuclear o la cadena nuclear. Además de estos elementos, el huso contiene inervación de tipo aferente (hacia la médula) y eferente (trae información de la médula). Está compuesto por las fibras 1a y 2 (clasificación según la velocidad de conducción), se conectan con la región media de las fibras intrafusales y las eferentes, por las motoneuronas Gamma, que inervan solamente la región contráctil de dicha fibra.

El órgano tendinoso de Golgi, por su parte, se encuentra ubicado en el comienzo del tendón, en serie con las fibras musculares, de allí su capacidad de medir fuerza tensión.

Ambas informaciones, las provenientes del huso neuromuscular y del órgano tendinoso de Golgi, llegan a la médula espinal por la raíz dorsal, y pueden ascender por el sistema del cordón posterior o lemniscal. También puede permanece en la médula, parte fundamental del reflejo local, como son el reflejo miotático y el reflejo miotático inverso.

2. RECEPTORES ARTICULARES

Los receptores articulares, son mecanorreceptores ubicados en los ligamentos y las cápsulas de las articulaciones. Informan a cerca de la velocidad del cambio en el ángulo de las articulaciones.

3. RECEPTORES CUTÁNEOS

Los receptores cutáneos son mecanorreceptores, que se encuentran en la piel que cubre las articulaciones, en particular los dedos y la palma de la mano, también en codos axilas y rodillas.

4. APARATO VESTIBULAR

Desde el punto de vista fisiológico, el aparato vestibular puede separarse en dos compartimientos, *utrículo* y *sáculo,* que informan sobre la posición de la cabeza en el espacio y el desplazamiento en el sentido vertical u horizontal, teniendo en cuenta la dirección de la fuerza de gravedad y los canales semicirculares que indican los cambios de posición de la cabeza en los giros.

8.6 EL SISTEMA MOTOR

8.6.1 LA UNIDAD MOTORA

Todos nuestros movimientos se deben a contracciones del músculo esquelético. Nuestras fibras musculares esqueléticas son controladas por neuronas localizadas en la médula espinal, llamadas motoneuronas Alfa.

La comunicación entre una motoneurona Alfa y una fibra muscular se produce a través de una sinapsis química, llamada sinapsis neuromuscular.

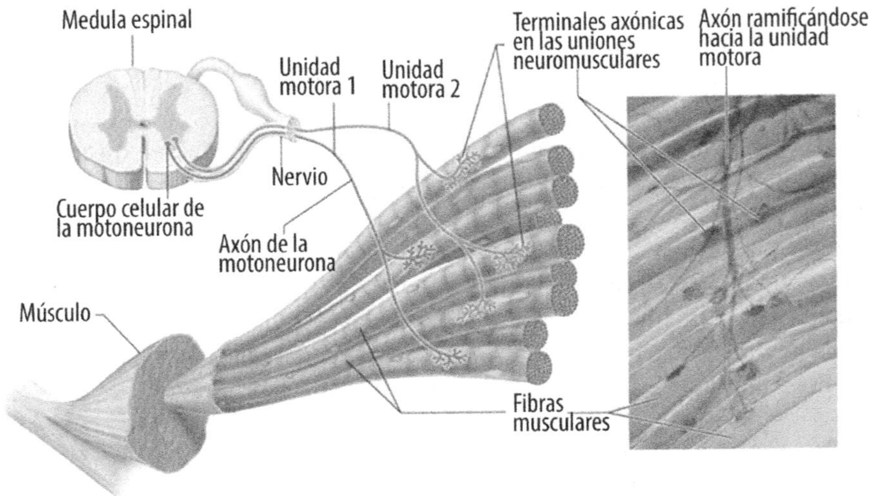

Figura Nro. 110: Unidad Motora

En la sinapsis neuromuscular, el neurotransmisor liberado por la motoneurona Alfa es la acetilcolina, que es reconocida en el terminal postsináptico por un receptor.

Cuando un potencial de acción llega al terminal presináptico de una motoneurona Alfa, se libera suficiente acetilcolina para que el potencial de la placa terminal llegue al umbral, y genere un potencial de acción en la célula muscular.

Cada motoneurona Alfa inerva varias fibras musculares. Si la motoneurona descarga un potencial de acción, todas esas fibras se contraen, constituyendo una unidad anatómica y funcional.

Por lo tanto, es posible definir a la unidad motora como un conjunto formado por una motoneurona Alfa y todas las fibras musculares que inerva. Cada músculo esquelético de nuestro organismo está constituido por muchas unidades motoras.

Cuando nos encontramos en cualquier postura, aún en reposo, en cada músculo del cuerpo un número variable de unidades motoras descargan en forma alternada, generando cierta tensión. A esto lo llamamos tono muscular.

Esta tensión depende de dos factores principales:

1. El número de unidades motoras que están activas en un momento dado (a esto se lo llama unidades motoras).

2. La frecuencia de descarga de potenciales de acción de las motoneuronas Alfa que inervan dicho músculo. Si dos potenciales de acción llegan muy juntos, las contracciones que evoca cada uno se sumarán, produciendo más tensión.

El sistema motor se compone de dos divisiones, los sistemas dorsolateral y ventromedial.

Las motoneuronas Alfa, cuyo cuerpo se encuentra en la asta anterior de la médula espinal, se agrupan de acuerdo con la localización anatómica de los músculos que inervan.

Las motoneuronas que inervan músculos distales de los miembros se ubican en la zona dorsolateral del asta anterior de la médula espinal. Aquellas motoneuronas que inervan músculos axiales en cambio, se encuentran en la región ventromedial del asta anterior. Las que llegan a músculos proximales, ocupan una posición intermedia.

Las motoneuronas Alfa obtienen información de dos fuentes diferentes:

1. de lugares más altos del sistema nervioso central,
2. de fibras aferentes periféricas que penetran en la médula espinal por la raíz dorsal.

Es muy importante notar que las unidades motoras constituyen la vía final común a través de la cual se producen todos nuestros movimientos.

8.6.2 VÍA MOTORA DIRECTA O HAZ PIRAMIDAL

Las fibras se originan en las neuronas motoras del área motora primaria (primera neurona) y sus axones transportan impulsos nerviosos para los movimientos voluntarios de los músculos esqueléticos.

Estos axones descienden por la cápsula interna (región de sustancia blanca situada entre los ganglios basales) hacia el tronco cerebral. En la parte anterior del bulbo el 90% de los axones presenta decusación al lado contralateral. De esta forma, la corteza motora del hemisferio derecho controla los músculos de la mitad corporal izquierda y viceversa.

Los axones de la primera motoneurona terminan en núcleos de nervios craneales en el tronco del encéfalo o en el asta anterior medular (segunda motoneurona). Los axones de la segunda motoneurona transmiten los impulsos nerviosos hacia los músculos esqueléticos de la cara y cabeza (a través de los nervios craneales), y hacia el tronco y extremidades (a través de los nervios espinales).

8.6.3 VÍAS MOTORAS INDIRECTAS O EXTRAPIRAMIDALES

Las vías extrapiramidales comprenden el resto de los fascículos motores somáticos. Los impulsos nerviosos se conducen por estas vías en circuitos polisinápticos complejos que abarcan corteza motora, ganglios basales, sistema límbico, tálamo, cerebelo, formación reticular y núcleos del tronco encefálico.

Existen diversas estructuras centrales que van a enviar información a las motoneuronas Alfa.

8.6.4 REFLEJOS

Los reflejos son respuestas motoras involuntarias ante estímulos específicos.

Los componentes de la actividad refleja son:

1. **Receptor**: Terminaciones dendríticas de una neurona sensorial localizada en un órgano.
2. **Vía aferente**: Conducen impulsos nerviosos aferentes desde el receptor hasta la médula espinal.
3. **Centro integrador**: Médula espinal (materia gris) o un ganglio. Puede ser monosináptica (una, directa) o polisináptica (dos o más, empleando interneuronas).
4. **Vía eferente**: Transmiten impulsos desde la sinapsis de la médula espinal hasta el órgano efector.
5. **Efector**: Produce una *respuesta*. Puede ser un músculo esquelético (contracción) o una glándula endocrina (secreción hormonal).

REFLEJO MIOTÁTICO

El reflejo miotático funciona de la siguiente manera: ante un estiramiento muscular rápido, se obtiene la contracción brusca y bastante fuerte del músculo estirado.

El detector de estiramiento es un receptor que ya mencionamos antes, llamado huso neuromuscular.

Inervación recíproca

El término *inervación recíproca* está relacionado con una descarga de información para dos músculos antagonistas significa que, al mismo tiempo que se envía una información de contracción al músculo agonista, también se envía una información de inhibición a las motoneuronas alfa de los músculos antagonistas. La razón de esto es poder ejecutar una contracción por parte de los músculos agonistas sin ser frenados por el músculo antagonista debido al reflejo miotático.

Las *motoneuronas Gamma* también se encuentran en la médula espinal, en la asta anterior, junto a las motoneuronas Alfa, la única diferencia es que sus axones se dirigen sobre las fibras intrafusales, y serán los encargados de regular la sensibilidad del huso neuromuscular al estiramiento.

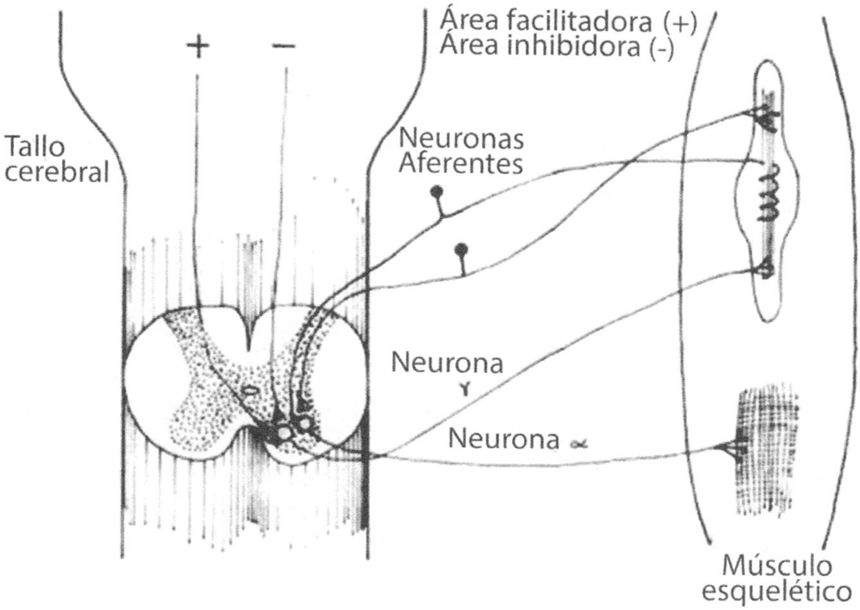

Figura Nro. 111. Vías Reflejas

Reflejo miotático inverso

Existe otro reflejo llamado *reflejo miotático* inverso, ante una tensión exagerada, se produce la relajación muscular por vía refleja. El propósito de este reflejo es proteger al músculo del daño que pueda producir una carga exagerada.

El receptor es el órgano tendinoso de Golgi, que es sensible a la tensión muscular, y se encuentra ubicado en serie respecto a las fibras contráctiles extrafusales.

8.6.5 TONO MUSCULAR

El reflejo miotático es el encargado de generar el tono muscular, manteniendo la longitud muscular constante a través de acciones reflejas ante el estiramiento. Se suele denominar como un estado de semicontracción.

MECANISMOS SUPRAESPINALES DE REGULACIÓN DEL TONO MUSCULAR

En el tronco encefálico, existen mecanismos relacionados con la regulación del tono muscular. Estos pueden actuar de dos maneras, activando directamente las motoneuronas Alfa de los músculos -aumentando su resistencia al estiramiento pasivo-, o activando las motoneuronas Gamma que inervan las fibras intrafusales de un músculo -aumentando la sensibilidad del huso neuromuscular al estiramiento-.

ESTRUCTURAS DEL TRONCO ENCEFÁLICO RELACIONADAS CON LA REGULACIÓN DEL TONO

Hay diferentes estructuras que intervienen en forma directa o indirecta con el tono muscular:

Formación reticulada: Tienen efectos inhibidores y excitadores. La zona ventral medial del bulbo raquídeo posee efecto inhibitorio del tono de los músculos extensores, la región lateral bulboprotuberancial posee efectos facilitadores del tono extensor.
Núcleos vestibulares: El núcleo vestibular lateral tiene un efecto facilitador del tono de los músculos extensores.
Cerebelo: Tiene una región medial inhibitoria del tono, mientras el resto posee un efecto facilitador.
Corteza cerebral: La corteza motora primaria tiene un efecto facilitador del tono extensor, las regiones motoras rostrales tienen un efecto inhibitorio del tono muscular.
Ganglios basales: Tienen importantes efectos sobre el tono muscular pero no están estudiados en profundidad.

Como podemos observar, del equilibrio entre las estructuras relacionadas con el tono muscular -excitatorias e inhibitorias- depende la coordinación del tono muscular para mantener la postura.

8.6.6 POSTURA

La postura es la posición relativa de los segmentos del cuerpo entre sí y su orientación en el espacio. La postura estable es aquella que soporta la acción de la gravedad dentro de la base de sustentación.

Los ajustes posturales son respuestas musculares cuya función son:

1. Estabilizar la cabeza contra la acción de la gravedad.
2. Ubicar la proyección del centro de gravedad dentro de la base de sustentación.
3. Estabilizar segmentos corporales para que otros se muevan tomándolos como apoyo.

Los ajustes posturales pueden ocurrir en tiempos diferentes:

En forma anticipada, por ejemplo antes de realizar un movimiento para no desestabilizarnos, o con posterioridad a un disturbio postural, que va a hacer correcciones que se producen después de un cambio postural muy importante, por ejemplo, una frenada muy brusca en un medio de transporte.

Para realizar ajustes posturales primero debemos conocer nuestra postura y esto depende información sensorial que tiene diversos orígenes:

Visión: Permite conocer la posición de los ojos en el espacio
Vestíbulo: Órganos otolíticos y canales semicirculares que brindan información sobre la posición de la cabeza en el espacio.
Propioceptores cervicales: Nos permiten conocer la posición de la cabeza respecto al tronco.
Propioceptores: Brindan información sobre la posición del cuerpo.

CAPÍTULO 9

SISTEMA RENAL

Prof. Fernando Krasnov

9.1 APARATO URINARIO

El aparato urinario está compuesto por los dos riñones y las vías urinarias. El riñón es la glándula encargada de formar la orina y las vías urinarias se encargan de transportarla para su posterior eliminación. Dichas vías están compuestas por los *uréteres*, conductos excretorios de cada riñón, la *vejiga*, receptáculo que almacena la orina antes de ser eliminada, y la *uretra*, conducto que transporta la orina al exterior. Los riñones son los órganos excretorios más importantes del cuerpo humano realizando aproximadamente el 75% de las excreciones corporales, el resto las realizan la piel, el sistema respiratorio y el digestivo.

El sistema renal cumple numerosas funciones que contribuyen al control del la homeostasis o equilibrio del medio interno:

- Regular la volemia o volumen sanguíneo a través del control de la conservación o de la eliminación de agua en la orina.
- Regular la osmolaridad del plasma a través del control de los niveles plasmáticos de iones o electrolitos como el sodio (Na+), potasio (K+), cloro (Cl-), fosfatos (HPO4–), etc.
- Eliminar productos de desecho del metabolismo de los tejidos (*depuración endógena*), como la urea, creatinina, ácido úrico o el amoníaco, que son nocivas para el organismo.
- Eliminar restos de sustancias como drogas o medicamentos (*depuración exógena*).
- Regular el equilibrio ácido base mediante el control de la excreción o reabsorción de ácidos (Hidrogeniones: H+) y bases (Bicarbonato: HCO3-), controlando el pH sanguíneo.
- Producir hormonas (*función endócrina*) como la Eritropoyetina, que estimula la formación de glóbulos rojos por la médula ósea, y la 1-25-dihidroxivitamina D3, que participa en la activación de la Vitamina D, regulando el metabolismo del calcio.
- Regular la Tensión Arterial, ya sea mediante una acción rápida, a través de la secreción de la enzima renina que activa el sistema renina-angiotensina-aldosterona, o mediante una acción lenta, a través del control de la diuresis o eliminación de la orina
- Gluconeogénesis: Al igual que el hígado, los riñones pueden utilizar aminoácidos y otros precursores para hacer sintetizar Glucógeno durante el ayuno prolongado, para luego liberar glucosa hacia la sangre y mantener la glucemia normal.

9.2 RIÑÓN Y VÍAS URINARIAS

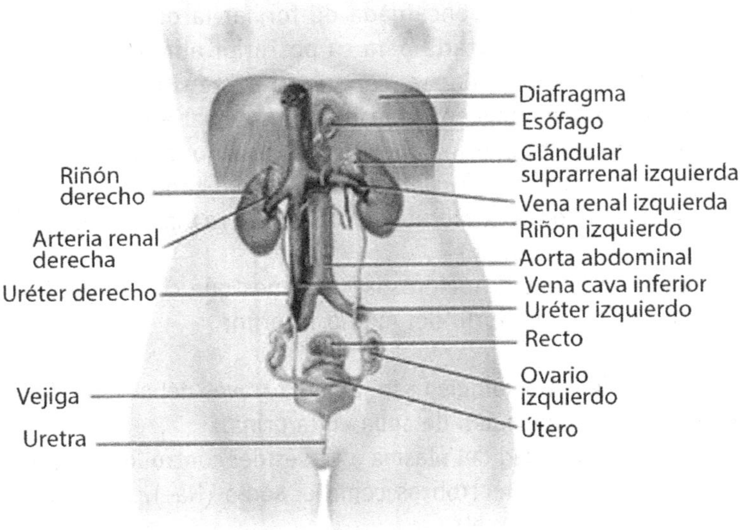

Figura Nro. 112: Sistema Urinario o Excretor

Los riñones son dos órganos ubicados en la región posterior del abdomen, por detrás del peritoneo (*retroperitoneo*), a cada lado de la columna vertebral y a la altura de las dos últimas vértebras dorsales y las tres primeras lumbares. Miden 10 a 12 cm de largo, 5 a 7 cm de ancho y 3 ó 4 cm de espesor. Están recubiertos por un tejido conectivo denominado fascia renal o cápsula renal.

En una sección sagital de un riñón, se distinguen dos regiones: la más externa o *corteza*, de color rojo pardusco y la más interna o *médula* de color más pálido.

La *corteza renal* se sitúa inmediatamente debajo de la cápsula e incluye las pirámides de Ferrein, continuación de las pirámides renales o de Malpighi hacia arriba, y unas proyecciones que surgen hacia la médula renal que se denominan columnas renales o de Bertín.

La *médula renal* está formada por 12 a 18 unidades de aspecto cónico, con la base dirigida hacia la corteza y el vértice dirigido hacia el hilio, llamadas pirámides renales o de Malpighi, estando separadas por las columnas renales anteriormente mencionadas.

Un lóbulo renal consta de una pirámide renal, la región supradyacente de la corteza y la mitad de cada columna renal adyacente.

El vértice de cada pirámide renal forma una papila, que se sitúa dentro de un cáliz menor. La unión de varios cálices menores forma un cáliz mayor, y los cálices mayores se reúnen para formar una estructura con forma de embudo llamada pelvis renal, en donde se recoge la orina.

La pelvis renal constituye la región superior del conducto excretorio del riñón denominado *uréter*, que transporta la orina hasta la *vejiga* urinaria, donde se acumula hasta su vaciamiento o eliminación al exterior a través de la *uretra*.

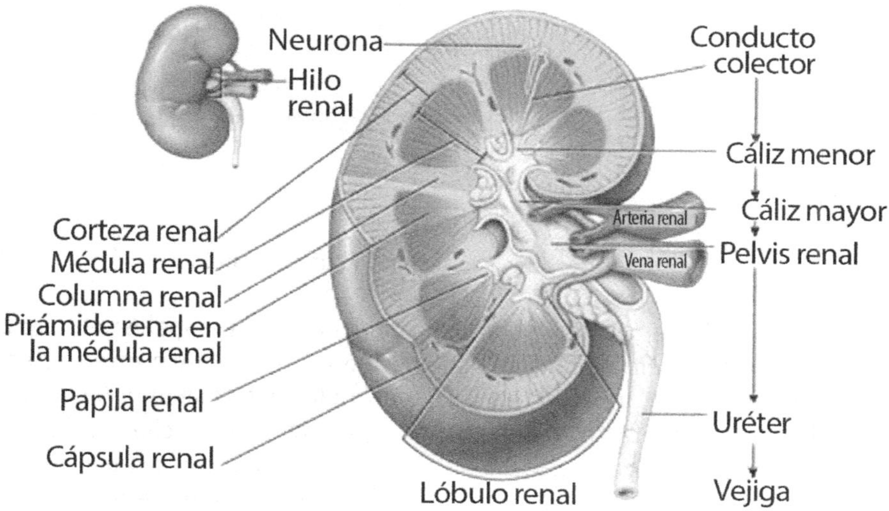

Figura Nro. 113: Anatomía del Riñón

9.3 LA NEFRONA

Cada riñón se encuentra constituido aproximadamente por 1,2 millones de pequeños filtros funcionales llamados nefronas, considerados las unidades anátomo-funcionales del riñón. Estas se encargan de cumplir ciertas funciones básicas que van a determinar tanto el contenido y volumen del plasma, como la conformación de la orina. Estas funciones básicas son: *filtración, reabsorción, secreción y,* una vez formada la orina definitiva, *la excreción* de la misma.

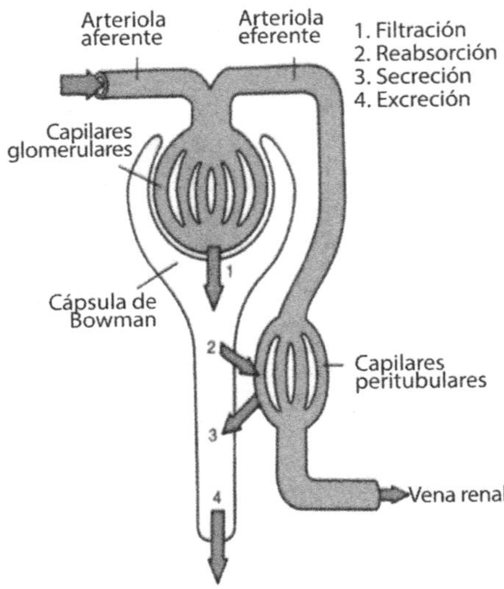

Figura Nro. 114: Mecanismos Renales Básicos

En cada nefrona se distinguen dos componentes principales: el corpúsculo renal y el sistema tubular. El corpúsculo renal, de forma esférica, está formado por una red de capilares interconectados que forman el Glomérulo, englobados y en contacto con una porción epitelial llamada cápsula de Bowman, donde se produce el proceso de *filtración* de sustancias del plasma. Los capilares del Glomérulo se originan en una arteriola aferente y se reúnen para formar la arteriola eferente.

El sistema tubular está formado por una serie de túbulos, denominados sucesivamente Túbulo Contorneado Proximal (TCP), Asa de Henle (AH) y Túbulo Contorneado Distal (TCD), encargados de modificar el volumen y contenido del filtrado mediante los procesos de *secreción y reabsorción*. Luego, varios túbulos contorneados distales de diferentes nefronas formarán los Túbulos Colectores (TC), estructura terminal de las nefronas que desembocan en las papilas. A partir de allí, la orina formada ya no se modificará en su conformación hasta su posterior *excreción* o eliminación del organismo. Mientras que el glomérulo y los túbulos contorneados proximal y el distal se ubican en la corteza renal, el asa de Henle y el túbulo colector se ubican en la médula renal.

9.4 VASCULARIZACIÓN RENAL

El riñón está irrigado por la arteria renal, rama de la aorta abdominal, que entra en el riñón por el hilio renal, y se ramifica inmediatamente en dos arterias segmentarias que, a su vez, se dividen progresivamente en ramas cada vez más pequeñas en el siguiente orden: interlobulares, arcuatas o arciformes e interlobulillares.

Las arterias interlobulillares dan origen a las arteriolas aferentes que, una vez en el corpúsculo renal, se ramificarán en multitud de capilares glomerulares, que luego se reúnen para formar la arteriola eferente que abandona el glomérulo. Finalmente, las arteriolas eferentes de los glomérulos superficiales se convierten en capilares peritubulares corticales, mientras que las arteriolas eferentes de los glomérulos profundos descienden hacia el interior de la médula y dan lugar a los capilares peritubulares y a los vasos rectos, que descienden hasta la parte más interna de la médula acompañando a las asas de Henle y a los túbulos colectores.

Desde los capilares peritubulares, la sangre es drenada por venas que siguen un recorrido paralelo al de las arterias ya descritas. Tales venas reciben los nombres de venas interlobulillares, venas arqueadas y venas interlobulares (de acuerdo con la dirección de la circulación venosa o de retorno). Las venas interlobulares descienden entre las pirámides, convergen y dejan el riñón como una sola vena renal, que se vacía en la vena cava inferior.

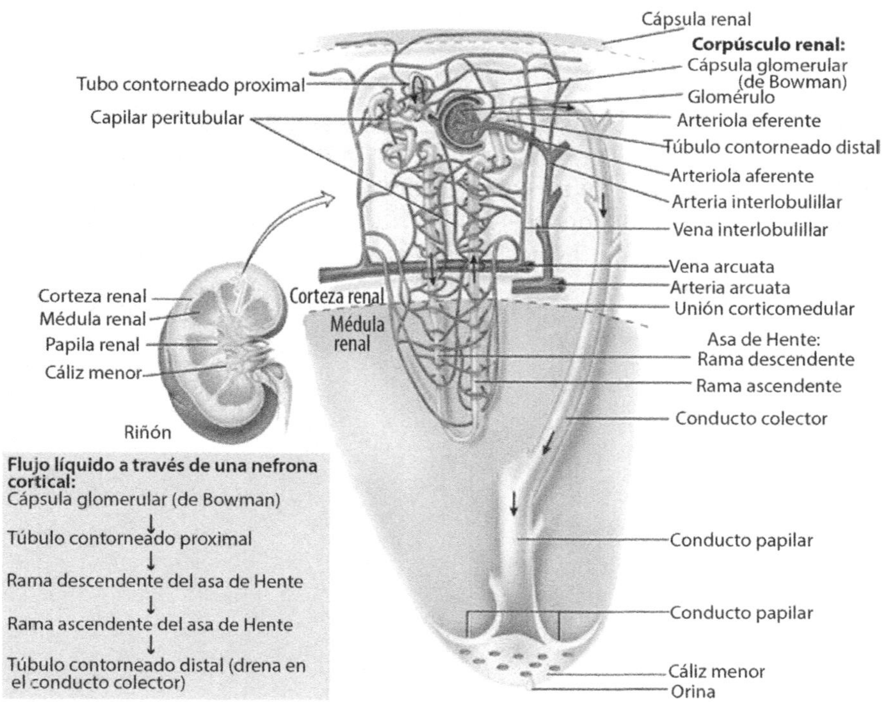

Figura Nro. 115: Estructura de la Nefrona

9.5 FORMACIÓN DE LA ORINA

9.5.1 MECANISMOS O PROCESOS BÁSICOS

En la formación de la orina intervienen los procesos de filtración glomerular, reabsorción tubular y secreción tubular. La suma de los tres procesos determina la conformación de la orina, para su excreción o eliminación del organismo.

Filtración: Es el movimiento de fluidos desde la sangre a la luz de la nefrona y se produce únicamente desde el glomérulo a la cápsula de Bowman. El proceso de filtración se origina como consecuencia del interjuego de presiones entre la presión hidrostática del capilar arterial glomerular (PHG), la presión oncótica de las proteínas plasmáticas (POC) y la presión hidrostática capsular (PHC), lo que determina tanto la dirección y la velocidad de la filtración hacia la cápsula de Bowman. La presión de filtración neta (PFN), es decir, la presión total que promueve la filtración, se determina de la siguiente manera:

$$\mathbf{PFN = PHG - PHC - POC}$$

El riñón recibe un 25% de toda la volemia, por lo que el caudal sanguíneo renal equivale a 1,2 l/minuto y a unos 1800 litros por día. De dicho caudal, se filtran desde los glomérulos hacia la cápsula de Bowman unos 180 l/día. La cantidad de filtrado glomerular en todos los corpúsculos renales por minuto se denomina tasa de filtración glomerular (TFG). En los adultos, el TFG promedio es de 125 ml/min, en los hombres, y de 105 ml/min, en las mujeres.

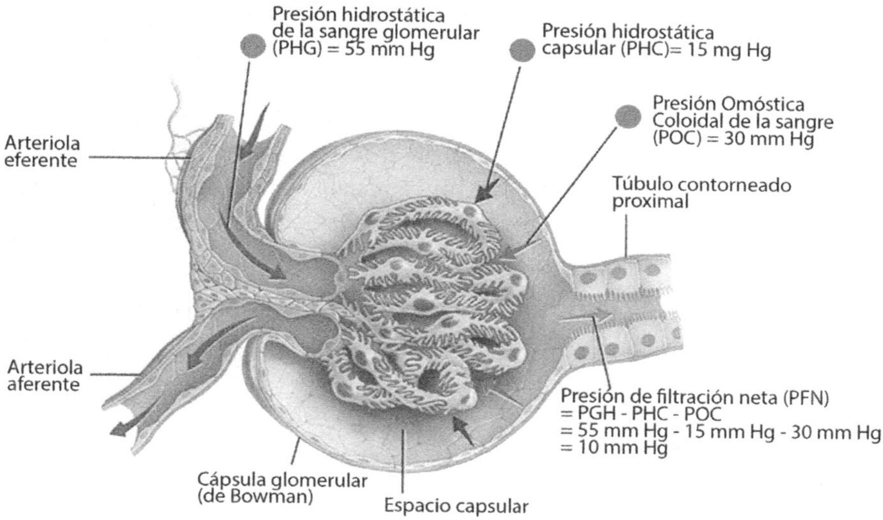

Figura Nro. 116: Filtración Glomerular

Reabsorción*:* Es el retorno de la mayor parte del agua y de los solutos filtrados hacia la sangre. Conforme el material que ha filtrado avanza por los túbulos, parte de él retorna al líquido intersticial y de ahí a los capilares peritubulares. Las células epiteliales a lo largo de los túbulos llevan a cabo la reabsorción, siendo las células del TCP donde se realiza la mayor contribución. Por ejemplo, casi el 99% del agua filtrada retorna a la corriente sanguínea por reabsorción tubular, de modo que sólo 1 a 2 litros se excretan como orina, de los 180 litros diarios que se filtran en los glomérulos.

La reabsorción se puede producir mediante diferentes mecanismos o tipos de transporte:

a) *Pasivo:* (No consume ATP). Puede darse por difusión simple (Na+ en el TCP), por atracción de iones con carga opuesta (Cl "arrastrando" cationes como el Na+ o el K+ en el TCP), por difusión facilitada (glucosa moviéndose a favor de su gradiente electroquímico en el TCP), o por proceso osmótico donde el agua es transportada de los túbulos hacia los capilares peritubulares por sustancias como el sodio o el cloro.
b) *Activo:* (Consume ATP): Puede darse mediante transporte activo primario, donde la energía derivada del hidrólisis del ATP se emplea para "bombear" una sustancia en contra de gradiente de concentración como, por ejemplo, la bomba de Na+/K+ en el TCD), así como algunos aminoácidos reabsorbidos en el TCP. Puede darse, sino, mediante transporte activo secundario, donde

la energía acumulada en los gradientes de concentración del Na+ se utiliza para transportar otras sustancias en contra de gradiente (el ATP se utiliza de manera indirecta). Si los transportadores movilizan dos sustancias en la misma dirección, se denominan cotransportadores o "simportadores", como el cotransportador de Na+Glucosa en el TCP. En cambio, si transportan dos sustancias en direcciones opuestas, se denominan contratransportadores o "antiportadores", como el Intercambio de Na+ por H+ en el TCP.

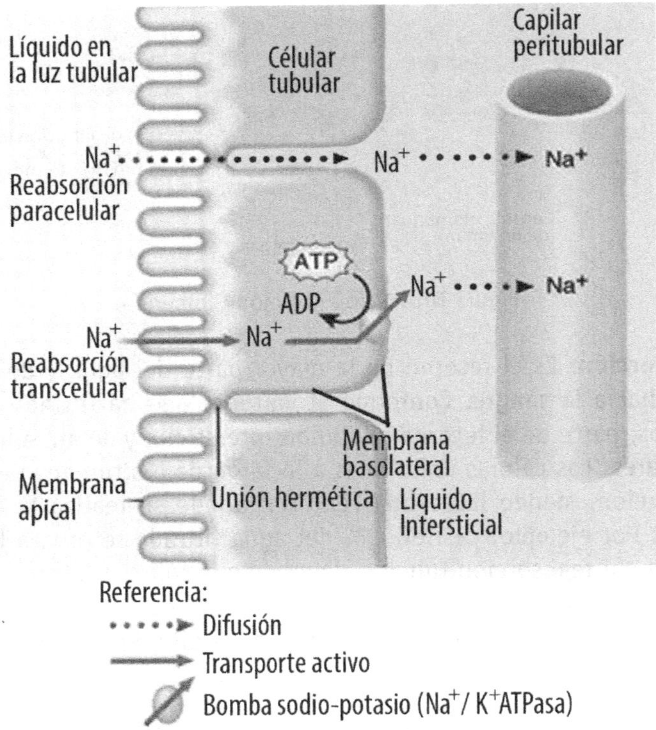

Figura Nro. 117: Reabsorción Tubular

Secreción: Es el movimiento de moléculas desde la sangre de los capilares peritubulares hacia la luz de los túbulos. A medida que el líquido filtrado fluye a lo largo de los túbulos de la nefrona, las células de las paredes tubulares secretan otras sustancias, como desechos (ácido úrico en el TCP o el amoníaco en el TCD), fármacos y compuestos iónicos presentes en concentraciones excesivas (H+ en el TCD) hacia el líquido filtrado. La secreción tubular tiene dos consecuencias importantes: ayuda a controlar el pH sanguíneo (secreción de hidrogeniones) y contribuye a eliminar las sustancias del cuerpo que no se filtran en los glomérulos.

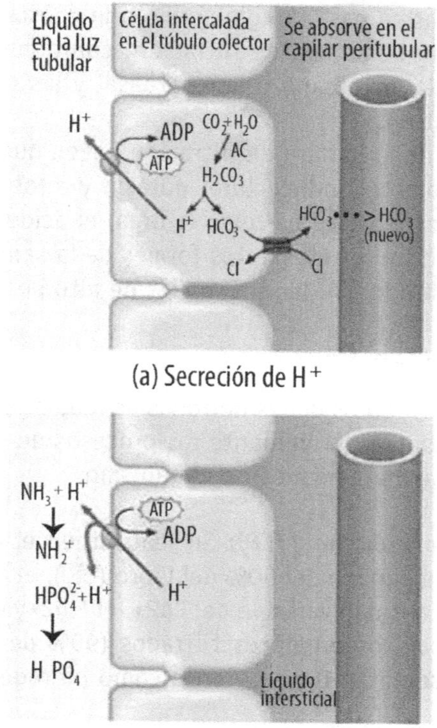

Figura Nro.118: Secreción Tubular

Excreción (o tasa de excreción): Se refiere a la cantidad de una sustancia excretada por unidad de tiempo. La excreción es el resultado neto o la suma de los procesos de filtración y secreción, menos la reabsorción. La tasa de excreción puede compararse con la carga filtrada para determinar si una sustancia se ha reabsorbido o secretado.

9.5.2 TRANSPORTE DE AGUA Y SOLUTOS A LO LARGO DE LA NEFRONA

1. GLOMÉRULO Y CÁPSULA DE BOWMAN

Su función es producir el filtrado de líquido y de los componentes del plasma. La arteriola aferente es la que produce el filtrado, y la arteriola eferente es la encargada de irrigar a los túbulos que conforman el nefrón, por medio de una red de capilares peritubulares.

El filtrado del plasma pasa del glomérulo a la cápsula de Bowman, atravesando la barrera o membrana de filtración, conformada por el endotelio capilar glomerular, la membrana o lámina basal y las células de la capsula de Bowman (podocitos).

Las propiedades de la barrera de filtración hacen que a sea permeable al agua, a los iones como el sodio, cloro, potasio y a los hidrogeniones, a la glucosa, aminoácidos y desechos como la urea, el ácido úrico, amonio, etc. En cambio, NO se filtran los elementos formes de la sangre, ni las proteínas plasmáticas, ni los lípidos, ni las sustancias de alto peso molecular.

2. SISTEMA TUBULAR

La función de los túbulos de las nefronas es reducir el volumen del filtrado y modificar su contenido mediante los procesos de reabsorción y secreción en relación a las necesidades del organismo.

***Túbulo contorneado próxima (TCP)*:** Se reabsorben el 65% del agua y del Sodio filtrados, acompañado del 50% del Cloro (Cl–), el 80-90% del bicarbonato (HCO3–), una cantidad variable del Ca2+, el Mg2+y el HPO42– (fosfato), la mayoría de los solutos orgánicos filtrados (99% de la glucosa y de los aminoácidos) y se secretan drogas, iones como hidrogeniones (H+) o amonio (NH4+) y urea.

***Asa de Henle (AH)*:** Presenta forma de "U", con un segmento descendente y otro ascendente que en su primera porción es delgado y luego grueso. El segmento descendente es muy permeable al agua e impermeable a los solutos y en él se reabsorbe entre el 15 y el 20% del agua filtrada. El segmento ascendente es impermeable al agua y permeable a los solutos y en él se produce un proceso activo de captación de solutos, reabsorbiéndose entre el 25 al 30% del Na+ y el K+, el 35% del Cl–, entre 10 al 20% del HCO3– y una cantidad variable del Ca2+y Mg2+. Como consecuencia, el líquido que se halla en la rama descendente del asa de Henle se vuelve hipertónico a medida que el agua sale del túbulo hacia el intersticio hipertónico. En la rama ascendente, en cambio, aquél se torna más diluido por el desplazamiento de ion sodio y cloruro fuera de la luz tubular, y cuando el líquido llega a la parte superior del haz de la rama ascendente (llamado segmento de dilución) se vuelve entonces hipotónico con respecto al plasma. Además, en este segmento, se secreta urea.

Túbulo Contorneado Distal (TCD): En la porción inicial del túbulo contorneado distal se reabsorbe alrededor del 10-15% del agua filtrada, el 5% del Na+ y el 5% del Cl–. También es el principal sitio donde la hormona paratiroidea (PTH) estimula la reabsorción del Ca2+. En la porción final del TCD, se ajusta la cantidad de Sodio y Potasio excretados en la orina regulados por la hormona Aldosterona que actúa sobre células denominadas principales del TCD que reabsorben Na+ y secretan K+. Otras células del TCD denominadas intercaladas, reabsorben HCO3–, y secretan H+ hacia la luz del TCD. Cuando el líquido llega a la porción final del túbulo contorneado distal, entre el 90 y el 95% del agua y los solutos filtrados ya retornaron a la corriente sanguínea.

Túbulo Colector (TC): El epitelio presenta permeabilidad al agua regulada por la acción de la hormona ADH o Antidiurética producida por la Neurohipófisis, cuya acción induce la inserción de "acuaporinas" o poros de agua en el túbulo colector, aumentando su permeabilidad al agua.

En situaciones de hidropenia o deshidratación, se estimula la ADH, que inserta poros de agua en el túbulo colector y la orina al pasar por el colector cede su agua, que es reabsorbida por el intersticio produciéndose una diuresis escasa y concentrada. Otros estímulos para que se libere la ADH son: el aumento de la osmolaridad del plasma (exceso de solutos como el sodio), y el stress físico (ejercicio) o emocional. En cambio, en situaciones de hiperhidratación, se inhibe la ADH, no se insertan poros de agua en el túbulo colector (que sigue siendo impermeable al agua) y se elimina la orina tal como llegó al túbulo colector. El volumen de diuresis es alto y la orina está diluida.

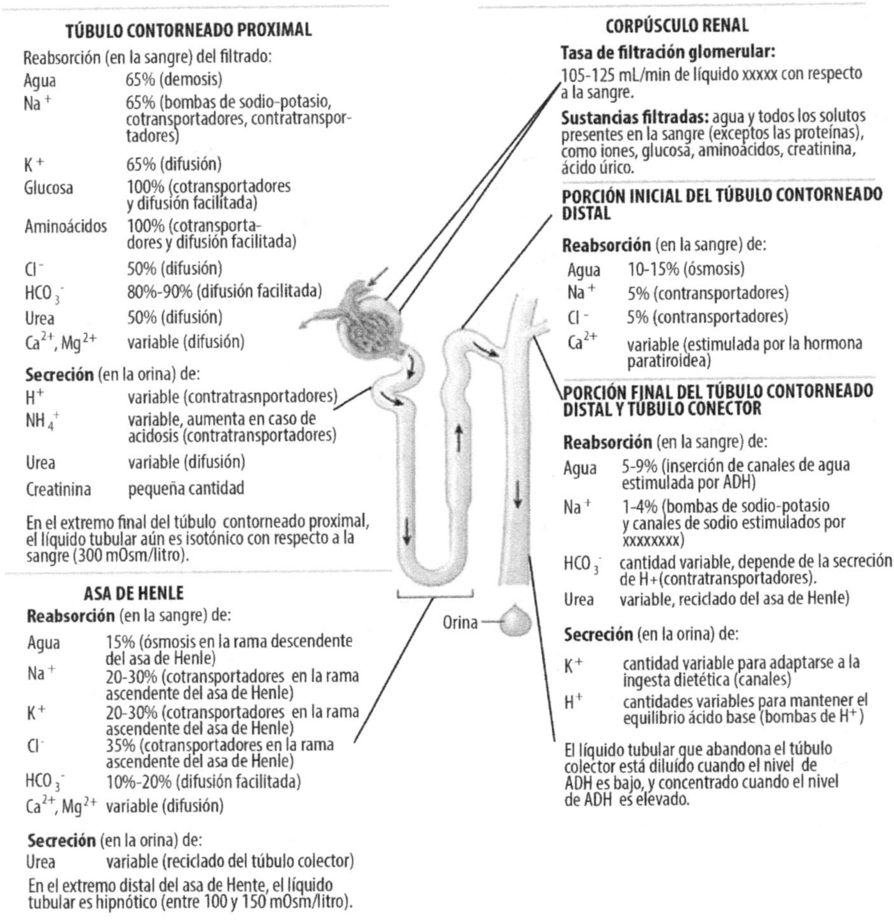

Figura Nro.119: Resumen de sucesos en la nefrona

9.6 EL RIÑÓN Y EL EQUILIBRIO ÁCIDO-BASE

El *pH* es una medida que se utiliza para evaluar el grado de *acidez* o *alcalinidad* que tiene una sustancia o una solución o, lo que es lo mismo, la capacidad que tiene una sustancia de ganar o perder hidrogeniones (H+). El valor del *pH* se calcula con la inversa de concentración de H+ en una solución dada (la sangre, la orina o el jugo gástrico, tienen valores de pH diferentes).

Un ácido es una sustancia (molécula o ion) que contiene hidrogeniones (H+) y, cuando está en solución, funciona como dador de los mismos. Una *base o alcalis* es una sustancia (molécula o ion) que contiene iones hidroxilos (OH-) y funciona como aceptor de iones hidrógenos (H+).

En una solución, el valor de pH: 7 se considera neutro; si el valor es < de 7, se considera de tipo ácido, y si el valor es > de 7, se considera alcalino. Por ejemplo, el valor de pH de la sangre arterial es de 7,35-7,45, siendo su valor en sangre venosa algo menor. Tanto un descenso del pH (acidosis), como un ascenso del mismo (alcalosis) en sangre, representan un riesgo para nuestro organismo, ya que alteran el normal funcionamiento de las enzimas celulares. Todos los días se ingieren ácidos y bases en la dieta. Además, el metabolismo celular produce numerosas sustancias ácidas, con gran cantidad de H+ (ácidos volátiles como el CO2 u orgánicos como el ácido láctico), que tienen un impacto sobre el pH de los líquidos del organismo. Sin unos mecanismos apropiados para tratar de mantener el equilibrio ácido-básico, muchos procesos necesarios para la vida no podrían tener lugar.

Para contrarrestar la producción diaria de ácidos que generan un descenso del pH (como por ejemplo cuando se realiza ejercicio físico), el organismo dispone de 3 mecanismos o sistemas que buscan neutralizar la acción de los ácidos, así como también de mantener el equilibrio ácido-base del organismo:

1. SISTEMAS BUFFER, TAMPÓN O AMORTIGUADORES

Todos los líquidos corporales presentan sistemas amortiguadores que pueden actuar sobre los ácidos neutralizando la acidez, o sobre las bases, neutralizando la alcalinidad. Estos sistemas pueden actuar en el compartimiento *intracelular*, como los grupos fosfatos, proteínas y bicarbonato intracelulares, o en el compartimiento *extracelular* (en la sangre) como la hemoglobina, proteínas y bicarbonato extracelular.

- ***Bicarbonato*** (HCO3-): Mezcla de ácido carbónico (CO3H2) y bicarbonato de sodio (CO3HNa), combinación de ácido débil y sales alcalinas.
- ***Fosfatos***: (H2PO4- y HPO4-). El primero se combina con el Na+ y forma NaH2PO4 y el segundo se combina con el Na+ y formaHPO4Na2.
- ***Proteínas***: Funcionan como bases ya que los aminoácidos presentan iones negativos (-) que pueden fijar con facilidad a los H+.

El bicarbonato extracelular es el buffer más importante del LEC y se diferencia de otros sistemas tampón del organismo en que se halla regulado tanto por los pulmones como por los riñones.

Esto se aprecia mejor considerando la siguiente reacción o ecuación:

$$CO2 + H2O \leftrightarrow H2CO3 \leftrightarrow H+ + HCO3-$$

El análisis de dicha ecuación demuestra que el pH varía cuando se modifican la concentración de H+, la concentración de HCO3- en el LEC o la presión parcial de CO2 (PCO2) en sangre, siendo que los riñones son los principales responsables de la regulación de la concentración de H+ y HCO3-, mientras que los pulmones controlan la PCO2.

2. SISTEMA VENTILATORIO

El aumento de la concentración de H+ estimula a los centros respiratorios del bulbo que aumentan la ventilación (Hiperventilación) para eliminar CO2, como por ejemplo para compensar el aumento del ácido láctico en el ejercicio intenso. En caso de situaciones de alcalosis, disminuye la actividad de los centros respiratorios produciéndose Hipoventilación.

3. SISTEMA RENAL

Los riñones mantienen el equilibrio ácido-base excretando orina de tipo ácida, o bien, alcalina, dependiendo de las necesidades del organismo, pudiendo incrementar o disminuir la concentración de bicarbonato o hidrogeniones en los líquidos corporales.

Para compensar la cantidad de ácido producido por el metabolismo diario y la cantidad ingerida con la dieta, los riñones reabsorben el HCO3- filtrado y excretan ácidos mediante la secreción de H+ a través de las nefronas. El incremento de la excreción de H+ se realiza utilizando para su transporte hacia la orina 2 sistemas: el fosfato y el amoníaco. El sistema tubular sintetiza amoníaco (NH3) que reacciona con el H+ para formar el ion amonio (NH4), que luego es eliminado en la orina que será más ácida. De a manera, mayor cantidad de hidrogeniones se eliminarán por la orina y el ion bicarbonato se incrementará en los líquidos extracelulares.

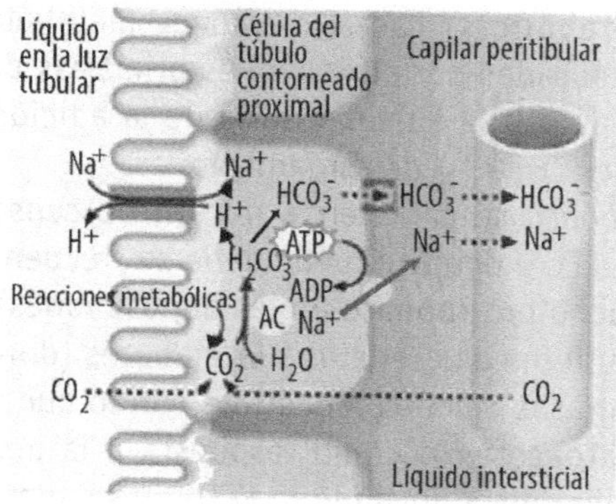

(a) Reabsorción de Na^+ y secreción de H^+

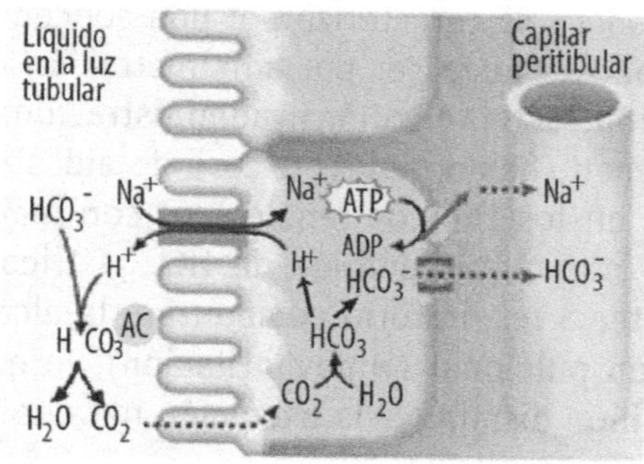

(b) Reabsorción de HCO_3^-

Figura Nro.120: Regulación renal del pH

9.6.1 RESPUESTA A LAS MODIFICACIONES O ALTERACIONES ÁCIDO-BÁSICAS

Las alteraciones del equilibrio ácido-básico que resultan de un cambio en la concentración de HCO3– del LEC, se denominan alteraciones ácido-básicas metabólicas, mientras que las que derivan de un cambio en la PCO2 se conocen como alteraciones ácido-básicas respiratorias. Asimismo, mientras que los riñones son los principales responsables de la regulación de la concentración de HCO3–, el sistema pulmonar regula la PCO2.

Cuando se desarrolla una alteración del equilibrio ácido-básico, como por ejemplo el ejercicio físico, el organismo dispone de 3 líneas de defensa para minimizar los cambios producidos en el pH sanguíneo: los buffer intra y extracelulares (HCO3–), los ajustes en la PCO2 de la sangre modificando la ventilación (compensación respiratoria) y los ajustes en la excreción renal neta de HCO3– y de H+ (compensación renal).

Alteraciones Metabólicas: Las alteraciones metabólicas del equilibrio ácido-básico están causadas por alteraciones primarias de la concentración de $HCO3-$ en el LEC, la cual a su vez resulta de la adición de ácidos ($H+$) o de la pérdida de bases ($HCO3-$) del organismo.

La *acidosis metabólica* se caracteriza por un descenso de la concentración de $HCO3-$ en el LEC y del pH. Puede deberse frecuentemente a diarreas (donde se pierde mucho bicarbonato en las deposiciones), al aumento de la urea en sangre por enfermedad renal o a la diabetes (donde ante la falta de insulina se utilizan grasas como combustible con lo que se incrementan los niveles de ácido acetoacético). Como respuesta a la acidosis, se aumenta la ventilación pulmonar disminuyendo la $PCO2$, y se aumentará la excreción renal neta de ácido y la reabsorción del $HCO3-$ filtrado.

La *alcalosis metabólica* se caracteriza por una concentración de $HCO3-$ y un pH del LEC elevados. Puede ser por administración de diuréticos (promueven la eliminación $H+$ en el riñón), administración de antiácidos, por contracción de volumen (hemorragia), exceso de aldosterona (elimina mayor cantidad de $H+$ en los túbulos renales) o, con mayor frecuencia, por la pérdida de ácido no volátil (pérdida de HCl gástrico debido a vómitos prolongados). El sistema respiratorio compensará la alcalosis con disminución de la ventilación pulmonar (Hipoventilación), lo que elevará la $Pco2$, mientras que en el riñón disminuye la excreción neta de $H+$, aumentando la excreción de $HCO3-$.

Alteraciones Respiratorias: Las alteraciones respiratorias del equilibrio ácido-básico resultan de alteraciones primarias de la $PCO2$ en sangre, por cambios en la Ventilación Pulmonar.

La *acidosis respiratoria* se caracteriza por una $PCO2$ elevada y una disminución de pH del LEC. Se debe a una ventilación inadecuada (depresión de los centros respiratorios inducida por fármacos), o bien una difusión de gases disminuida (patologías del sistema respiratorio, edema pulmonar de la enfermedad cardiovascular). El riñón responde con un incremento de la excreción neta de ácido y de la reabsorción de $HCO3-$.

La *alcalosis respiratoria* se caracteriza por una $Pco2$ disminuida y un pH del LEC elevado. Resulta del intercambio elevado de gas en los pulmones, causado generalmente por un aumento de la ventilación (Hiperventilación) derivado de la estimulación de los centros respiratorios (por fármacos o enfermedades del SNC). También se produce en la altura sobre el nivel del mar o como resultado de la ansiedad, el dolor o el miedo. El riñón compensará la alcalosis eliminando mayor cantidad de bicarbonato y reduciendo la excreción neta de ácidos en la orina.

9.7 FUNCIÓN ENDÓCRINA RENAL

En relación a la función endócrina llevada a cabo por el riñón, podemos mencionar:

- **Síntesis de Eritropoyetina (EPO):** Hormona que regula el proceso de formación de glóbulos rojos (Eritropoyesis). Se produce en células situadas entre los túbulos renales (células peritubulares intersticiales). Actúa sobre células precursoras de glóbulos rojos de la médula ósea, estimulando su proliferación y diferenciación. El estímulo para su liberación es la disminución de la entrega de 02 a los riñones (hipoxia), ya sea debido a una menor concentración de hemoglobina, o a una caída de la Pa02, lo que genera un aumento de la producción de la EPO. Es una hormona muy importante para la adaptación al ejercicio en la altura.
- **Síntesis de 1,25 dihidroxivitamina D3**: El metabolito activo de la vitamina D, denominado 1,25 (OH)2 colecalciferol o calcitriol, se forma por acción de un enzima (1-a-hidroxilasa) existente en las células del túbulo contorneado proximal, que hidroxila el 25(OH) colecalciferol formado en el hígado. La producción de este metabolito es estimulada al disminuir las concentraciones de calcio en plasma (Hipocalcemia), aumentando la parathormona (PTH) que estimula la 1-a-hidroxilasa renal para incrementar la formación de vitamina D activa. Por el contrario, la hipercalcemia inhibe su síntesis.
- El calcitriol favorece la absorción de calcio y fósforo en el intestino, la reabsorción de calcio en el riñón y el remodelado y la mineralización del hueso.
- **Síntesis de Renina:** En la zona donde el túbulo contorneado distal entra en contacto con el glomérulo que le dio origen, se encuentra el aparato yuxtaglomerular que se encarga de la formación y secreción de la enzima llamada *renina* que participa en la regulación de la tensión arterial a través del *Sistema de la Renina - Angiotensina – Aldosterona (SRAA).*

El aparato yuxtaglomerular se encuentra ubicado en una región cercana al túbulo contorneado distal de cada nefrona, justo donde e toma contacto con el glomérulo que le dio origen. Este conjunto de elementos vasculares y tubulares está constituido por tres variedades de células:

a. Las células yuxtaglomerulares.
b. La mácula densa: células epiteliales que tapizan el TCD.
c. Células mesangiales extraglomerulares.

Las células yuxtaglomerulares son las células productoras de renina y contienen estructuras granulares en las que se sintetiza y se almacena la enzima. Están localizadas en la túnica media de la arteriola aferente aunque, en ocasiones, pueden aparecer en la región mesangial extraglomerular. La mácula densa es una estructura diferenciada a partir de una sección del túbulo contorneado distal que acompaña al hilio vascular del glomérulo y que se encuentra en estrecho contacto con las arteriolas aferente y eferente. Desempeña un papel regulador en el control de la secreción de renina.

Las células de la región mesangial extraglomerular se encuentran en el espacio comprendido entre la arteriola aferente y la arteriola eferente, en contacto directo con la mácula densa, y rodeadas por una red densa de membranas basales. Estas son células no muy bien diferenciadas que, generalmente, no presentan granulaciones en su citoplasma y tienen una estructura microscópica similar a las células mesangiales. No se conoce todavía bien la función que desempeñan, aunque posiblemente puedan servir de unión funcional entre la mácula densa y las arteriolas.

La Renina funciona como un precursor de hormona. Los estímulos para su secreción son:

- El descenso de la TA o la disminución de flujo de la arteria aferente del glomérulo renal.
- La disminución de Na+ plasmático (censada por la mácula densa del aparato yuxtaglomerular).
- Estímulos simpáticos (estimulación beta1 adrenérgica de las células yuxtaglomerulares).
- Factores locales como las prostaglandinas, la dopamina, la adenosina, y el óxido nítrico (NO).

Ante la presencia de dichos factores, la renina es volcada por el riñón hacia la circulación sanguínea. Una vez en la sangre, actúa sobre una glicoproteína plasmática sintetizada por el hígado llamada Angiotensinógeno, transformándolo en Angiotensina I que, a su vez, por medio de una enzima de las células endoteliales de los vasos de los pulmones llamada convertasa pulmonar (ECA), es transformada en Angiotensina II.

La Angiotensina II produce las siguientes *acciones*:

- Vasoconstricción del músculo liso de las arteriolas aferente, produciendo un descenso de la tasa de filtrado glomerular (TFG).
- Estimula a la corteza suprarrenal a que libere la hormona *Aldosterona* que, actuando a nivel del TCD, promueve la retención de Na+ y Cl- y la secreción de K+. La consecuencia osmótica de aumentar la reabsorción de Na+ y Cl- es que aumenta la reabsorción de agua, lo que a su vez incrementa la volemia y la tensión arterial.

- También constituye un estímulo para la Sed con lo que ingresa mayor cantidad de líquido, y estimula la liberación de la hormona antidiurética (ADH) que aumenta la retención de líquido en el túbulo colector del nefrón, aumentando la presión arterial.

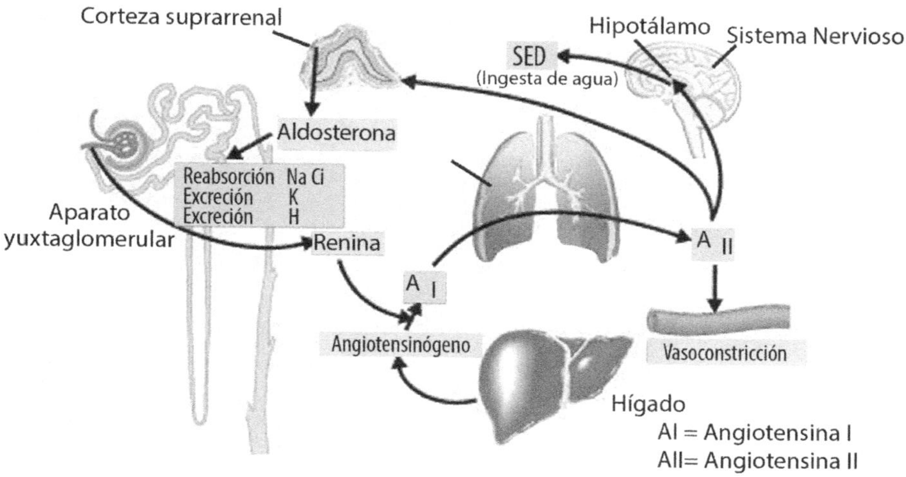

Figura Nro. 121: Sistema Renina - Angiotensina - Aldosterona

CAPÍTULO [10]

APARATO DIGESTIVO

Prof. Matias Tinganelli

Los niveles necesarios de agua, electrolitos y nutrientes son suministrados al organismo por el aparato digestivo. Para esto, es necesario:

1. El transporte de los alimentos a lo largo del tubo digestivo;
2. la secreción de los jugos digestivos y de la digestión de los alimentos;
3. la absorción de los productos digeridos, el agua y los distintos electrolitos;
4. circulación de la sangre por las vísceras gastrointestinales para transportar las sustancias absorbidas, y
5. el control de todas estas funciones por los sistemas locales, nervioso y hormonal.

A continuación veremos detalladamente las estructuras que llevan a cabo este proceso y las funciones de cada uno de sus elementos para poder llevar a cabo el proceso.

10.1 DIGESTIÓN Y ABSORCIÓN

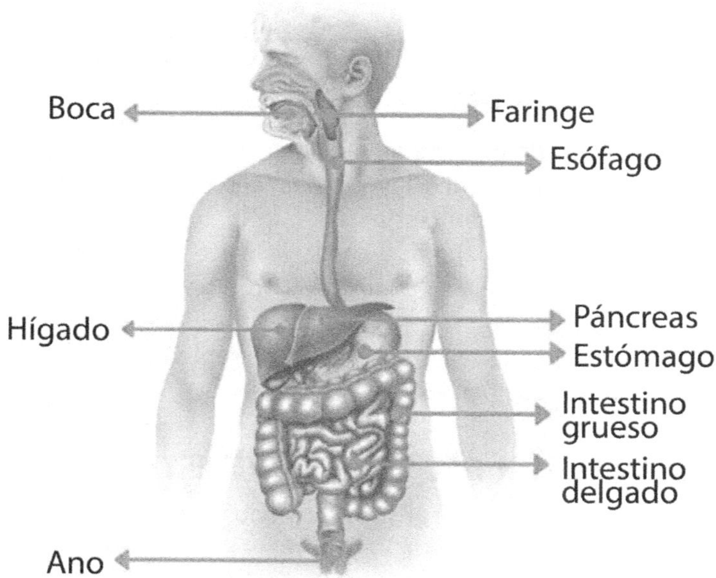

Figura Nro. 122: Aparato digestivo

El sistema digestivo es la puerta por la cual entran al organismo substancias nutritivas:

- Vitaminas.
- Minerales.

- Líquidos.
- Substancias energéticas:
  - Hidratos de Carbono.
  - Lípidos.
  - Proteínas.

Las substancias energéticas son degradadas, es decir, digeridas hasta unidades absorbibles, principalmente en el intestino delgado. Los productos de la digestión, las vitaminas, minerales y líquidos, atraviesan la mucosa del intestino delgado y entran a la linfa o sangre. Este proceso se llama absorción, y pasan a la circulación por diferencia iónica, difusión facilitada, transporte activo.

En la digestión, en cambio, intervienen un gran número de enzimas de las glándulas salivales, el estómago y el páncreas, además de otras que se encuentran en las membranas y el citoplasma de las células del intestino delgado. La acción de estas enzimas es ayudada por el ácido clorhídrico del estómago y por la bilis del hígado.

10.2 APARATO DIGESTIVO Y SECRECIONES GASTROINTESTINALES

La digestión y absorción dependen de mecanismos que impulsan los alimentos, en los que intervienen las propiedades del músculo liso, reflejos viscerales y hormonas gastrointestinales.

El sistema digestivo comprende desde la parte posterior de la faringe hasta el ano y tiene tres capas de músculo liso:

- Dos longitudinales tapizadas por mucosa, excepto el esófago.
- Una circular tapizada por serosa.

10.2.1 INERVACIÓN DEL SISTEMA DIGESTIVO

El plexo intramural pertenece al sistema nervioso autónomo, y se divide en:

- Plexo Mientérico (entre la capa longitudinal externa y la circular media)
- Plexo Submucoso (entre la circular media y mucosa)

El plexo mientérico tiene:

- Una actividad colinérgica parasimpática, es decir, que aumenta la actividad del músculo liso intestinal.

- Una actividad adrenérgica simpática, o sea, que disminuye la actividad del músculo liso intestinal.

El plexo submucosoregula la secreción y flujo sanguíneo. Como ya sabemos, la contracción del músculo liso se inicia con la entrada de calcio a la fibra muscular. Así es como se regulan los movimientos intestinales.

10.2.2 HORMONAS GASTROINTESTINALES

Las principales hormonas que actúan a nivel del aparato digestivo y regulan las funciones del mismo son:

1. **Gastrina**: Secretada en la mucosa gástrica y duodenal. Acciones:
   - Estimula la secreción gástrica (en estómago) del ácido clorhídrico y pepsina.
   - Estimulación del crecimiento de la mucosa gástrica.
   - Aumenta el vaciamiento gástrico.
   - Estimulación de insulina y glucagón, pero solo después de comidas proteínicas.

La liberación de gastrina se produce por: Distensión del estómago por los alimentos, y por algunas sustancias como el alcohol, cafeína, etc.

2. **Colecistocinina-pancreozimina (CCC-PZ ó CCC)**. Acciones:
   - Contracción de la vesícula biliar.
   - Secreción del jugo pancreático.
   - Junto con la secretina, aumenta la contracción del esfínter pilórico, impidiendo así el reflujo del contenido duodenal hacia el estómago. También inhibe el vaciamiento gástrico.
   - Junto con la gastrina estimulan secreción del glucagón.

3. **Secretina**: Secretada por glándulas de la porción superior del intestino delgado. Acciones:
   - Secreción del jugo pancreático alcalino.
   - Junto con la CCC, contracción del esfínter pilórico.
   - Aumenta la secreción de la insulina.

Hay otras hormonas accesorias que favorecen las funciones digestivas. Ellas son:

- **Péptido gástrico inhibitorio (PGI)**: Inhibe secreción y motilidad gástrica.
- **Péptido intestinal vasoactiva (PIV):** Estimula secreción intestinal.

10.2.3 BOCA Y ESÓFAGO

En la boca los alimentos son mezclados con la saliva (formándose lo que se llama *quimo*) y es impulsado al estómago para así poder ser transportado por todo el tracto digestivo y absorber los nutrientes que contienen.

Todo este proceso se divide en tres etapas: masticación, salivación y deglución.

MASTICACIÓN

Rompe las grandes partículas alimentarias (bocados de comida) y las mezcla con la saliva. De esta forma se obtiene lo que se llama *Quimo,* que tiene una consistencia más acuosa que el bocado de comida, lo que le va a permitir transportarse con mayor facilidad por todo el tubo digestivo. Los músculos masticatorios (maseteros, temporales y pterigoideos (internos y externos) tienen como función principal este proceso, y están inervados por el V par craneano.

La masticación actúa como un acto reflejo en el que, cuando los músculos se relajan, se produce la caída de la mandíbula por efecto de la gravedad. Este descenso dispara el reflejo miotático, por estiramiento de las fibras musculares, lo que lleva a una contracción brusca de los músculos y así eleva la mandíbula.

SALIVACIÓN

Al mismo tiempo que se produce la masticación otro proceso se lleva a cabo, en el cuál una enzima digestiva: *ptialina o amilasa salival,* es vertida a la cavidad bucal. Cerca de 1500 ml de saliva son secretados por día.

Función de la saliva:

- Facilita la deglución.
- Conserva la boca húmeda, ayuda al lenguaje.
- Conserva la boca y dientes limpios.

Las *glándulas* que secretan saliva son:

- **Parótidas:** Se encuentra por delante del pabellón auricular. Es la de mayor tamaño y la que vierte mayor cantidad de saliva a la cavidad bucal.
- **Sublinguales:** Sus orificios de salida se encuentran por debajo de la lengua a ambos lados del frenillo.
- **Submaxilares:** Vierten su contenido cerca de los segundos molares inferiores de cada lado.

Control de la secreción de la saliva

La secreción de saliva está dada por el Sistema Nervioso Autónomo.

- *Parasimpática*: Secreción profusa de saliva acuosa con vaso dilatación de la glándula.
- *Simpática*: Secreción de pequeña cantidad de saliva con vasoconstricción de la glándula
- *Secreción refleja por contacto*: La causa los alimentos en la boca, o sea, el contacto de la lengua y las paredes internas de la boca con elementos (caramelo, chupetín).
- *Secreción refleja por olfato y/o visual*: Los alimentos ácidos y apetitosos causan abundante secreción, como así también, ver u oler comida. Todos experimentamos alguna vez haber pasado por una pizzería o parrilla, o mismo llegar a casa. Al sentir ese olor a comida cocinándose, se nos llena la boca de saliva.

DEGLUCIÓN

Este proceso, al igual que la masticación, puede ser voluntario o ser un reflejo controlado por los nervios *vagos* y un centro en el *bulbo*, iniciado por la acción de llevar el bolo alimenticio de la lengua a la faringe.

Esto produce movimientos involuntarios de los músculos de la faringe desencadenando el reflejo:

- El paladar blando se eleva,
- se cierra la glotis,
- se inhibe la respiración,
- se abre el esfínter de la parte superior del esófago.

En ese momento, se produce una contracción anular del músculo esofágico, detrás del bolo alimenticio, que lo empuja hacia el estómago.

Hay dos esfínteres esofágicos:

- Superior, conectado con la faringe; se relaja al deglutir.
- Inferior, conectado con el estómago. La contracción tónica de este esfínter (llamado cardias) entre las comidas, evita el reflujo del contenido gástrico hacia el esófago.

ALTERACIONES

Acalasia esofágica: Por el aumento de tensión del esfínter esofágico inferior el alimento se acumula en el esófago.

Por insuficiencia del esfínter: Produce reflujo hacia el esófago, por lo tanto, acidez y ulceración esofágica. Si es con alimento, produce vómito. Un claro ejemplo de esta alteración se da en los bebés, quienes aún no tienen desarrollado ese esfínter, y sufren vómitos inmediatamente después de tomar la teta.

10.2.4 ESTÓMAGO

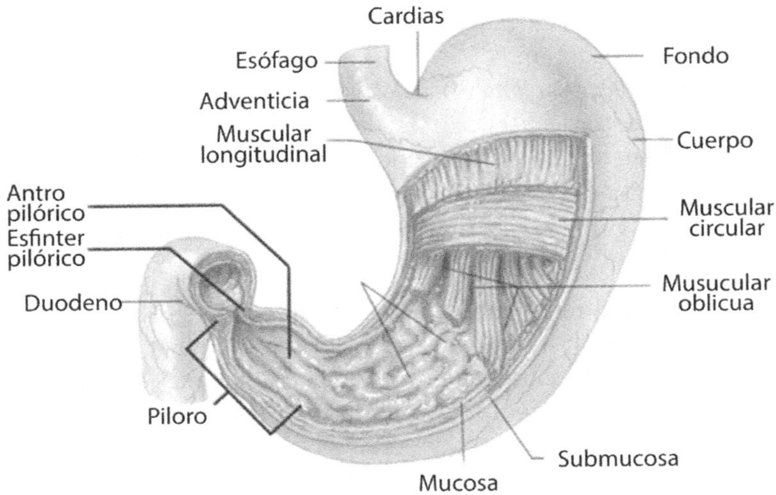

Figura Nro. 123: Estómago

Aquí el quimo se mezcla con ácido, moco y pepsina (todas secreciones gástricas) y es desalojado al duodeno para su posterior digestión.

El estómago presenta tres zonas diferentes, desde superior a inferior se encuentran: coronilla, cuerpo y fondo.

En el fondo y cuerpo, las glándulas secretan ácido clorhídrico y pepsina, que se mezcla con el moco, el cual se secreta en las glándulas de la región Pilórica.

La inervación del estómago está dada por el Sistema Nervioso Autónomo compuesto por el nervio vago, que da la inervación parasimpática, y el plexo celiaco, que da la inervación simpática.

La cantidad de *secreción gástrica* es de aproximadamente 3000 ml/ día de jugo gástrico.

El moco lubrica el alimento y, al mismo tiempo, protege la pared del estómago de las enzimas gástricas, las cuáles son demasiado ácidas. De hecho, el ácido clorhídrico presenta un Ph de aproximadamente 2, lo cual podría dañar las paredes del estómago (esto sucede en las úlceras estomacales).El ácido clorhídrico, en tanto, mata las bacterias presentes.

MOTRICIDAD Y VACIAMIENTO GÁSTRICO

Cuando el alimento llega al estómago, este se relaja, seguido de contracción peristáltica que mezcla el alimento y lo lleva al duodeno.

REGULACIÓN DE LA SECRECIÓN Y DE LA MOTRICIDAD GÁSTRICA

La secreción y la motricidad están reguladas por mecanismos nerviosos (nervio vago) y hormonales (hormonas ya descriptas). La velocidad a la que se vacía el estómago depende del tipo de alimento. Los alimentos ricos en carbohidratos abandonan el estómago en pocas horas, los alimentos proteicos más lentamente, y los más lentos son los ricos en grasas.

Las funciones principales del estómago son:

- Almacenar los alimentos.
- Mezclar los alimentos con las secreciones gástricas.
- Controlar la salida al duodeno a través del píloro.
- Secretar ácido clorhídrico que mata las bacterias ingeridas.
- Secretar pepsina (factor intrínseco), que permite la absorción de la vitamina B12

La vitamina B12 es necesaria para la eritropoyesis (formación de glóbulos rojos), la absorción inadecuada causa anemia perniciosa que es la deficiencia de factor intrínseco, debido a la atrofia de la mucosa gástrica. En cambio, la anemia ferropénica es causada por pérdida de sangre.

Cuando el PH del quimo en el duodeno es menor a 3,5 debido al ácido clorhídrico estomacal, se inhibe la bomba pilórica y disminuye el vaciamiento gástrico hasta neutralizarlo. Este reflejo, conocido como reflejo entero gástrico, limita el pasaje del estómago al Intestino delgado.

10.2.5 MOVIMIENTO DEL APARATO DIGESTIVO

El bolo alimenticio sufre presiones diferentes para que sea transportado por el conducto digestivo. Esos movimientos se realizan gracias a las capas musculares que lo rodean y a la inervación del sistema autónomo. De esto podemos deducir que la digestión se produce siempre que se requiera. Obtiene la sangre necesaria para realizar su función, de otros sistemas. Por esto se desprende que se pueden llegar a producir calambres en caso de comer y nadar inmediatamente después.

Los movimientos son:

1. **Propulsión**: Dada por el peristaltismo. Los alimentos avanzan por progresión lenta por zonas de constricción de la capa muscular circular de la pared intestinal, y causada por el impulso de los nervios mientéricos. Se inicia por la distensión que excita al nervio mientérico. Este nervio inicia la onda de constricción circular, la dirección es hacia el ano, porque cuando se distiende una porción, se contrae la víscera por arriba y se relaja por abajo (Ley del intestino).
2. **Mezcla**: Son dos tipos.
   - Peristaltismo débil: No empuja, pero mezcla.
   - Movimiento segmentario: Varios movimientos de constricciones que cortan el alimento.

10.2.6 PORCIÓN EXÓCRINA DEL PÁNCREAS

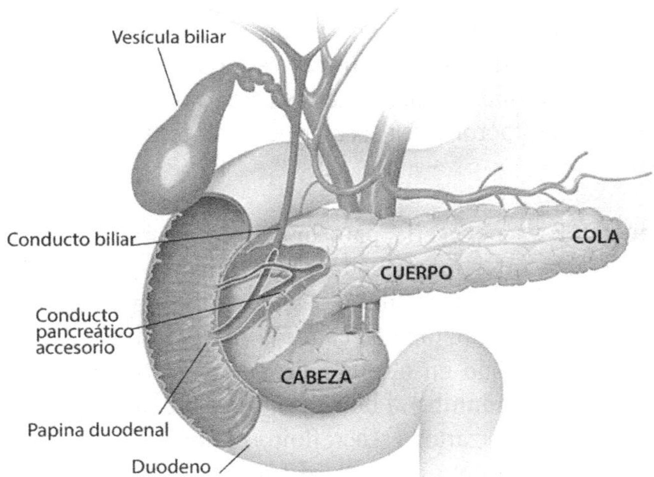

Figura Nro. 124: Páncreas

Esta porción exócrina del páncreas tiene principalmente funciones digestivas. Sus productos los desemboca en el duodeno por la ampolla de Vater.

El páncreas secreta jugo pancreático. Esta secreción está regulada por mecanismos reflejos y dos hormonas, la secretina y la CCC. El jugo pancreático contiene enzimas que digieren los hidratos de carbono, proteínas y grasas. Es alcalino, tiene bicarbonato que neutraliza el ácido del estómago.

10.2.7 HÍGADO Y SISTEMA BILIAR

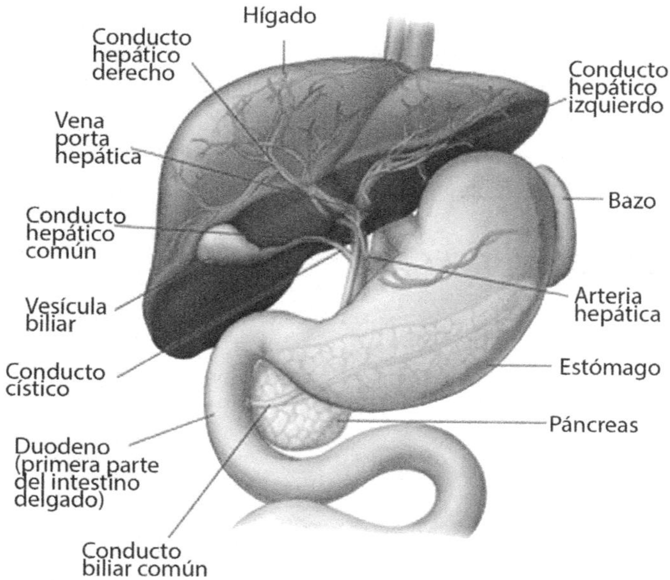

Figura Nro. 125: Hígado y Sistema biliar

La función digestiva por excelencia del hígado es la de secretar bilis hacia el conducto colédoco, que desemboca en el duodeno, y así poder actuar en el quimo.

Las funciones digestivas del hígado son:

- Formación de bilis.
- Almacenamiento de hidratos de carbono.
- Metabolismo de glúcidos.
- Elaboración de proteínas.
- Formación de urea.
- Metabolismo de lípidos.

La bilis produce la ruptura de las moléculas de grasa, para así poder metabolizarlas. Está compuesta por:

- Sales biliares, que favorecen la absorción de grasas.
- Pigmentos biliares, como la bilirrubina, que dan un color amarillo dorado, formado por degradación de la HB.

Dos de las patologías más comunes por falencia en la producción o eliminación de bilis, son:

- *Ictericia*: Es la acumulación de bilirrubina en sangre, piel y mucosa. Se produce una coloración amarilla de todo el cuerpo. Muy común en bebés recién nacidos.
- *Cálculos biliares*: Son formados en la vesícula por el cambio de composición de sustancias que se depositan en forma de cristales.

10.2.8 INTESTINO DELGADO

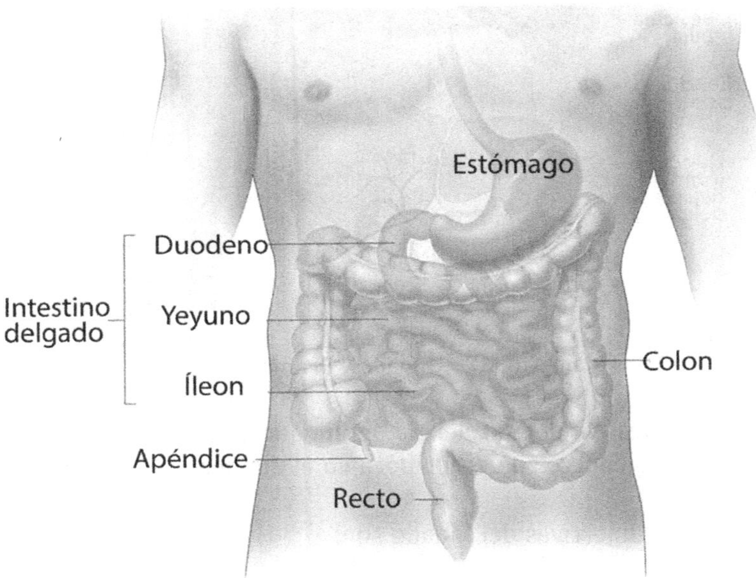

Figura Nro. 126: Intestino Delgado

Como mencionamos anteriormente, el conducto digestivo es un conducto continuo que comienza en la boca y termina en el ano. En su recorrido, sufre modificaciones de textura, pared y diámetro, en las cuales se modifican su nombre. De tal forma, al final del estómago, se continúa con el inicio del *intestino delgado*, que se divide en dos porciones: *duodeno* y *yeyuno-íleon*.

El duodeno se convierte en yeyuno (40% del Intestino Delgado superior) y luego en íleon (60% del *intestino delgado inferior*). En su interior, se produce la mezcla de sus secreciones con jugo pancreático y bilis, y se absorben los productos de la digestión, vitaminas y líquidos. Presenta una mucosa cubierta por vellosidades y microvellosidades que aumentan la superficie por donde se produce la absorción, unas 600 veces.

MOTRICIDAD DEL INTESTINO DELGADO

La motilidad del intestino delgado tiene como funciones la mezcla y amasado del contenido intestinal (quimo) y, por otro lado, el impulso a través del intestino grueso.

Los movimientos que produce son:

- Contracciones segmentarias, que mueven el quimo de un lado al otro.
- Ondas peristálticas, que mueven el quimo a lo largo, desplazándolo por toda su longitud.

SÍNDROME DE MALA ABSORCIÓN

En ciertas patologías, el intestino no logra absorber las cantidades mínimas de vitaminas, nutrientes y líquidos que debiera. Como consecuencia puede generarse:

- Deficiente absorción de aminoácidos y edemas.
- Disminución de la absorción de hidratos de carbono y grasas.
- Disminución de la absorción de vitaminas.
- Aumento de secreción gástrica de ácido.
- Diarrea.

10.2.9 INTESTINO GRUESO

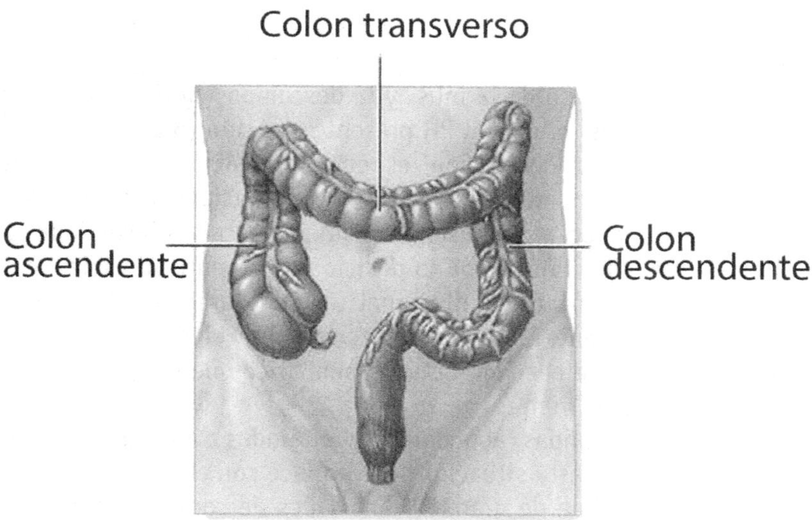

Figura Nro. 127: Intestino Grueso

Inmediatamente a continuación del intestino delgado, comienza el grueso. La válvula ileocecal hace de separación y permite el pasaje del contenido en un sentido y lo impide en el otro, gracias a la diferencia de presión existente en cualquiera de ambos lados. Por ejemplo, el aumento de presión del íleon la abre y del colon la cierra.

Al intestino grueso se lo divide en ciego y colon.

El ciego se encuentra por debajo de la válvula ileocecal. Contiene el apéndice cecal que tiene como función evitar que se produzca un rápido llenado del ciego. Suele inflamarse y en algunos casos reventar por lo que su contenido se derrama en el interior del peritoneo. A esto se lo conoce con el nombre de Peritonitis.

La porción del intestino grueso que se encuentra por encima de la válvula, se denomina Colon. Al colon se lo puede dividir en cuatro porciones: colon ascendente, transverso, descendente y sigmoideo. Su función principal es la absorción de agua, sodio y otros minerales, todo concentrado en la primera mitad del colon (hasta la primera mitad del colon transverso). En la segunda mitad, almacena materia fecal, hasta el fin del mismo (fin del colon sigmoideo), justo donde comienza el recto.

El colon también presenta sus propios movimientos, que son:

- De segmentación: Mezclan el quimo y producen absorción.
- Peristálticos: Mueven el quimo hacia el recto.
- Por acción masiva: De la musculatura lisa, producen vaciamiento, defecación.

El contenido del intestino grueso son las *heces* (materia fecal). Es material inorgánico, fibras vegetales no digeridas, bacterias y agua. El color es pardo, porque es derivado de la bilis, y la descomposición de las bacterias producen flatos (gases) y olor. El PH presente es ácido (5 a 7).

En el momento de la defecación, el recto se posiciona en ángulo recto con el ano (de allí su nombre) para favorecer su vaciamiento, gracias a la acción del músculo pubo-rectal. Este músculo presenta sus inserciones en el pubis y en el recto, su contracción lo posiciona y permite su vaciamiento.

Durante la defecación el esfínter anal se relaja gracias a la acción del parasimpático, que tiene función inhibitoria sobre el mismo. En cambio, cuando se termina la defecación, actúa el simpático que tiene función excitatoria, y se produce el cierre.

Las deposiciones líquidas, abundantes y reiteradas traen aparejadas complicaciones diversas. A esta situación se la conoce con el nombre de diarrea, y suele conllevar pérdida de grandes cantidades de sodio, potasio y agua, deshidratación, hipovolemia y colapso cardiovascular.

10.3 DEFECACIÓN

El proceso de defecación se da por un esfuerzo con glotis cerrada, esto es, una maniobra o esfuerzo de Vasalva, en el que se aumenta la presión intraabdominal gracias a la acción de los músculos abdominales (fundamentalmente del transverso) y se cierra la glotis para que, junto con la relajación del esfínter anal, se produzca el vaciamiento del recto.

Así mismo, el tubo digestivo presenta movimientos especiales que favorecen su vaciamiento o inhiben su funcionamiento normal. Estos movimientos son:

- **Antiperistaltismo y vómito**: Reflujo del intestino delgado al estómago por irritación de la pared intestinal, sensación de náuseas que puede desencadenar en un movimiento reflejo (vómito). El vómito se produce junto con el cierre de vías aéreas, la relajación del cardias (esfínter entre esófago y estómago) y la contracción de abdominales y diafragma.
- **Reflejo gastrocólico:** El llenado excesivo del intestino delgado inferior abdominal (mayor al 60%) aumenta la excitabilidad del colon y aparece el deseo de defecar.
- **Reflejo peritoneo** (membrana que recubre las vísceras abdominales): Por infección o traumatismo, se detiene el avance del quimo como protección.
- **Reflejo de la mucosa**: Reacción defensiva por infección o irritación del tubo digestivo, aumenta la secreción y actividad motora. Puede producir diarrea o vómito.

BIBLIOGRAFÍA CONSULTADA

CAPITULO 1

- Beatriz Gal Iglesias y Otros; *Bases de la fisiología*; 2da edición. Madrid: Editorial Tebar; 2007.
- Gerard Tortora y Brian Derrikson; *Principios de anatomía y fisiología*; 3ra edición. Editorial Panamericana; Abril 2009.
- Eduardo de Robertis y Jose Hib; *Fundamentos de biología celular y molecular*; 4ta edición. Buenos Aires: Editorial El Ateneo; 2004.
- Jesús A. F. Tresguerres; Fisiología *Humana*; 3ra edición. México: Mc Graw Hill Interamericana; 2005.

CAPITULO 2

- Kennneth Saladin; *Anatomía y fisiología. La unidad entre la forma y la función*; 6ta edición. México: Mc Graw Hill Interamericana; 2012.
- Jack Wilmore, David Costill; *Fisiología del esfuerzo y el deporte*; 5ta edición. España: Editorial Paidotribo; 2014.

CAPÍTULO 3

- Berne y Levy; *Fisiología*; 6ª edición. España. Editorial Elsevier; 2009.
- Guyton A., Hall J.; *Tratado de Fisiología Médica*; 10ª edición. España: Editorial McGraw Hill Interamericana; 2002.

- Lieber R.; *Estructura del músculo esquelético; función y plasticidad;* 2ª Edición. España: Editorial McGraw-Hill Interamericana; 2004.
- López Chicharro J., Fernández Vaquero A.; *Fisiología del ejercicio;* 3ra Edición. Buenos Aires: Editorial Panamericana; 2006.
- Stuart Ira Fox; *Fisiología Humana;* 13ª edición. China: Editorial McGraw Hill Interamericana; 2014.
- Tortora G., Derrickson D.; *Principios de anatomía y fisiología;* 13ª edición. España: Editorial Panamericana; 2013.
- Tresguerres J. A. F.; *Fisiología Humana.* 3ª edición; México; MacGraw-Hill Interamericana; 2005.
- Wilmore J., Costill; D.; *Fisiología del esfuerzo y del deporte;* 5ª edición. España: Editorial Paidotribo; 2004.

CAPÍTULO 4. 1RA PARTE

- Alexanderson Rosas E., Gamba Ayala G. Alexanderson: *Fisiología cardiovascular; renal y respiratoria;* 1ra edición. México: Editorial El Manual Moderno; 2014.
- Barrett KE; et al. Ganong: *Fisiología Médica;* 23a edición. México: Mc-graw-Hill Interamericana editores; 2010.
- Bura-Rivière A., Boccalon H.: *Fisiología y exploración de la circulación arterial. EMC – Podología* 2015; 17(1):1-22. Disponible en: https://www.sciencedirect.com/science/article/pii/S1762827X07707058
- Constanzo LS.: *Fisiología,* 5ta edición. España: Editorial Elsevier Saunders; 2014.
- Cuenca EM.: *Fundamentos de Fisiología.* España: Thompson Editores; 2006.
- Dvorkin MA, Cardinali DP; Iermoli RH. Best & Taylor: *Bases fisiológicas de la práctica médica.* 14ª edición. Buenos Aires: Editorial Médica Panamericana; 2010.
- Fox SI: *Fisiología humana,* 13ª edición. México: Mcgraw-Hill Interamericana Editores; 2014.
- Gal Iglesias B; et.al. *Bases de la Fisiología,* 2ª edición. España: Editorial Tébar; 2007.
- Hall JE. Guyton & Hall: *Tratado de Fisiología Médica,* 12a edición. España: Editorial Elsevier; 2006.
- Koeppen BM, Stanton BA, Berne y Levy: *Fisiología,* 6ª edición. España: Editorial Elsevier España; 2009.
- Mulroney SE, Myers AK. Netter: *Fundamentos de Fisiología.* 1a edición. España: Elsevier Masson; 2011.
- Raff H; Levitzky M. *Fisiología médica: Un enfoque por aparatos y sistemas.* 1a edición. México: Mcgraw-Hill Interamericana Editores; 2013.

- Saladin KS.: *Anatomía y Fisiología: La unidad entre forma y función,* 6a edición. México: Mcgraw-Hill Interamericana Editores; 2013.
- Silverthorn DU.: *Fisiología humana: Un enfoque integrado,* 4ª edición. Buenos Aires: Editorial Médica Panamericana; 2008.
- Tresguerres; JAF; et. al.: *Fisiología Humana.* 3ª edición. España: Mc Graw Hill Interamericana de España; 2005.
- Turchetto ES; Makinistian L; Makinistian RL. Artículos especiales - Discusión sobre los conceptos de Elasticidad; Elastancia y Compliancia. Publicación digital de la 1ra Cátedra de Clínica Médica y Terapéutica y la Carrera de Posgrado de especialización en Clínica Médica Facultad de Ciencias Médicas. 2011 - Universidad Nacional de Rosario. Clínica-UNR.org.

CAPÍTULO 4. 2DA. PARTE

- Ciró R.: *Fisiología deportiva.* Editorial El Ateneo 1987. I ed. Cap.3 pag.29-46.
- Cuenca. E: *Fundamentos de Fisiología.* Ed. Thompson. Booksmédicos.org. 2006. Cap. 27. Pág. 535-540.
- Gal Iglesias, B.et.al. *Bases de la Fisiología,* 2da. edición. Editorial Trebar.2007. Pag. 80-95; 145-163.
- Ganong: *Fisiología Médica,* 23a edición. Editorial Mcgraw.Hill. 2010. Cap.30. pag. 489-514.
- Garret W, Kirkendal D.: *Exercise and sport Science.* Lippincott Williams and Wilkins. 1999. Part 3. Pag. 107-117.
- Guillen del Castillo M., Linares Girela; D. *Bases biológicas y fisiológicas del movimiento humano,* 1ra edición. Editorial Panamericana 2002. Cap.13. pág. 259-272.
- Guyton – Hall: *Tratado de Fisiología Médica,* 12ma edición.Booksmédicos. org. 2006.mCap. 9. Pág. 101-159.
- Mautner; Branco; et. Al. *Cardiología. Basada en la evidencia y la experiencia de la Fundación Favaloro.* Editorial Grupo Guia.2002. Pag.441-453.
- Saladin, K.: *Anatomía Fisiología,* 6ta. Edición. Editorial Mc Graw Hill. 2012. Cap. 11. Pag. 401-423
- Supital, R.: *Manual de anatomía Funcional del ap. Locomotor,* 9na edición. Editorial Dunken. 2018. Pág. 29-35.
- Tresguerres; J.A.; et. Al.: *Fisiología Humana,* 3ra edición. Editorial Mc Graw Hill. 2005. Pág. 485-507.

CAPÍTULO 5

- Guyton Arthur; Hall John: *Tratado de Fisiología Médica,* 11va Edición. España: Editorial Elsevier; 2006; P. 291-305. Los compartimientos del líquido corporal; P. 419 - 428. Eritrocitos; Anemia y policitemia; P. 429 - 437. Resistencia del organismo a la infección: I Leucocitos; P. 439 - 449, Resistencia del organismo a la infección: II Inmunidad y alergia; P. 451 - 455 Grupos sanguíneos; transfusión; trasplante de órganos y tejidos; P. 457 - 467, Hemostasia y Coagulación sanguínea.

CAPÍTULO 6

- Thibodeau-Patton: *Estructura y función del cuerpo humanos*. Madrid: Editorial Elsevier Mosby. 1997.
- Ganong: *Fisiología Médica*. México: Editorial Interamericana S.A. 2010.
- Guyton-Hall: *Fisiología Médica*. España. Editorial Elsevier. 2016.

CAPÍTULO 7

- Berne y Levy: *Fisiología,* 6a edición. España: Editorial Elsevier. 2009.
- Boron W. y Boulpaep E: *Fisiología Médica,* 3a Edición. España: Editorial Elsevier. 2017.
- Costanzo Lidia S.: *Fisiología,* 5ta edición. España: Editorial Elsevier. 2014.
- Cuenca Martín: *Fundamentos de fisiología*. España: Thomson Editores. 2006. 1ª Edición.
- Ganong: *Fisiología Médica,* 23a Edición. México: McGraw Hill Interamericana 2010.
- Guyton, A - Hall J.: *Tratado de Fisiología Médica,* 10a edición. España: Editorial McGraw Hill Interamericana 2002.
- Stuar Ira Fox: *Fisiología Humana, 1*3a edición. China: Editorial McGraw Hill Interamericana 2014.
- Tortora G - Derrickson D: *Principios de anatomía y fisiología,* 13a edición. España: Editorial Panamericana. 2013.
- Tresguerres J. A. F.: *Fisiología Humana,* 3a edición. México: MacGraw-Hill Interamericana 2005.

CAPÍTULO 8

- Beatriz Gal Iglesias y Otros; Bases de la fisiología; 2da edición. Madrid: Editorial Tebar; 2007-Jack Wilmore, David Costill; Fisiología del esfuerzo y el deporte; 5ta edición. España: Editorial Paidotribo; 2014
- Guyton A., Hall J.; Tratado de Fisiología Médica; 10ª edición. España: Editorial McGraw Hill Interamericana; 2002.
- López Chicharro J., Fernández Vaquero A.; Fisiología del ejercicio; 3ra Edición. Buenos Aires: Editorial Panamericana; 2006.

- Ganong: Fisiología Médica, 23a Edición. México: McGraw Hill Interamericana 2010.
- Stuar Ira Fox: Fisiología Humana, 13a edición. China: Editorial McGraw Hill Interamericana 2014.

CAPÍTULO 9

- Berne y Levy: *Fisiología,* 6ta edición. España: Editorial Elsevier. 2009.
- Costanzo Lidia S.: *Fisiología,* 5ta edición. España: Editorial Elsevier 2014.
- Cuenca Martín: *Fundamentos de fisiología,* 1ra Edición. España: Thomson editores. 2006.
- Ganong: *Fisiología Médica,* 23ª Edición. México: McGraw Hill Interamericana 2010.
- Guyton A - Hall J.: *Tratado de Fisiología Médica,* 10ma edición. España: Editorial McGraw Hill Interamericana 2002.
- Stuar Ira Fox: *Fisiología Humana, 1*3a edición. China: Editorial McGraw Hill Interamericana 2014.
- Tortora G - Derrickson D.: *Principios de anatomía y fisiología,* 13a edición. España. Editorial Panamericana. 2013.
- Tresguerres J. A. F. *Fisiología Humana,* 3ra edición. México. MacGraw-Hill Interamericana 2005.

CAPÍTULO 10

- Guyton Arthur; Hall John: *Tratado de Fisiología Médica,* 11a Edición. España: Editorial Elsevier; 2006; P. 771- 779. Principios generales de la función gastrointestinal: motilidad; control nervioso y circulación sanguínea; P. 781 - 790. Propulsión y mezcla de los alimentos en el tubo digestivo; P. 791- 806. Funciones secretoras del tubo digestivo; P. 808 – 817, Digestión y absorción en el tubo digestivo; P. 819 – 825. Fisiología de los trastornos gastrointestinales. En: Guyton Arthur; Hall John; Tratado de Fisiología Médica; 11º Edición; España; Editorial Elsevier; 2006.

Made in the USA
Monee, IL
10 October 2026

65385931R00174